"粮食工程"专业系列教材

粮 油 检 验

翟爱华　谢　宏　主编

科 学 出 版 社

北 京

内 容 简 介

本书主要介绍了水稻、小麦、玉米、大豆等生产原料的质量检验、加工过程的品质分析、成品质量检验和部分成品粮的食用品质检验，同时还介绍了原粮储存过程的品质检验。全书共7章，内容包括样品的采集、制备与预处理，原粮及成品粮的感官检验、物理检验和化学检验，粮食食用品质检验，粮食新陈试验及粮食储存品质分析等。编者依据最新国家标准并参考国内外相关文献，采用新技术、新成果、新法规、新方法，将传统检验方法与新型检验方法有机结合。

本书可作为粮食工程专业和食品科学与工程专业粮油加工方向本科学生的教材，也可作为相关专业的研究生、科技人员、化验人员及粮食加工企业管理人员的参考用书。

图书在版编目(CIP)数据

粮油检验/翟爱华，谢宏主编. —北京：科学出版社，2011.6
"粮食工程"专业系列教材
ISBN 978-7-03-031033-0

Ⅰ.①粮… Ⅱ.①翟…②谢… Ⅲ.①粮食-食品检验-高等学校-教材
②食用油-食品检验-高等学校-教材 Ⅳ.①TS210.7

中国版本图书馆 CIP 数据核字(2011)第 085940 号

责任编辑：席 慧 刘 晶 / 责任校对：张凤琴
责任印制：赵 博 / 封面设计：北京科地亚盟图文设计有限公司

科学出版社 出版
北京东黄城根北街 16 号
邮政编码：100717
http://www.sciencep.com

北京华宇信诺印刷有限公司印刷
科学出版社发行 各地新华书店经销

*

2011 年 6 月第 一 版 开本：787×1092 1/16
2025 年 10 月第四次印刷 印张：19
字数：450 000

定价：69.80 元

《粮油检验》编写人员名单

主　编　翟爱华　（黑龙江八一农垦大学）

　　　　谢　宏　（沈阳农业大学）

副主编　周　凯　（河南科技学院）

　　　　杨　鑫　（哈尔滨工业大学）

编　者　（按姓氏笔画排序）

　　　　刘远洋　（黑龙江八一农垦大学）

　　　　杨　鑫　（哈尔滨工业大学）

　　　　周　凯　（河南科技学院）

　　　　谢　宏　（沈阳农业大学）

　　　　翟爱华　（黑龙江八一农垦大学）

主　审　马　莺　（哈尔滨工业大学）

前　言

　　"粮油检验"是粮食工程专业和食品科学与工程专业粮油加工方向本科学生的主干课程之一。本书是为了适应教学计划调整的需要,为粮食、油脂加工企业和现代粮油仓储企业培养高级专门人才而编写的,它的内容与"油脂工艺学"、"谷物加工工艺学"、"淀粉工艺学"、"植物蛋白工艺学"等一起构成了粮油加工学科的基本知识体系。

　　本书将传统检验方法与新型检验方法有机结合,系统地阐述了水稻、小麦、玉米、大豆等生产原料的质量检验、加工过程的品质分析、成品质量检验和部分成品粮的食用品质检验,同时还介绍了原粮储存过程的品质检验。

　　本书对近年来国内外采用质构仪法测定小麦粉、大米的新方法作了较为全面的阐述及分析,对目前研究比较多的大米食味值的测定也进行了说明,同时对小麦粉流变学特性、烘焙品质作了较详尽的介绍。

　　通过学习本书,学生应该掌握粮油检验的基础理论和基本技能,掌握检测设备的使用方法,学会实验数据处理及分析,并具备设计、制订实验操作规程等的能力。

　　本课程是一门应用性较强的技术科学,要求学习者熟练掌握实验的操作方法并对检测结果的准确性进行判定,在操作过程中要善于用学到的理论知识分析检测过程中遇到的各种问题,在实践过程中逐步提高分析问题和解决问题的能力。

　　本书在编写过程中参考引用了相关兄弟院校、研究院所,以及有关单位出版的教材、资料和个人发表的论文,编者在此深表感谢。

　　由于编者水平有限,书中难免有不妥之处,恳请读者批评指正。

编　者

2011 年 3 月

目　录

绪　　论

粮油检验是粮食工作的重要组成部分，是采用科学、系统的分析检测手段，依据相关理论和标准，对粮油及其加工品的质量、品质和卫生安全进行全面、客观的分析、评价和判断的一门学科。粮油检验既集成了各种现代分析技术，也有自己独特的分析方法和手段，从而形成从外部到内部、从常量到微量、从单一指标到综合评价的完整的检验方法技术体系。

粮油检验贯穿于粮食种植、收购、储存、运输、加工、销售、居民供应和消费整个过程，是开展粮油及其加工品质量管理的主要技术手段。通过检验粮油及其制品中营养物质的种类、含量和分布，以及色、香、味、形、组织状态、口感、卫生安全性指标，提供科学、系统、准确的检验及评价结果，将对提高原粮及成品粮油质量、合理利用粮食资源、确保粮食卫生安全起决定性作用。

一、粮油检验学科发展现状

（一）常规质量检验

粮油常规质量检验是粮食工作的基础，是运用科学的方法和手段对粮油及其制成品的物理特性、工艺品质、储藏品质及粮食卫生指标进行分析与评价。粮油常规质量检验工作贯穿于粮油行业的种、购、销、调、存、加、进出口等各环节及市场粮油流通全过程。在粮食收购工作中，要验质定等；在粮食储藏工作中，要定期化验储粮质量和水分；粮食流通进出库时，要化验进出库粮油的等级及水分和杂质指标，给财务结算提供可靠的数据；储粮损耗核销，要提供数据，根据规定的计算公式计算核销；在粮油加工过程中，要及时提供产品质量信息，保证产品合格；通过对粮食卫生指标的监测，保证食用安全。

在粮油成分检验方面，一方面，将经典的化学测定方法发展为仪器测定，如凯氏定氮仪、燃烧定氮仪、脂肪测定仪、直链淀粉测定仪等；另一方面，发展更快的是利用近红外技术测定粮食的成分等指标。用近红外方法可以测定粮油的脂肪、蛋白质、淀粉、水分等成分含量，还可测定大豆中纤维、糖、氮溶解指数、总异黄酮、大豆素、染料异黄酮、黄豆黄素等。

1. 水分测定

目前国家检验方法中规定有105℃恒重法、定温定时烘干法、隧道式烘箱法和两次烘干法4种方法为粮食、油料水分含量的检测方法。其中以105℃恒重法为仲裁方法。用比水沸点略高的温度（105±2℃）使经过粉碎的定量试样中的水分全部汽化蒸发，根据所失水分的质量来计算水分含量。该方法是水分检测最常用的标准方法之一，是多年来适用于粮食、油料水分含量测定的方法，也是我国粮食、油料质量标准中测定水分含量的标准方法。

近年来，电容法、微波法、高频阻抗法、摩擦阻力法、声学法、核磁共振法、射线法和中子法等陆续地应用到粮食、油料水分的检测中。其中微波加热技术测定大豆等油料作物种子水分含量，标准偏差 0.028%～0.040%。色谱柱箱代替烘箱测定粮食与油料中水分的含量，提高检测结果的准确性。利用傅里叶变换红外光谱法测定毛棕榈油的含水量，并用偏最小二乘回归技术建立校准模型，此法可快速、准确检测毛棕榈油样品中的水分含量。

计算机技术、原子技术与半导体技术的飞速发展，给粮食水分检测技术的发展提供了广阔的空间。为了实现全数字、实时在线测量，一些快速无损检测技术应运而生。其中，美国农业部与瑞典波通公司合作开发了 5100 快速水分测定仪，使用 150MHz 射频无线电波测定谷物和油料的水分，它使用一条校正曲线，需校准更新，适合所有谷物和油料作物水分的测定，同时还可测定容重和温度，具有高度的准确性。计算机软件及硬件在无损检测技术上的应用，实现了温度等重要检测因素的自动补偿，使检测仪器由过去的单一化朝多用途方向发展，适用于多种不同环境下的无损检测。互联网技术的迅猛发展也为无损检测技术带来质的飞跃，实现多用户共享和远程控制，避免人力、物力和财力的浪费。

2. 粗脂肪测定

测定粮食、油料中粗脂肪的含量，通常采用的是乙醚为溶剂的索氏抽提法，这种方法至今仍是粮食、油料质量检验方法中测定粗脂肪含量的标准方法。其原理是利用脂肪能溶于有机溶剂的性质，在索氏提取器中将样品用无水乙醚或石油醚等溶剂反复萃取，提取样品中的脂肪后，蒸去溶剂，所得的物质即为脂肪或称粗脂肪。但是此方法操作复杂、费时，测得一个试样需要 10h 以上时间，难以满足收购和加工生产的要求。

随着实验方法和仪器分析方法的发展，粗脂肪含量已经实现仪器化测定。索氏煮沸抽提法，测定结果准确、可靠，而且省时、省力、省能源。热浸提-油重法和残余法与国标法进行多方面比较对照实验，结果表明：3 种方法测定的结果无显著性差异，一定条件下 3 种方法可以相互代替使用。另外，核磁共振法、近红外反射光谱法为非破坏性测定方法，测定试样的含油量在 2min 左右即可完成，并应用计算机控制和处理数据，自动打印出结果，能较好满足收购和加工生产中检测量大、准确、快速、效率高的需要。近红外光谱分析法测定大豆种子脂肪含量后发现，与索氏抽提法相比，偏差小，分析结果可靠。

3. 粗蛋白测定

粗蛋白含量测定是生物化学研究中最常用、最基本的分析方法之一。目前常用的有 4 种古老的经典方法，即凯氏定氮法、双缩脲法（Biuret 法）、Folin-酚试剂法（Lowry 法）和紫外吸收法。另外还有一种普遍使用的测定法，即考马斯亮蓝法（Bradford 法）。其中 Bradford 法和 Lowry 法灵敏度最高，比紫外吸收法灵敏 10～20 倍，比 Biuret 法灵敏 100 倍以上。凯氏定氮法虽然比较复杂，但较准确，往往以凯氏定氮法测定的蛋白质作为其他方法的标准蛋白质。

值得注意的是，这后 4 种方法并不能在任何条件下适用于任何形式的蛋白质，因为一种蛋白质溶液用这 4 种方法测定，有可能得出 4 种不同的结果。每种测定法都不是完美无缺的，都有其优缺点。在选择方法时应考虑：①实验对测定所要求的灵敏度和精确度；②蛋白质的性质；③溶液中存在的干扰物质；④测定所要花费的时间。考马斯亮蓝法，由于其突出的优点，正得到越来越广泛的应用。

近年来，随着科学技术的进步，出现了许多新的粗蛋白测定方法。例如，将两种亲脂性染料 Li^+、NH_4^+ 与蛋白质混合，用数字式色泽分析仪模仿其最佳混合比，通过分析 Li^+、NH_4^+ 与蛋白质聚集的程度计算蛋白质的含量。用分光光度计测定一定量的可溶性蛋白质含量，蛋白质的紫外吸收取决于色氨酸和酪氨酸含量。用近红外反射光谱法测定油菜籽中硫代葡萄糖苷（简称硫苷）、芥酸、蛋白质含量和含油率的效果，与用传统化学方法相比，用近红外反射光谱法测定具有快速、简便、样品用量少、无药品污染、准确度和精密度良好的效果。用近红外光谱分析技术，采用偏最小二乘回归法测定高油玉米籽粒的蛋白质含量。

4. 油脂碘值测定

油脂碘值的测定方法很多，其原理多数基本相同：把试样融入惰性气体溶剂，加入过量的卤素标准溶液，使卤素起加成反应，但是不使卤素取代脂肪酸中的氢原子。再加入碘化钾与未起反应的卤素作用；用硫代硫酸钠滴定放出的碘。卤素加成作用的速度和程度与采用何种卤素及反应条件有很大关系。氯和溴加成很快，同时还要发生取代作用；碘的反应进行得非常缓慢，但卤素的化合物，如氯化碘（ICl）、溴化碘（IBr）、次碘酸（HIO）等，在一定的反应条件下能迅速地定量饱和双键，而不发生取代反应。因此，在测定碘值时常用这些化合物作为试剂。

在一般油脂的检验工作中常用氯化碘-乙醇溶液法、氯化碘-乙酸溶液法和溴化碘-乙酸溶液法来测定碘值。这几种方法的优点是试剂配好后立即可以使用，浓度的改变很小，而且反应速度快，操作所花时间短，但是所得结果要比理论值略高。

近年来，研究出了测定油脂碘值的新方法，不改变汉那斯法操作步骤，只是在测定过程中加入催化剂乙酸汞，反应时间可由 30min 缩短为 4min，且相对误差小于 0.5%，变异系数小于 0.2%。另外，用近红外透射技术测定碘值，可以进行快速分析；用傅里叶变换红外光谱分析也可测定油脂的碘值。

（二）品质特性检验与评价

粮食的品质特性的检验，主要是指粮食的营养品质、储藏品质、蒸煮品质、感官品质、流变学特性、食味品质、加工品质等方面的检测，直接关系到人们的身体健康、消费者的需求和利益及企业的经济效益。

1. 营养品质特性检验

营养品质特性主要指粮食中营养物质含量的测定，以及对人体营养需要的适合性和满足程度，包括营养成分是否全面和平衡。目前我国对粮食中营养成分广泛采用化学方法进行测定，为了提高测定的准确性和测定效率，出现了大量的检测仪器，如凯氏定氮仪、全自动蛋白质测定仪、脂肪测定仪、直链淀粉测定仪等。而国外发达国家已广泛采用现代仪器对粮食进行测定，如日本应用红外线光谱分析技术（NIR）进行稻谷检测，可以快速测定蛋白质、水分、脂肪酸、直链淀粉的含量。

2. 感官品质特性检验

感官检验是依靠人体器官的感觉去鉴定粮食，并要求积累经验，体会出各种不同品质的粮食在感觉器官中的感觉标准。感官检验是一种简便迅速、应用范围广泛的鉴别粮食质量的方法，在粮食购、销、调、存和加工的各个流转环节上都有应用。

目前感官鉴别谷类质量的优劣，主要是依据色泽、外观、气味、滋味等项目进行综合评价。一般用眼睛观察可感知谷类颗粒的饱满程度，是否完整均匀，质地的紧密与疏松程度，以及其本身固有的正常色泽，并且可以看到有无霉变、虫蛀、杂物、结块等异常现象。鼻嗅和口尝则能够体会到谷物的气味和滋味是否正常，有无异臭、异味。其中，观察其外观与色泽对谷类作物感官鉴别有着尤其重要的意义。为了减少测量过程中的主观性，降低人为测定误差，各国都在开发客观的粮食质量分析技术和仪器。在日本，大米检测手段先进，对食味品质和外观品质十分重视，已开发出米粒测定机、大米白度计、米粒食味计、实验用分级机等专用检测仪器，其中米粒测定机采用人工智能技术取代人工检测，应用高性能的双面传感器进行摄像处理后，再进行详细的图像分析，自动完成米粒品质判定，检测出大米爆腰、不完善粒、黄粒米等参数，显示其所占比例并根据标准显示米粒的等级。米粒食味计用传感器模拟人的口腔系统进行米粒味道的判别，判定大米品味，操作简单快速。利用电子鼻、色谱等技术测定粮食气味，检测霉菌的挥发性物质，可在早期判断谷物变质损坏，检测食品风味；利用声学、光谱技术检测单籽粒缺陷、研究粮食及粮食品质；利用红外声光原理根据霉烂小麦与正常小麦的化学和物理结构不同所产生不同的声波波长，从而准确鉴别霉烂小麦，准确率高达 96％以上；利用数字图像分析从不同小麦中分离的淀粉，找出淀粉颗粒大小的分布，进而预测小麦的品质。

3. 加工品质检验

粮食的加工品质特性是表示目标产品对粮食加工的适宜性及其质量优劣，可分为一次加工品质和二次加工品质。一次加工品质指农产品进行初加工的品质。例如，小麦的出粉率和容重，稻谷、谷子的出米率，玉米的出糁率，葵花籽、花生的籽仁率，油料粮食的榨油率，糖料粮食的榨糖率，淀粉粮食的淀粉率，广义上说都属于一次加工品质。二次加工品质又称食品加工品质，即一次加工品质后的产品进行再加工产品的品质。例如，玉米粉、大米、小米、油脂、糖类都是一次加工后的产品，用它们制作糕点、烤面包等属于二次加工。

小麦的一次加工品质又称为磨粉品质，是指籽粒在碾磨成面粉的过程中，品质对磨粉工艺所提出的要求的适应性和满足程度，以籽粒容重、硬度、出粉率、灰分、面粉白度为主要指标。小麦的二次加工品质又称食品加工品质，是指将面粉加工成面食品时，各类面食品在加工工艺和成品质量上对小麦品种的籽粒和面粉质量提出的不同要求，以及对这些要求的适应性和满足程度。小麦的加工品质主要以小麦的净麦出粉率，以及小麦粉的灰分、白度、蛋白质含量、吸水率、面筋含量、面筋质量、面团特性和稳定时间、面筋指数等为主要指标，以此为标准划定强筋粉、中筋粉和弱筋粉。磨粉品质主要以颜色性状包括容重、籽粒蛋白质、籽粒硬度（SKCS，NIR/NIT）、Friabilin 蛋白、

Pina/Pinb、出粉率（%）、灰分（%）、面粉颗粒度大小、面粉麸星数目、面粉颜色等级、磨粉品质指数、面粉颜色、面团颜色、多酚氧化酶活性、PPO18/Xgwm312 和黄色素含量等 19 个指标来表示。开发的相关仪器有面筋测定仪、NIR/NIT 和单籽粒硬度仪、小麦硬度测定仪、面粉白度测定仪、粉质仪、拉伸、吹泡仪等。

稻谷的加工品质的好坏直接影响稻米的商品价值。稻谷加工品质主要是指稻谷的碾米品质，为一次加工品质，主要以出糙率、整精米率、碎米率等为主要指标。加工品质是衡量稻米品质的重要因素。

4. 蒸煮、食用品质检验

粮食的蒸煮、食用品质表示米、面等制作各种主食的适宜性和其质量的好坏。蒸煮食用品质是指粮食制作熟食过程中所表现的各种性能，以及食用时人体感觉器官对食品的反应，目前的食用品质检验采用感官检验。

稻米蒸煮品质是指稻米在蒸煮过程中所表现出来的特性。一般认为衡量蒸煮品质的主要理化指标有直链淀粉含量、胶稠度、出饭率、米汤固形物、糊化温度等。食用品质指米饭在咀嚼时给人的味觉感官所留下的感觉，如米饭的色、香、味、软硬度、黏度和润滑度、黏性、弹性等。目前我国评价稻米食用品质主要参照 GB/T 15682《稻米（谷）蒸煮食用品质评价方法》进行，评价的指标有气味、外观结构、适口性、滋味与冷饭质地。为了弥补感官评价的不足，同时也开发了许多相关的仪器，如用于食品食用品质评价的质构仪，日本开发的评价大米食用品质的食味计，测定大米的直链淀粉含量的近红外设备，中国农业大学研发的稻谷品质测定仪等。

评价小麦及小麦粉的食用品质最准确的方法是直接进行面包烘焙、蒸制馒头、制成面条及糕点试验。面包品质评价采用专家评分评比的方法，其指标为面包体积、结构、外观、弹柔性、食味评定。馒头是以气味、色泽、食味、弹性、韧性、黏性，综合馒头比容得分，结果以蒸煮品尝评分值表示。面条质量评价按黏弹性、色泽、表观、硬度、光滑性、食味进行评定，面条的黏弹性、硬度则采用质构仪来测定。

5. 储藏品质检验

粮食的储藏品质是指粮食耐储藏和持久保鲜的能力，与品种有很大关系。我国自2004 年起开展了粮食储藏品质检测，并建立了粮食储存品质评价体系，并于 2006 年形成三大主要粮种——稻谷、小麦和玉米的储存品质判定的国家标准，为储备粮的品质提供了保障，并在全世界粮荒中保证我国粮食的正常供应起到了非常重要的作用，其主要指标有脂肪酸值、色泽气味、面筋吸水率、食味品评分等。国外发达国家也高度重视粮食的储备及其品质检测，生物技术、信息技术在粮食储藏中的开发应用较早，粮油产品质量标准齐全，检测技术装备先进。美国近年成功开展了近红外反射和近红外透射粮食品质测定技术、数字图像分析技术、单粒粮食无损伤分析技术。日本开发了粮食食味测定仪测定食味，美国联邦粮食检验署把粮食气味和粮食中挥发性物质的研究放在优先研究项目的首位，对新粮、陈粮、霉粮、虫粮等各式各样的数百个粮食样品进行了气味测定，同时也进行了挥发性物质分析，并通过电子计算机找出粮食气味与挥发性物质之间的关系，为进一步用气味或挥发性物质测定来推测粮食品质、判断是否生霉或虫害奠定科学基础。目前我国也开发了一系列相关仪器，如 CA-XP 粮油品质近红外分析系统可用于不同条件下粮油食品的品质，如水分、蛋白质、脂肪、淀粉、糖等有机成分含量的定量测量与分析。RTM-2000 型谷物水分在线测量系统用于粮库、面粉厂、油脂厂、食品厂、饲料加工企业、种子公司、农业科技、质监部门及相关机构的谷物品质快速测量与分析。

（三）卫生品质检验

1. 油脂酸值的测定

油脂酸值是检验油脂中游离脂肪酸含量多少的一项指标，以中和 1g 油脂中的游离脂肪酸所需氢氧化钾的毫克数表示。新鲜的或精制品中，酸价都较低，储藏或处理不当，酸价会增高。因此酸价既是油脂的质量指标，也是其卫生指标。通过酸值的测定，可以评定油脂食用品质的优劣，为油脂精炼提供所需加碱量的计算依据，也可以判断油脂储藏期间品质变化情况。

利用比色法测定油脂的酸价，避免了判断滴定终点的主观性，并可以同时测定较多的样品。食用植物油酸价的测定方法是以百里酚兰为指示剂，终点颜色变化明显（黄色变为蓝绿色），便于掌握。采用现代分析仪器测定油脂酸价也成为发展趋势，如将单片机控制技术和数字图像处理技术与传统的化学检验方法相结合，实现对大豆一级油（原大豆色拉油）加工过程中的油脂酸价的自动在线连续检测。

2. 油脂过氧化值的测定

油脂过氧化值可以作为判断油脂酸败程度的参考指标。传统方法是利用油脂中过氧化物与碘化钾作用能析出游离碘，再用硫代硫酸钠标准溶液滴定，根据硫代硫酸钠溶液消耗的体积，计算油脂过氧化值。一般以 100g 油脂能氧化析出碘的克数或每千克油脂中含过氧化物氧的毫摩尔数表示。

近年来，有方法利用油脂中过氧化物将 Fe^{2+} 氧化成 Fe^{3+}，再与硫氰酸钾结合后变成紫红色络合物，于 500nm 处测定吸光度，然后将标准样品比色定量测定油脂过氧化值。也有利用近红外技术测定甘油三酯的过氧化值，使过氧化值的测定范围从 10～100 到 0～10。根据三苯磷（TPP）与过氧化物定量作用生成三苯氧化磷（TPPO）的光谱数据测定过氧化值，预测的误差符合标准方法的再现性要求。也有研究用近红外光谱检测大豆和玉米油的过氧化值，两种油在近红外光谱的特定波长区域发生改变并且过氧化值增加。这些变化与油脂氧化过程中的氢过氧化物的形成有关。

最近国外建立了流动注射法——亚甲蓝方法测定食用油中过氧化值，光度值与过氧化物含量呈线性相关，具有较好的灵敏度、精确度和可重复性。利用分光光度法测定油脂的过氧化值，具有快速、准确、灵敏、精密度高等特点，而且试剂用量少，特别适用于批量检测。利用非水化反相高效液相色谱和紫外探测的方法分析了多不饱和植物油中甘油三酯的自动氧化产物——氢过氧化物（HPO-TAG）。研究发现，用碘量法滴定所得的过氧化值和 HPLC 测定的过氧化值数值非常接近，几乎达到 100%。

3. 油脂鉴别和掺伪分析

植物油因其种类和营养价值不同而价格差异很大。一些生产经营者为了获取暴利，在高价植物油中掺入廉价的植物油，甚至掺伪，欺骗消费者，因此油脂鉴别与掺伪检测十分重要。常见的有以下鉴别方法。

浓硫酸反应法：取浓硫酸数滴于白瓷反应板上，加入待检油样 2 滴，反应后看表面颜色的变化。正常情况下花生油显棕红色，芝麻油显棕黑色，葵花籽油显棕红色，豆油、菜籽油、棉籽油显棕褐色，棕榈油显橙黄色。

冷冻试验：将待检油样倒入试管至其高度的 2/3 处，于冰箱冷藏放置 4h，取出观察，正常情况下花生油凝固稍有流动，棕榈油奶黄色凝固，其他植物油澄清。

定性反应：根据不同油脂的特有性质进行测定。精炼棉籽油，取油样 2mL，加戊醇与 1％硫磺的二硫化碳溶液等容量的混合液 2mL，沸水浴中加热 20min 即显红色；花生油，取油样 1mL 于 50mL 具塞试管中，加 1.5mol/L 氢氧化钾-乙醇液 5mL，在 90～95℃水浴上加热 5min，加入 70％的乙醇 50mL 及盐酸 0.5mL，摇匀，溶解所有沉淀物（必要时加热）。试管置于 11～12℃水中冷却 20min，应发生大量混浊或沉淀；大豆油，取油样 5mL 于 50mL 试管中，加入 2mL 三氯甲烷及 3mL 2％硝酸钾溶液，剧烈振摇，完全呈乳浊状，且乳浊呈柠檬黄色，及表示有豆油；芝麻油，取油样 2 滴，加石油醚 3mL，加蔗糖盐酸液（1g 蔗糖溶解于 100mL 盐酸中临用新配）3mL，缓缓摇动 15min，加入蒸馏水 2mL，摇匀，水层显红色。

食用植物油脂掺假冷冻试验：此方法可以方便快捷地鉴别色拉油中加入动物油和棕榈油，依据 GB/T17756—1999 进行判定。其他植物油也可借鉴此法作为筛查方法鉴别，判定需要做进一步确证试验。

另外也可根据感官鉴别。

气味：每种油均有特有的气味，这是油料作物固有的，如豆油有豆味、花生油有花生味、菜籽油有菜籽味、芝麻油有芝麻特有的香味等。检验方法是将油加热至 50℃，用鼻子闻其挥发出来的气味。

滋味：通过嘴尝得到的味感。除小磨芝麻油带有特有的芝麻香味外，一般食用油多无任何滋味。

色泽：各种食用油由于加工方法不同，色泽有深有浅，如热压出的油常比冷压生产出的油色深。检验方法：取少量油放在 50mL 比色管中，在白色背景下观察试样的颜色。

透明度：质量好的油，在温度 20℃静置 24h 后应呈透明。

沉淀物：食用植物油在 20℃静置 24h 后所能下沉的物质，称为沉淀物。油脂的质量越高，沉淀物越少。沉淀物少，说明油脂加工精炼程度高，包装质量好。

近些年，各种仪器分析手段先后被应用到油脂鉴别和掺伪分析中。气相色谱仪分析法模拟掺伪常见植物油脂的脂肪酸组成与含量，获得了掺伪常见植物油脂脂肪酸组成与含量的变化规律，并建立了常见植物油油品的鉴别及其掺伪的气相色谱检测法，通过分析大豆油、花生油、菜籽油、米糠油和棕榈油 5 种植物油的脂肪酸，选择特征值，能够很好地区分这 5 种植物油。微波辅助衍生化 GC-MS 测定植物油中的脂肪酸含量，使用校正变换矩阵法对食用植物油的成分进行测定。对微波衍生化的实验条件进行了优化，利用建立的校正模型对多种食用油的样品进行了计算预测。根据掺伪油脂的种类、有关成分进行全方位的分析与判断，找出其差异性，并依据油脂的差异性，采用建立的四级掺伪鉴别模式进行油脂理化性质、脂肪酸组成、甘油三酯结构及个别油脂的特性分析。

也有将核磁共振方法用于橄榄油掺伪的鉴别。利用同步荧光光谱技术测定橄榄油中掺入的葵花油。根据纯的猪油与掺伪猪油的光谱图的差异，利用近红外光谱技术定性和半定量检测猪油掺杂。用液相色谱偶联多元数据分析，鉴别植物油中掺杂的猪油，并通过对掺杂前后的油样的甘油三酯组成变化的检测，来检验植物油的掺杂程度。

近年来，在陈旧大米中涂抹掺加植物油、矿物油，增加其亮度和光泽，冒充优质新鲜大米或免淘米销售的事件越来越多，对消费者身体健康构成了很大威胁。研究人员采用皂化法、薄层色谱法及红外光谱法对大米上是否涂抹液体石蜡的定性分析方法进行了研究。利用傅里叶变换红外光谱仪对涂有矿物油的大米进行定性鉴别，适用于对大米、饼干、瓜子和食用油中是否掺加工业矿物油的鉴定，具有用量小、快速、准确度高的特点。现在，关于大米涂油的国家标准已经出台，这对规范市场、保障食品安全具有现实意义。

二、粮油检验发展趋势

粮油质量检测是联系粮食生产、流通和使用的桥梁，充分发挥粮油检验工作的作用，发展粮油质量检测技术，是粮食行业发展的要求。准确的分析和标准化是保证粮油公平交易、合理利用粮油的前提。消费者的需求是粮食及食品品质不断提高的原动力，粮油检验的发展必须适应这种需求。

1. 加强基础研究

粮油质量的基础研究是粮油检验发展及保障食品安全的基础，必须依靠科技进步，保障粮油及食品从种植到消费过程中每一环节的质量安全。只有对粮油品质进行基础性研究，在科学研究基础之上建立粮油标准和相关检测技术，才能保证市场中粮油和粮油食品的质量和安全。

2. 发展快速、在线检测技术

快速测定粮油的品质，客观评价粮油的最终用途，能够让种植者、粮油贸易商、加工者快捷方便地根据自身不同目的和用途选用不同的粮食，有效地利用粮食资源，同时保证粮油的卫生安全，保护消费者的身体健康。

广泛利用科学技术的最新成果，发展快速、实时、在线和高灵敏度、高选择性的在线检测，动态分析和无损检测，多元、多指标的检测，绿色检验技术，研制相应的新型检验仪器及方法，是今后粮油检验发展的主要趋势。

3. 研究可操作性强的检测技术，指导科学合理利用粮油资源

目前已有的检测技术和各种设备的重点是针对产后粮油的品质检测，普遍忽视了按照最终使用品质进行检验。开发按照最终使用品质的产前—产中—产后过程控制的质量检测，以及快速、准确和客观的最终品质预测方法是1990年美国食品安全法案为保证美国小麦在国际市场上的竞争力所规定的基本内容，并且已经成为国际上发展的一种趋势。

单颗粒谷物特性测定仪（single kernel characterization system，SKCS）和近红外仪器能够满足收购环节的测试需要，可以提供粮食的原料特性和加工性能，软麦和硬麦

最终使用用途。1994 年单颗粒谷物特性测定仪作为客观区分软硬小麦的仪器得到了应用，并且可以测定小麦的质量、水分、硬度指数和粒径，但是不能给出制粉师和烘焙师想了解的全部信息。与整批谷物分析相比，单籽粒分析提供了潜在的优越性；与平均结果相比，单籽粒测定可以得到谷物的一致性程度和分布特性。一部分谷物的缺陷或特性因素在整批谷物分析时被掩盖了，但是可以在单籽粒分析时被发现。

4. 信息技术与粮食学结合

粮食籽粒是一种活的生物体，无论是在产前、产中还是产后，都会随着生态环境的变化而有所变化，因此人们对影响粮油最终产品品质的因素还没有完全了解。目前单一的化学成分检测无法准确评价粮食品质和最终使用品质，应利用现代信息技术，把影响最终使用品质的生物化学组成的功能特性和相应评价指标综合考虑，同时运用这些信息来开发相应的检测仪器，促进谷物品质的快速检测，为确定最终使用特性对谷物及其产品进行单颗粒和整批谷物客观分级、在线检测、分类和品质测定服务。

信息技术与粮食学结合是形势发展的要求，现代信息技术的发展使这种结合成为可能。应该以最终使用品质为目标，研究粮食特有的信息，充分利用现代生物、信息科学技术，发展粮食检验。

三、我国粮油检验存在的问题

1. 基础研究及感官检验的研究不足

目前粮食基础研究严重缺乏，缺少自主创新研究，限制了粮食标准质量技术的进步，科技成果大多停留在跟踪、模仿阶段，难以出现原创性科技成果。

由于缺乏基础研究，我国在研究开发粮油检测方法、仪器和设备方面基本处于跟踪和仿制国外的水平，其中以常规品种开发居多，自主创新的相对较少，对粮食质量检测工作所蕴涵的监测社会粮食流通、仲裁贸易争议等作用认识较浅，其观念与新形势下的粮食行业管理不相适应。

感官检验在粮食检验中占据重要地位，是判断粮食品质的重要手段，是我国粮食检测中的重要组成部分，但这种方法靠人的主观判断，误差大。粮油感官检验缺乏更加详细的、可操作性强的规定，不同操作者理解的角度、自身的经验及专业知识的掌握程度都影响检验人员用统一的尺度去评价，从而无法确保测定结果的准确性、可比性及重现性。

2. 缺少快速、在线检测技术与仪器

缺少快速、在线检测技术与仪器，尤其是缺少收购环节检测粮食质量及粮食混杂的仪器。粮油检验过程，特别是在粮食收购过程中，靠人工的感官检测来判断等级，且检化验人员不足，设备陈旧、技术落后，不适应新形势的需要。同时基层缺乏残留物超痕量分析等高技术检测手段，不能满足粮油卫生检验的要求。

3. 缺少与粮食最终使用品质有关的评价指标体系、检测技术及仪器

直接评价粮油最终使用品质的评价指标体系和仪器缺乏，影响粮油资源的合理利用。虽然，从 20 世纪 90 年代以来，我国先后制定了一批粮食品质与粮食加工食品品质

的国家标准和行业标准，一些研究者根据实验研究也提出了一些评价指标，但是，由于粮食是一个成分非常复杂的有机体，对其最终使用品质科学判定实属不易，现行的最终使用品质评价指标的检测方法、检测技术及检测仪器，在实际操作中仍然存在很多问题，有很大的局限性。例如，某些评价指标并不符合中国各地区的嗜好习惯，某些检测仪器太敏感而重演性差等，均影响了粮食最终使用品质的评价指标体系的形成。

4. 进一步完善粮食检验体系并提高检测技术

我国在机构设置方面存在着质量管理部门没有直接管理的粮油品质研究机构，且某些研究机构又不了解实际需要等问题。同时由于任务、经费等来源渠道的不同，各单位之间缺乏协调协作机制，质量管理部门无法对质量管理和实际应用意义较大的项目开展系统的研究，影响了我国粮油质量工作水平和管理效率。

此外，检验实验室比对还没有形成制度，包括指定专门仪器厂家、规定测定具体条件、对检测人员进行培训等都没有到位。

目前我国粮油质检机构发展不平衡，检测水平、能力差异较大。省级和部分地级质检机构仪器设备较齐全，检测能力较强。地（市）、县级质检机构，从总体上看，无论在设施条件，还是技术力量上都比较薄弱，而且日常经费缺乏保障，开展工作较困难。虽然一些地方积极创造条件，加强粮油质检机构建设，也取得了一定的成效，但与建立健全运转有效的粮油质量检验检测体系的要求还有很大的差距。地（市）、县级质检机构是粮油质量管理和监督检验工作的一支重要技术力量，各地要为其发展创造条件，在政策、资金等方面给予大力支持。

第一章　粮油主要化学成分的测定

粮油的化学成分主要包括蛋白质、脂肪、淀粉等营养物质，此外还含有少量的矿物质、维生素、酶及色素等物质。本章主要介绍粮油中的这些主要成分的测定方法及测定过程中的一些注意事项。要求学生重点掌握粮油中粗蛋白、粗脂肪、粗淀粉和粗纤维的测定方法及注意事项；熟悉粮油中蛋白氮及非蛋白氮、全脂肪、抗消化淀粉、直链及支链淀粉、膳食纤维的测定方法；了解水溶性蛋白及氮溶解指数、破损淀粉、淀粉糊化特性，以及粮食中灰分的测定方法。

第一节　蛋白质的测定

一、蛋白质测定概述

（一）食品中蛋白质的组成及含量

蛋白质是生命的物质基础，是构成生物细胞原生质的重要组成，是生物体组织更新和修补的主要原料。蛋白质可以调节体液渗透压，血浆内蛋白质不能透过毛细血管壁，它产生的胶体渗透压对维护血管内的水分起着重要作用，即蛋白质可保持水分在体内的正常分布；蛋白质还是两性物质，是维持酸碱平衡的有效物质，此外蛋白质还是构成酶、激素和部分维生素的重要物质；蛋白质可以供给热能、增强免疫力、维持神经系统的正常功能，可以说没有蛋白质就没有生命。

蛋白质是复杂的含氮有机物，主要由碳、氢、氧、氮4种元素组成。蛋白质组成的最大特点是含有氮元素，这也是蛋白质区别于其他有机化合物的最大特征。有些蛋白质还含有微量的硫、磷、铁等元素。上述这些元素按一定结构组成氨基酸。氨基酸是蛋白质的基本组成单位。构成蛋白质的氨基酸有20种，其组成的数量和排列顺序不同，使人体中蛋白质多达10万种以上。氨基酸的结构、功能千差万别，形成了生命的多样性和复杂性。人和动物只能从食品中得到蛋白质及其分解产物来构成自身的蛋白质，故蛋白质是人体的重要营养物质，也是食品中重要的营养指标。

食品种类很多，蛋白质在各类食品中的种类与含量分布是不均匀的。表1-1中列出了一些食品中蛋白质的含量。从表1-1中我们可以看出，一般动物蛋白质含量高于植物性食品，而且动物组织以肌肉、内脏蛋白质含量较多；植物蛋白主要分布在植物种子中，豆类食品含蛋白质最高。

表 1-1 部分食品中蛋白质的含量 （单位：g/100g）

食物名称	蛋白质含量	食物名称	蛋白质含量	食物名称	蛋白质含量
猪肉（肥瘦）	9.5	鸡蛋	14.7	大白菜	1.1
牛肉（肥瘦）	20.1	黄鱼（大）	17.6	油菜（秋）	1.2
羊肉（肥瘦）	11.1	黄鱼（小）	16.7	油菜（春）	2.6
马肉	19.6	带鱼	18.1	菠菜	2.4
驴肉	18.6	鲐鱼	21.4	黄瓜	0.8
兔肉	21.2	鲤鱼	17.3	苹果	0.4
牛乳	3.3	稻米	8.3	桃	0.8
乳粉（全脂）	26.2	小麦粉（标准）	9.9	柑橘	0.9
鸡肉	21.5	小米	9.7	鸭梨	0.1
鸭肉	16.5	大豆	36.5	玉米	8.5

蛋白质是与生命及各种形式的生命活动紧密联系在一起的物质。机体中的每一个细胞和所有重要组成部分都有蛋白质参与。蛋白质占人体质量的 16.3%，即一个体重为 60kg 的成年人，其体内约有蛋白质 9.8kg。人体内蛋白质的种类很多，性质、功能各异，但都是由 20 种氨基酸按不同比例组合而成的，并在体内不断进行代谢与更新。被食入的蛋白质在体内经过消化分解成氨基酸，吸收后在体内主要用于按一定比例重新组合成人体蛋白质，同时新的蛋白质又在不断代谢与分解，时刻处于动态平衡中。因此，食物蛋白质的质和量、各种氨基酸的比例关系到人体蛋白质合成的量，尤其是青少年的生长发育、孕产妇的优生优育、老年人的健康长寿，都与膳食中蛋白质的量有着密切的关系。

（二）蛋白质测定的意义

蛋白质是食品的重要组成成分之一，也是重要的营养物质，一种食品的营养高低，其蛋白质含量是一项重要指标。蛋白质除了保证食品的营养价值外，在决定食品的色、香、味及结构等特征上也起着重要的作用。蛋白质在食品中的含量是相对固定的。测定食品中的蛋白质含量，对于评价食品的营养价值，合理利用食品资源，优化食品配方，评价食品质量均有重要意义。在食品、医药、生物学、生物化学中常用到蛋白质含量的测定，随着分析手段的不断进步，蛋白质含量的测定方法也正在朝准确、快速的方向发展。

（三）蛋白质测定的方法

蛋白质是复杂的含氮有机化合物，分子质量很大，在蛋白质测定中，利用蛋白质含有氮元素而区别于其他有机化合物的特点，通过测定食品中的总含氮量来计算食品的蛋白质含量。一般情况下，大多数食品中蛋白质含氮量为 16%，即 1 份氮素相当于 6.25 份蛋白质，此数值（6.25）称为蛋白质系数。不同的蛋白质其氨基酸构成比例及方式不同，故各种不同的蛋白质其含氮量也不同。因此，不同种类食品的蛋白质系数也会有差异，不能都采用 6.25 为蛋白质系数。经过分析测定，各种食品的含氮量相对固定，蛋白质系数也相对固定，如玉米、荞麦、青豆、鸡蛋、肉等为 6.25，牛乳为 6.38，稻米为 5.95，大麦为 5.83，小麦为 5.83，麸皮为 6.31，面粉为 5.70，芝麻、葵花籽、栗子为 5.30。在实际测定时，通常采用 6.25，一般在写测定报告时要注明采用的换算系数以何物代替。近几年，国际组织认为 6.25 的换算系数太高，特别是对蛋品、肉品及鱼类、贝类等动物性食品，以氨基酸组成总量计算的比 6.25 要低得多，因此关于换算系数的采用目前还在争论之中。在本书中如无特殊说明，还以通用的 6.25 作为蛋白质系数。

测定蛋白质的方法可分为两大类：一类是利用蛋白质的共性，即含氮量、肽键和折射率等测定蛋白含量；另一类是利用蛋白质中特定氨基酸残基、酸性或碱性基团以及芳香基团等测定蛋白质含量。但因食品种类繁多，食品中蛋白质含量各异，特别是其他成分，如碳水化合物、脂肪和维生素等干扰成分很多，因此蛋白质含量测定最常用的方法是凯氏定氮法，它是测定总有机氮的最准确和操作较简便的方法之一，在国内外普遍应用，也是蛋白质测定的国家标准分析方法。

凯氏定氮法是通过测出试样中的总氮量再乘以相应的蛋白质系数而求出蛋白质含量的，由于试样中含有少量非蛋白质含氮化合物，故此法的结果称为粗蛋白质含量。此外，双缩脲法、染料结合法、紫外分光光度法、比色法等也常用于蛋白质含量的测定。另外，国外采用红外分析仪，利用波长在 $0.75\sim3\mu m$ 范围内的近红外线具有被食品中蛋白质组分吸收及反射的特性，依据红外线的反射强度与食品中蛋白质含量之间存在的函数关系而建立了近红外光谱快速定量方法。由于此方法简便快速，故多用于生产单位质量控制分析。

二、粗蛋白含量的测定

(一) 常量凯氏定氮法

1. 原理

采用常量凯氏定氮法测定样品中粗蛋白的含量，其原理为：样品与硫酸和催化剂一同加热后消化，使蛋白质分解，其中的碳和氧分别被氧化成二氧化碳和水逸出，而有机氮转化成氨后与硫酸结合生成硫酸铵，然后在碱性条件下蒸馏使氨游离，用硼酸吸收后再用硫酸或盐酸标准溶液滴定，根据酸的消耗量乘以换算系数，即得蛋白质含量。现以甘氨酸为例，该过程的反应方程式如下。

(1) 消化

将试样与浓硫酸和催化剂一同加热消化，使蛋白质分解，其中碳和氢被氧化为二氧化碳和水逸出，而试样中的有机氮转化为氨，并与硫酸结合成硫酸铵，此过程称为消化。

在消化过程，利用浓硫酸的脱水性，使有机物脱水并炭化为碳、氢、氮，反应式为

$$NH_2CH_2COOH + 3H_2SO_4 \longrightarrow 2CO_2 + 3SO_2 + 4H_2O + NH_3\uparrow$$

同时浓硫酸又具有氧化性，使炭化后的碳进一步氧化为二氧化碳，硫酸同时被还原

成二氧化硫，反应式为

$$2H_2SO_4 + C \longrightarrow CO_2 + 2SO_2 + 2H_2O$$

最后二氧化硫使氮还原为氨，本身则被氧化为三氧化硫，氨随之与硫酸作用生成硫酸铵留在酸性溶液中。

$$2NH_3 + H_2SO_4 \longrightarrow (NH_4)_2SO_4$$

（2）蒸馏

在消化完全的试样消化液中加入碱液（浓氢氧化钠）使之碱化，消化液中的氨被游离出来，通过加热蒸馏释放出氨气，反应方程式如下：

$$(NH_4)_2SO_4 + 2NaOH \longrightarrow 2H_2O + Na_2SO_4 + 2NH_3 \uparrow$$

（3）吸收与滴定

蒸馏所释放出来的氨，用弱酸溶液（如硼酸）进行吸收，与氨形成强碱弱酸盐，待吸收完全后，再用盐酸标准溶液滴定。吸收及滴定反应方程式如下：

$$NH_3 + 4H_3BO_4 \longrightarrow NH_4HB_4O_7 + 5H_2O$$

$$NH_4HB_4O_7 + HCl + 5H_2O \longrightarrow NH_4Cl + 4H_3BO_3$$

本测定中滴定指示剂是用按一定比例配成的甲基红-溴甲酚绿混合指示剂。甲基红在 pH 4.2～6.3 时变色，由红色变为黄色，终点为橙色；溴甲酚绿在 pH 3.8～5.4 时变色，由黄色变蓝色，终点为绿色。当两种指示剂按适当比例混合时，在 pH 5 以上为绿色，pH 5 以下为橙红色，在 pH 5 时因互补色关系为紫灰色，因此滴定终点十分明显，易于掌握。

2. 适用范围及特点

常量凯氏定氮法可适用于所有动物性、植物性食品的蛋白质含量的测定，最低检出量为 0.05mg 氮，相当于 0.3mg 蛋白质。由于样品中常含有核酸、生物碱、含氮类脂、卟啉及含氮色素等非蛋白质的含氮化合物，故本法测出的结果为粗蛋白含量。

3. 试剂

① 浓硫酸（密度为 1.8419g/L）。

② 硫酸铜。

③ 硫酸钾。

④ 氢氧化钠溶液（400g/L）。

⑤ 4%硼酸吸收液（20g/L）。

⑥ 0.1mol/L 盐酸标准溶液。

⑦ 甲基红-溴甲酚绿混合指示剂：1 份 0.1%甲基红乙醇溶液与 5 份 0.1%溴甲酚绿乙醇溶液，临用时混合。

4. 主要仪器

① 凯氏烧瓶。

② 凯氏定氮消化、蒸馏装置，如图 1-1 所示。

③ 锥形瓶（50mL）。

④ 量筒（10mL）。

⑤ 1mL、2mL、10mL 刻度吸量管。

⑥ 容量瓶。

⑦ 电炉。

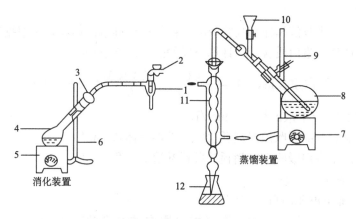

图 1-1　常量凯氏定氮消化、蒸馏装置

1-水力抽气管；2-水龙头；3-倒置的干燥管；4-凯氏烧瓶；5，7-电炉；
8-蒸馏烧瓶；6，9-铁支架；10-进样漏斗；11-冷凝管；12-接收瓶

5. 操作步骤

（1）消化

精密称取 0.2～2.0g 均匀固体试样或 2～5g 均匀半固体试样或吸取 10～20mL 液体试样（相当于氮 30～40mg），移入干燥的 100mL 或 500mL 凯氏烧瓶中，加入 0.2g 硫酸铜、10g 硫酸钾及 20mL 硫酸，按图 1-1 安装消化装置，轻轻摇匀后于瓶口放一小漏斗，将瓶以 45°角斜支于有小孔的电炉石棉网上。在通风橱内小心加热，先用慢火，待内容物全部炭化、泡沫完全停止后，再加强火力，保持瓶内液体微沸，至液体呈蓝绿色澄清透明后，再继续加热 0.5h。取出放置冷却至室温，向瓶中小心加入 20mL 水。同时做一空白试验。

（2）蒸馏

消化液冷却后，将凯氏烧瓶或蒸馏烧瓶（加入数粒玻璃珠）按图 1-1 连接蒸馏装置，塞紧瓶口，冷凝管下端插入吸收瓶液面下，吸收瓶内装入 4% 硼酸溶液及混合指示剂 2～3 滴。通过漏斗向凯氏烧瓶中加入 50% 氢氧化钠溶液 80mL；当瓶内溶液变为深蓝色或产生黑色沉淀时，加入 100mL 蒸馏水（由小漏斗加入），夹紧夹子，加热至凯氏烧瓶内残液减少到 1/3 时（馏液约 250mL 即可），将冷凝管下端提出馏出液液面并用蒸馏水冲洗管口，继续蒸馏 1min。要检查氨是否完全蒸馏出来，用 pH 试纸检查馏出液是否为碱性。若为碱性，即可停止加热。

（3）吸收和滴定

将接收到的蒸馏液用 0.1mol/L 盐酸溶液滴定至溶液由蓝色变为微红色时即为终点，记录盐酸用量。

（4）空白试验

取与处理试样相同量的硫酸铜、硫酸钾、硫酸按同一方法做试剂空白试验，记录消耗的盐酸量，进行计算。

6. 结果计算

根据滴定空白吸收液和样品吸收液时消耗盐酸标准溶液体积，再根据称样量和盐酸标准溶液浓度计算出蛋白质含量，计算公式如式（1-1）所示

$$蛋白质含量(\%) = \frac{c \times (V_1 - V_0) \times M_氮}{m \times 1000} \times F \times 100 \qquad (1\text{-}1)$$

式中：c——盐酸标准溶液的浓度，mol/L；

V_1——滴定样品吸收液时消耗盐酸标准溶液体积，mL；

V_0——滴定空白吸收液时消耗盐酸标准溶液体积，mL；

m——样品质量，g；

$M_氮$——氮的摩尔质量，14g/mol；

F——氮换算为蛋白质的系数（蛋白质中的氮含量一般为 15% ～17.6%，按 16% 计算，乘以 6.25 即为蛋白质含量。不同食物中蛋白质换算系数不同，乳制品为 6.38，面粉为 5.70，玉米、高粱为 6.25，花生为 5.46，大米为 5.95，大豆及其制品为 5.71，肉与肉制品为 6.25，大麦、小米为 5.83，芝麻、向日葵为 5.30）。

7. 说明及注意事项

① 所有的试剂溶液应用不含氮的蒸馏水配制。

② 将样品加入凯氏烧瓶中时，应注意勿使样品沾于烧瓶颈部。放置液体样品时，需将吸管插至瓶底部再放样品；如果是固体样品，可将样品卷在纸内，平插入烧瓶底部，然后再将烧瓶竖起，卷纸内的样品即完全放在烧瓶底部。

③ 消化时由于会放出 SO_2，因此需将烧瓶放置在通风橱内或通风处进行消化，或在消化架上进行。消化时不要用强火，应保持和缓微沸以免黏附在凯氏烧瓶内壁上的含氮化合物在无硫酸存在的情况下未消化完全而造成氨损失。

④ 消化过程中应注意不时转动凯氏烧瓶，以便利用冷凝酸液将附在瓶壁上的固体残渣洗下并促进其消化完全。

⑤ 样品中若含脂肪或糖较多时，消化过程中易产生大量泡沫，为防止泡沫溢出瓶外，在开始消化时用小火加热并不停摇动；或者加入少量辛醇或液体石蜡或硅油消泡剂，同时注意控制热源强度。

⑥ 当样品消化液不易澄清透明时，可将凯氏烧瓶冷却，加入 30% 过氧化氢 2～3mL 再继续加热消化。

⑦ 若取样量较大，如干试样超过 5g，可按每克试样 5mL 的比例增加硫酸用量。

一般消化至透明后，继续消化 30min 即可，但对于特别难以氨化的氮化合物样品，如含赖氨酸、组氨酸、色氨酸、酪氨酸或脯氨酸等时，需适当延长消化时间。有机物如分解完全，消化液呈蓝色或浅绿色，但含铁较多时，呈较深绿色。

⑧ 蒸馏时加入氢氧化钠溶液，必须小心轻加，而且蒸馏装置不能漏气。

⑨ 蒸馏前若加碱量不足，消化液呈蓝色，不生成氢氧化铜沉淀，此时需再增加氢

氧化钠用量。

⑩ 硼酸吸收液的温度不应超过 40℃，否则对氨的吸收作用减弱而造成损失，此时可置于冷水浴中使用。另外，冷凝管下端不能插入硼酸液面太深，一般约为 0.5cm，这样万一发生倒吸现象时，硼酸液不致吸入反应室内。

⑪ 蒸馏完毕后，应先将冷凝管下端提离液面清洗管口，再蒸 1min 后关掉热源，否则可能导致吸收液倒吸。

⑫ 混合指示剂在碱性溶液中呈绿色，在中性溶液中呈灰色，在酸性溶液中呈红色。

⑬ 一般样品中尚含其他含氮物质，测出的蛋白质含量为粗蛋白含量。若要测定样品的蛋白氮，则需向样品中加入三氯乙酸溶液，使其最终浓度为 5%，然后测定未加三氯乙酸的样品及加入三氯乙酸溶液后样品上清液中的含氮量，进一步计算出蛋白质含量：蛋白氮＝总氮－非蛋白氮，蛋白质含量＝蛋白氮×F×100%。

（二）微量凯氏定氮法

1. 原理

同常量凯氏定氮法。

2. 适用范围及特点

微量凯氏定氮法可适用于所有动物性、植物性食品的蛋白质含量的测定。

3. 试剂

0.01mol/L 盐酸标准溶液，其他试剂同常量凯氏定氮法。

4. 主要仪器

凯氏烧瓶（100mL），微量凯氏定氮蒸馏装置。

5. 操作步骤

（1）消化

消化步骤同常量凯氏定氮法。将消化完全的消化液冷却后，完全转入 100mL 容量瓶中，加蒸馏水至刻度，摇匀待测。

（2）蒸馏和吸收

蒸馏和吸收在微量凯氏定氮蒸馏装置内进行，如图 1-2 所示。

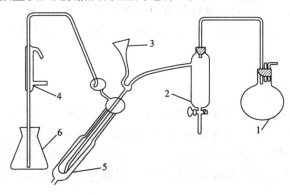

图 1-2　微量凯氏定氮蒸馏装置

1-蒸汽发生器；2-汽水分离器；3-试样入口；4-冷凝管；5-反应室；6-接收瓶

① 仪器的洗涤。仪器安装前，各部件需经一般方法洗涤干净，所用橡皮管、塞需浸在 10%NaOH 溶液中，煮约 10min，水烧、水煮 10min，再用水洗数次，然后安装并固定在一只铁架台上。

仪器使用前，全部管道都需经水蒸气洗涤，以除去管道内可能残留的氨。正在使用的仪器，每次测样前，蒸汽洗涤 5min 即可。较长时间未使用的仪器，重复蒸汽洗涤，不得少于 3 次，并检查仪器是否正常。仔细检查各个连接处，确保不漏气。

首先在蒸汽发生器中加约 2/3 体积的蒸馏水，加入数滴硫酸使其保持酸性，以避免水中的氨液蒸出而影响结果，并放入少许玻璃珠，以防爆沸。沿小漏斗加入蒸馏水约 10mL 进入反应室，夹紧漏斗橡皮管，立即关闭废液排放管上的开关，使蒸汽进入反应室，反应室内的水迅速沸腾，蒸汽进入冷凝管冷却，在冷凝管下端放置一个锥形瓶接收冷凝水。连续蒸煮 5min，停止加热。冲洗完毕，夹紧蒸汽发生器与收集器之间的连接橡胶管，由于气体冷却压力降低，反应室内废液自动抽到汽水反应室中，打开废液排出口夹子放出废液。如此清洗 2～3 次，仪器即可供测试样使用。

② 试样消化液的蒸馏。取洁净的 100mL 锥形瓶一只，加入 4%硼酸溶液 10mL（或 2%硼酸溶液 25mL）、亚甲基蓝-甲基红指示剂（呈紫红色）2～3 滴，承接在冷凝管下端，并使冷凝管的出口浸没在溶液中。注意：在此操作之前必须先打开汽水分离器下端的活塞，以免锥形瓶内液体倒吸。准确吸取消化稀释液 10mL，由小漏斗加入，用少量蒸馏水冲洗小漏斗 3 次，然后用量筒向小漏斗中加入 10mL 40%NaOH 溶液，夹紧橡皮管。用 5mL 蒸馏水冲洗小漏斗，关闭汽水分离器下端的活塞，加热蒸汽发生器，进行蒸馏。锥形瓶中的硼酸-指示剂混合液由于吸收了氨，由紫红色变成绿色。自变色时起，再蒸馏 10min，移动锥形瓶使瓶内液面离开冷凝管下口约 1cm，并用少量蒸馏水冲洗冷凝管下口，再继续蒸馏 1min，移开锥形瓶，准备滴定。

③ 滴定。试样和空白蒸馏完毕后，一起进行滴定。用酸式微量滴定管以 0.01mol/L 的标准盐酸溶液进行滴定。待滴至瓶内溶液呈暗灰色时，用蒸馏水将锥形瓶内壁四周淋洗一次。若振摇后复出现绿色，应再小心滴入标准盐酸溶液半滴，振摇观察瓶内溶液颜色变化，若暗灰色在 1～2min 内不变，当视为到达滴定终点。若呈粉红色，表明已超越滴定终点，可在已滴定耗用的标准盐酸溶液用量中减去 0.02mL。每组试样的定氮终点颜色必须完全一致。空白对照液接收瓶内的溶液颜色不变或略有变化尚未出现绿色，可以不滴定。记录每次滴定耗用标准盐酸溶液的毫升数，供计算用。

6. 结果计算

同常量凯氏定氮法。

7. 说明及注意事项

① 每次蒸馏试样前需要先检查仪器的气密性并对仪器进行彻底清洗。

② 蒸馏前给水蒸气发生器内装水至 2/3 体积处，加甲基橙指示剂数滴及硫酸数毫升以使其始终保持酸性，这样可以避免水中的氨被蒸出而影响测定结果。

③ 在蒸馏过程中，蒸汽供给要均匀充足，蒸馏过程中不得停火断汽，否则将发生倒吸。

④ 加碱要足量，操作要迅速；漏斗应采用封闭措施，以免氨由此逸出损失。

（三）蛋白质含量的其他测定方法

1. 双缩脲比色法

蛋白质含有肽键，结构与双缩脲相似，因此也能发生双缩脲反应。在一定范围内，蛋白质含量与反应所生成的颜色深浅呈正比，可用比色法测定，λ_{max} 为 540nm。该法适用豆类、油料、米谷等作物种子及肉类等样品的测定，在 $0\sim10\mu g/L$ 蛋白质含量范围内呈现良好的线性关系，灵敏度较低，但操作简单迅速。

2. 福林（Folin）酚试剂法

蛋白质分子中含有肽键及带酚基的氨基酸，能与福林酚试剂反应生成蓝色化合物，颜色深浅与蛋白质浓度呈正比，可用比色法定量测定，λ_{max} 为 750nm。该法灵敏度高，在 $0\sim100mg/L$ 蛋白质含量范围内呈现良好的线性关系。当样品中含有酚类及柠檬酸等时对测定有干扰，某些浓度较高的试剂，如硫酸钠、硝酸钠、三氯乙酸等对测定也有干扰。

3. 紫外分光光度法

蛋白质分子中含有共轭双键的酪氨酸、色氨酸时，在 280nm 处有吸收，吸收值与其浓度呈正比，可定量测定。该法迅速、简便，不受低浓度盐干扰，但所测蛋白质与标准蛋白质中酪氨酸、色氨酸含量差异较大时有误差，且样品中含有嘌呤、嘧啶等能吸收紫外光的物质对测定有干扰。

三、蛋白氮及非蛋白氮的测定

（一）蛋白氮的测定

1. 原理

样品在水溶液中，当硫酸铜过量时，蛋白质被氢氧化铜沉淀而形成不溶于热水的化合物，使真蛋白质沉淀。然后用水洗去盐类和溶解性的氨化含氮物，将真蛋白质的沉淀物进行常规凯氏定氮法的消化、蒸馏、滴定过程测定其含量，将结果乘以蛋白质的换算系数后即得真蛋白质的含量。

2. 适用范围及特点

该法适用于各类食品中蛋白氮的含量测定。

3. 试剂

① 全部试剂均为分析纯，实验用水均为不含氮的蒸馏水。

② 硫酸铜（60g/L）。

③ 氢氧化钠（12.5g/L）。

④ 氧化钡（100g/L）。

⑤ 凯氏定氮催化片或凯氏混合催化剂。

⑥ 硫酸（密度为 1.84g/mL）。

⑦ 氢氧化钠（400g/L）。

⑧ 硼酸（20g/L）。

⑨ 盐酸标准滴定溶液（浓度为 0.05mol/L）。

⑩ 混合指示剂：甲基红 0.1% 乙醇溶液，溴甲酚绿 0.5% 乙醇溶液，两溶液等体积混合。

4. 主要仪器

① 凯氏蒸馏装置：半微量凯氏定氮蒸馏器，推荐使用自动定氮仪。

② 消煮炉或电炉。

③ 粉碎机。

④ 分析天平：感量 0.0001mg。

⑤ 半微量滴定管。

⑥ 250mL 消化管。

⑦ 250mL 凯氏烧瓶。

⑧ 250mL 锥形瓶。

⑨ 烘箱。

⑩ 容量瓶。

5. 操作方法

（1）样品的前处理

准确称取试样 2～3g（精确到 0.1mg）于 250mL 烧杯内，加入 50mL 蒸馏水加热至沸，然后向烧杯内倒入 25mL（60g/L）硫酸铜溶液略搅，再徐徐加入 25mL（12.5g/L）氢氧化钠溶液搅动，注意不要倒得太快，否则局部氢氧化钠溶液浓度太高将溶解蛋白质。静置 2h，用双层定量滤纸过滤，用热蒸馏水反复洗涤残渣，直至滤液不混浊为止（洗涤用氯化钡溶液检查），然后将漏斗连同滤纸置于 65～70℃烘箱内干燥 2h。

（2）样品的消化

将烘干的试样连同滤纸一起放入凯氏烧瓶中，按凯氏法定氮。加入凯氏定氮催化片 1 片、25mL 浓硫酸于 250mL 凯氏烧瓶内或 250mL 消化管中摇匀，然后置于电炉或消煮炉中，先低温（100～200℃）小心加热并不断搅动，待内容物全部炭化、泡沫全部停止后，加强火力至 375～420℃，待液体澄清透明后，再继续加热 1h（全过程消化 2h 左右），然后取下凯氏烧瓶或消化管放冷。

（3）定容

向冷却后的消化液中加入 20mL 蒸馏水，摇匀后移入 100mL 容量瓶中，并用少量水洗涤凯氏烧瓶或消化管，洗液并入容量瓶中，反复洗涤直至消化液全部转入容量瓶中，冷却至室温，然后定容至刻度，摇匀备用，此即试样分解液。

（4）半微量蒸馏法

采用半微量凯氏定氮蒸馏法，先将水蒸气发生器与半微量凯氏定氮蒸馏器连接好。将半微量蒸馏装置的冷凝管末端浸入装有 20mL（20g/L）吸收液和 2 滴混合催化剂的锥形瓶内，蒸汽发生器的水中应加入甲基红指示剂数滴和硫酸数滴，在蒸馏过程中保持此液为橙红色，否则需补加硫酸。取 20mL 2% 硼酸水溶液于 250mL 锥形瓶中，加 0.1% 甲基红乙醇溶液 5～6 滴、0.5% 溴甲酚绿乙醇溶液 2～3 滴，摇匀，然后将锥形瓶置于半微量凯氏定氮蒸馏器的末端，使冷凝管末端浸入此吸收液面下 2/3 处。准确移取试样分解液 10mL，注入蒸馏装置的反应室中，用少量蒸馏水冲洗进样入口，塞好入口玻璃塞，再加入 5～10mL（400g/L）氢氧化钠溶液，小心提起玻璃塞使之流入反应室，将玻璃塞塞好，并在入口处加水密封，防止漏气。蒸馏 4～5min 后降下锥形瓶，使冷凝管末端离开液面，再蒸馏 1min，用蒸馏水冲洗冷凝管末端，洗液均流入锥形瓶内，然后停止蒸馏，准备滴定。此时应夹断气源，接出废液，准备下一个样品的测定。

（5）滴定

蒸馏后的吸收液立即用 0.05mol/L 盐酸标准溶液滴定，采用半微量滴定管滴定，溶液由蓝绿色变为灰红色为终点。

（6）空白试验

在进行样品测定的同时进行空白测定。空白测定除不加试样外，其他操作步骤与试样相同，空白试验消耗的盐酸标准溶液的体积不得超过 0.2mL。

6. 结果计算

根据滴定空白和试样时消耗盐酸标准溶液的体积，以及试样消化液分取体积和总体积，再根据称样量和盐酸标准溶液浓度计算出蛋白氮含量，计算公式如式（1-2）所示

$$蛋白氮（\%）=\frac{(V_2-V_1)\times c\times 0.014}{m\times\dfrac{V'}{V}}\times 6.25\times 100 \qquad (1-2)$$

式中：V_2——滴定试样时所需标准溶液体积，mL；

　　　V_1——滴定空白时所需标准溶液体积，mL；

　　　c——盐酸标准溶液浓度，mol/L；

　　　m——试样的质量，g；

　　　V'——试样消化液分取体积，mL；

　　　V——试样消化液总体积，mL；

　　　0.014——氮的毫摩尔质量，g/mmol；

　　　6.25——蛋白质的换算系数。

7. 说明及注意事项

① 在试样的前处理过程中，"煮沸"要求是加热至沸并保持 30min，目的是使试样中的非蛋白氮类物质充分溶解于水中。加 10%硫酸铜溶液和 25%氢氧化钠溶液时，最好采用移液管移取，然后沿着烧杯内壁缓慢滴加，一方面可防止局部氢氧化钠太浓而溶解部分蛋白质，这将会导致最终结果偏低；另一方面是为了使试样中的真蛋白质充分盐析。放置 2h 或静置过夜也是这个道理。沉淀物宜以双层中速定量滤纸过滤，双层滤纸可以加快过滤速度，同时又不至于将沉淀物过滤掉。滤液无 SO_4^{2-} 表明已充分洗涤沉淀物，因为如果滤液中仍有 SO_4^{2-}，则表明沉淀物中间仍可能夹杂有部分可溶性非蛋白氮类物质（如 NH_4^+），若不继续洗涤则将导致最终结果偏高。将滤纸和残渣（沉淀物）包好放入烘箱中于 65～70℃下干燥 2h 是为了使沉淀物充分干燥，一方面是为了避免沉淀物中仍夹杂有一些氨类物质（尽管这种情况一般不会发生，因为滤液已经通过了氯化钡试液的检验）；另一方面也是为了使下一步试样消化进行顺利，因为如果试样潮湿，炭化升温过快，气体骤然膨胀，不易从凯氏烧瓶中散发出去，很容易使试样与气体一同

冲出凯氏烧瓶从而导致消化失败。

② 消化时应经常转动凯氏烧瓶以便使消化进行得迅速且完全。在炭化时如有黑色炭粒溅在瓶壁上，应将凯氏烧瓶移出，待冷却后用少量蒸馏水冲洗之，然后再继续消化。

③ 对胶体物质或脂肪含量较高的样品，消化时应防止泡沫溢出瓶口，如发现有泡沫溢至瓶颈时应立即移开火源，并加1～2滴蒸馏水再继续消化。

④ 蒸馏过程中要注意气体通路，即管夹要有一个打开，以免烫伤。在加试样分解液或碱液于反应室时要快。应先检查气源是否夹断，废液流出口是否畅通。开始蒸馏时应先通蒸汽、后夹断废液排出口，否则所加液会回流排出。

（二）非蛋白氮的测定

1. 原理

用15％的三氯乙酸溶液沉淀蛋白质，滤液经消化、蒸馏后，用0.01mol/L盐酸滴定，计算氮含量，即为样品中非蛋白氮的含量。

2. 适用范围及特点

该法适用于乳及乳制品中非蛋白氮的含量测定。

3. 试剂

① 水：去离子水。

② 蔗糖（$C_{12}H_{22}O_{11}$）：含氮质量分数不大于0.002％，使用前不能在烘箱中干燥。

③ 三氯乙酸溶液（150g/L）：称取15.0g三氯乙酸（CCl_3COOH），加水溶解并稀释至100mL，混匀。

④ 盐酸标准滴定溶液（浓度为＝0.01mol/L）：配制标定按GB/T5009.1－2003执行。

⑤ 其余试剂同"蛋白氮的测定"中试剂。

⑥ 定量滤纸：中速。

4. 主要仪器

① 分析天平：感量0.0001g。

② 均质机：转速6000～18 000r/min。

③ 定氮蒸馏装置或定氮仪。

5. 操作方法

（1）试样制备

储藏在冰箱中的乳与乳制品，应在试验前预先取出，并达室温。

（2）液态试样

准确称取试样10g，精确至0.0001g，置于预先已称量的烧杯中，待测。

（3）固态试样

准确称取试样10g，精确至0.0001g，置于烧杯中。乳粉加入90mL温水，搅拌均匀；干酪加入40mL温水，均质机匀浆溶解；黄油需温热熔化，吸取10mL于预先已称量的烧杯中称量，待测。

（4）沉淀，过滤

量取 40mL 的三氯乙酸溶液，加入至上述盛有试样的烧杯中，摇匀，准确称量，静置 5min，中速滤纸过滤，收集澄清滤液。

（5）测定

准确称取滤液 20g，精确至 0.0001g，用 0.01mol/L 盐酸标准滴定溶液代替 0.1mol/L 盐酸标准滴定溶液。

（6）空白测定

准确称取 0.1g 蔗糖于烧杯中，加入 16mL 的三氯乙酸溶液，按上述操作进行，作为空白值。

6. 结果计算

根据滴定空白和试样时消耗盐酸标准溶液的体积，以及加入三氯乙酸溶液后的试样质量和沉淀蛋白的试样质量，再根据用于消化液的质量和盐酸标准溶液浓度计算出非蛋白氮含量，计算公式如式（1-3）所示

$$非蛋白氮含量（\%）= \frac{1.4007 \times c \times (V_1 - V_0) \times (m_2 - 0.065 \times m_1)}{m_3 \times m_1} \times 100$$

$$(1\text{-}3)$$

式中：c——盐酸标准滴定溶液的浓度，mol/L；

　　　V_1——试样消耗盐酸标准滴定溶液的体积，mL；

　　　V_0——空白消耗盐酸标准滴定溶液的体积，mL；

　　　m_2——加入 40mL 三氯乙酸溶液后的试样质量，g；

　　　0.065——响应因子；

　　　m_1——用于沉淀蛋白的试样质量，g；

　　　m_3——用于消化滤液的质量，g。

7. 说明及注意事项

① 取样：称取或量取样品时应仔细；液体样品应摇匀后取样，以免因取样不匀造成测定结果有误；蛋白质含量低的样品可加大取样量，重新消化测定 1 次，以免产生较大误差。

② 消化：样品消化时应先用小火。采用自调式变压器或可调式电炉，以便能随时控制样品消化过程中的火力，防止爆沸溢出产生误差或造成实验失败；将全部样品浸泡在消化液中过夜后再消化，可加快整个消化工作的进展速度；消化进行到后期，应以蒸馏水冲洗黏附在凯氏烧瓶瓶颈上的炭粒至瓶底，并不时翻转凯氏瓶，使消化至完全；对于脂肪含量高的样品，按常规加入 H_2SO_4 的量可能不足，应在后期补加 H_2SO_4 5mL，以使样品消化得更为彻底。

③ 蒸馏：蒸馏时加碱量是否充足，以蒸馏时反应室液体变成褐黑色为宜。可根据反应室的大小用更浓的碱液加入；蒸馏是否彻底，用 pH 试纸测试，至收集口馏出液呈中性时为止；不同的样品，蒸馏彻底所需的时间有所不同；取用的吸收液的量不同，蒸馏的时间也有改变。蒸馏时馏出液管尖应插入吸收液中，至馏出液呈中性后，管尖离开液面以免发生倒吸，再蒸馏 1min 左右。

④ 滴定：指示剂的配制应适当，以利于滴定终点的观察。以 0.1％甲基红乙醇溶液与 0.1％ 溴甲酚绿乙醇溶液按 1∶5 的体积混合，碱性时为绿色，酸性时为酒红色。同时应做空白对照。

四、水溶性蛋白测定

1. 原理

用水提取样品中的水溶性蛋白，先用硫酸使含氮化合物转化成为硫酸铵，加强碱蒸馏使氨逸出，用硼酸吸收后，用标准盐酸滴定计算含氮量，乘以换算系数计算出大豆中水溶性蛋白的含量。

2. 适用范围及特点

该法适用于大豆中水溶性蛋白的含量测定。

3. 试剂

① 硫酸。

② 盐酸。

③ 20g/L 硼酸溶液：称取 100g 硼酸溶于 5000mL 水中。

④ 400g/L 氢氧化钠溶液：称取 2000g 氢氧化钠溶于 5000mL 水中。

⑤ 盐酸标准溶液 $[c(\mathrm{HCl})=0.1\mathrm{mol/L}]$：量取 8.3mL 盐酸，溶于 1000mL。

标定：精密称取经 270～300℃ 干燥恒重过的基准碳酸钠 0.15g，加水 50mL，溶解，加甲基红-溴甲酚绿混合指示剂 10 滴，用本液滴定到溶液由绿色变为紫红色。煮沸 2min，冷却至室温，继续滴定到溶液由绿色变为暗紫色，同时做空白试验。

盐酸标准溶液的浓度按公式（1-4）计算

$$c = \frac{m}{(V_1 - V_2) \times 0.0530} \tag{1-4}$$

式中：m——无水碳酸钠的质量，g；

　　　V_1——盐酸溶液用量，mL；

　　　V_2——空白试验盐酸用量，mL；

　　　0.0530——$\mathrm{Na_2CO_3}$ 的毫摩尔质量，g/mmol。

⑥ 混合指示剂。1.0g/L 甲基红乙醇溶液：称取 0.1g 甲基红溶于 100mL 乙醇中；5.0g/L 溴甲酚绿乙醇溶液：称取 0.5g 溴甲酚绿溶于 100mL 乙醇中。两溶液等体积混合，在阴凉处保存期为 3 个月。

⑦ 混合催化剂 $[(\mathrm{CuSO_4} + \mathrm{K_2SO_4}) = 10 + 100]$：称取 10g 硫酸铜和 100g 硫酸钾，混匀，研磨，过 $\phi 0.42\mathrm{mm}$ 筛。

4. 主要仪器

① 采用凯氏定氮法为原理的各类型半自动、全自动蛋白质测定仪，或常量直接蒸馏式或半微量水蒸气蒸馏式蒸馏装置。

② 分析天平：感量 0.001g。

③ 粉碎机。

④ 可控温往复式摇床，频率 150 次/min，全振幅 60mm，（20±2）℃温度可控。

⑤ 消煮炉。

⑥ 离心机。

⑦ 快速滤纸。

5. 操作步骤

（1）提取

称取粉碎试样 5g 于 50mL 离心管中，精确至 0.01g。吸取 50mL 20℃蒸馏水于离心管中，振摇使样品不结块，均匀分散。将离心管固定于摇床，温度控制在（20±2）℃，振荡 60min。取下离心管，以 2000r/min 离心 10min。取出离心管，将上清液倒入 250mL 容量瓶中。向离心管残渣中重新加入 50mL 20℃蒸馏水，同前再振荡 60min，离心 10min，将上清液倒入上述 250mL 容量瓶中，此操作重复 2 次，将提取液全部收集合并倒入该容量瓶中，加蒸馏水定容至 250mL。

（2）消化

将容量瓶中的溶液混合均匀后，用快速滤纸过滤至 250mL 锥形瓶中，弃去最初的 10～15mL 滤液。准确吸取 10mL 提取液于 500mL 蒸馏管中，加入 2～3g 混合催化剂、10mL 硫酸，充分混匀。将蒸馏装置于通风橱中加热消化。开始用 100℃ 低温加热 0.5h，至黑色泡沫消失，控制瓶中的泡沫不超过瓶管的 2/3，然后再升温至 400～430℃，加热 1.5h，至消化液呈透明的蓝绿色时，继续加热 0.5h。

（3）蒸馏、滴定

待消化液冷却至室温，上机蒸馏、滴定；或采用常量直接蒸馏式或半微量水蒸气蒸馏式蒸馏装置蒸馏、滴定。

（4）仪器参考条件

设定硼酸吸收滴定模式，加 20mL 水、70mL 氢氧化钠溶液、50mL 硼酸溶液，蒸馏滴定总时间 220s，在 150s 后开始滴定，输入滴定标准盐酸溶液浓度。

6. 结果计算

根据滴定空白吸收液和试样吸收液时消耗盐酸标准溶液体积，再根据称样量和盐酸标准溶液浓度计算出水溶性蛋白的含量，计算公式如式（1-5）所示

$$水溶性蛋白含量(\%) = (V_1 - V_0) \times c \times 0.0140 \times 6.25 \times \frac{10}{250} \times \frac{10\ 000}{m(100 - X)}$$

$$(1-5)$$

式中：c——盐酸标准溶液的浓度，mol/L；

　　　V_1——滴定样品吸收液时消耗盐酸标准溶液体积，mL；

　　　V_0——滴定空白吸收液时消耗盐酸标准溶液体积，mL；

　　　m——样品质量，g；

　　　X——试样水分含量，%；

　　　0.0140——氮的毫摩尔质量，g/mmol；

　　　6.25——氮换算为蛋白质的系数。

7. 说明及注意事项

① 水蒸气发生器内的水应保持酸性，这样可避免水中的氨被蒸出而影响测定结果。为此，在发生器内的水中加入数毫升硫酸及甲基红指示剂，水应呈橙红色。

② 定氮仪器各连接处不能漏气。

③ 所用橡皮管、塞需经处理。处理方法是：浸在 10% NaOH 溶液中煮约 10min。水洗，水煮 10min，再水洗数次。

④ 在蒸馏时，蒸汽发生要均匀充足，蒸馏过程中不得停火断汽，否则将发生倒吸。

⑤ 废液排除及洗涤：一次蒸馏结束后，在小玻璃杯中倒入冷蒸馏水，并加大煤气灯火焰，待蒸汽很足、反应室外壳温度很高、反应室中液体沸腾且连续不断冒泡后，用右手轻提棒状玻璃塞，使冷水流入反应室的同时，立即用左手使劲捏橡皮管，这时因反应室外壳中的蒸汽比反应室中的多，遇冷收缩较大，压力降低较多，结果反应室中废液通过反应室插管自动被抽到反应室外壳中。塞住玻璃塞，取蒸馏水约 20mL，加入小玻璃杯，提起小玻璃杯，冷水再流入反应室，又自动抽出，如此反复几次即可排尽反应废液及洗涤废液。若外壳中已有较多的废液，可在反应室外壳蒸热后，右手捏夹子，放出一些废液，左手立即捏一下橡皮管，积存废液即从反应室中排出，这样左右交替几次，也可排除反应室内的液体。如此冲洗 3 或 4 次，打开夹子，排除反应室外壳中积存的废液，关闭夹子，再用蒸汽冲洗数分钟，继续下一次蒸馏。

⑥ 其他注意事项同常量凯氏定氮法。

五、氮溶解指数的测定

氮溶解指数（nitrogen solubility index，NSI）指水溶性氮占总氮的百分率，或水溶性蛋白占粗蛋白的百分率。氮溶解指数是一项衡量食品中蛋白质变性程度的重要指标。

氮溶解指数（NSI，%）的计算：根据水溶性氮及样品中总氮的含量，或利用水溶性蛋白及样品中粗蛋白的质量计算氮溶解指数，计算公式如公式（1-6）和公式（1-7）所示

$$\mathrm{NSI}(\%) = \frac{N_1}{N} \times 100 \tag{1-6}$$

或

$$\mathrm{NSI}(\%) = \frac{N_{水}}{N_{粗}} \times 100 \tag{1-7}$$

式中：N_1——水溶性氮，g；

　　　　N——样品中总氮，g；

　　　　$N_{水}$——水溶性蛋白，g；

　　　　$N_{粗}$——粗蛋白，g。

第二节　油脂的测定

一、油脂测定概述

脂肪具有非常重要的作用。它是人和动物体内能量储存的主要形式，其供能系数在碳水化合物、脂肪、蛋白质中最高，是蛋白质和碳水化合物的2倍多；它供给人体必需脂肪酸和脂溶性维生素，且在体内可以起到润滑、保温及缓冲的作用；富含油脂的食物可以改变食物的质地，赋予其特殊的香气，增强食欲，延缓饥饿。

(一) 食品中脂类的种类及形态

自然界中，食用油脂主要有真脂和类脂两种。其中，真脂占食用油脂的95％，在人体中占99％，主要是甘油（丙三醇）和脂肪酸结合而成。其他5％的食用油脂为类脂，如磷脂、糖脂、固醇和蜡等。

食用油脂根据来源可分为植物油和动物油。植物油中脂肪酸不饱和程度较高，故其熔点较低，一般常温下多为液态，又被称为"油"，目前被视为有利于健康的油脂，建议为日常主要食用油脂。而动物油中脂肪酸饱和程度较高，故其熔点较高，常温下多为固态，又被称为"脂"。近年研究发现，心血管类疾病发病率与膳食中油脂的饱和程度呈正相关，所以建议动物类脂肪要限制食用。脂类在各种食品原料，以及在同一食品原料的各个部位中含量也不相同。植物食品原料中的黄豆、花生、核桃等均富含脂肪，说明脂肪主要存在于植物的种子、果实、果仁中；动物食品原料的脂肪主要来源于动物的肥肉部位；水果、蔬菜中脂肪含量很低。了解脂肪来源对于我们合理安排膳食具有重要意义，同时也可以指导食品加工和食品质量检测。

食品中脂肪的存在形式有游离态的，如动物性脂肪及植物性油脂；也有结合态的，如天然存在的磷脂、糖脂。脂蛋白及某些加工食品（如焙烤食品及麦乳精等）中的脂肪，与蛋白质或碳水化合物等成分形成结合态。对大多数食品来说，游离态脂肪是主要的，结合态脂肪含量较少。因此，在脂类的分析测定时，脂肪的提取是非常重要的环节。

(二) 脂肪测定的意义

脂肪是食品中重要的营养成分之一，可为人体提供必需的脂肪酸；脂肪是一种富含热能的营养素，是人体热能的主要来源，每克脂肪在体内可提供37.62kJ热能，比碳水化合物和蛋白质高2倍以上；脂肪还是脂溶性维生素的良好溶剂，有助于脂溶性维生素的吸收；脂肪与蛋白质结合生成的脂蛋白，在调节人体生理机能和完成体内生化反应方面都起着十分重要的作用。但过量摄入脂肪对人体健康也是不利的。

在食品加工生产过程中，原料、半成品、成品的脂类含量对产品的风味、组织结构、品质、外观、口感等都有直接的影响。蔬菜本身的脂肪含量较低，在生产蔬菜罐头时，添加适量的脂肪可以改善产品的风味；对于面包之类的焙烤食品，脂肪含量，特别是卵磷脂等组分对面包的柔软度、体积及其结构都有影响。因此，在含脂肪的食品中，其含量都有一定的规定，这也是食品质量管理中的一项重要指标。测定食品的脂肪含量，可以用来评价食品的品质，衡量食品的营养价值，而且对实行工艺监督、生产过程的质量管理、研究食品的储藏方式是否恰当等方面都有重要的意义。

（三）脂类测定的方法

脂类不溶于水，易溶于有机溶剂。测定脂类大多采用低沸点的有机溶剂萃取的方法。常用的溶剂有乙醚、石油醚、氯仿-甲醇混合溶剂等。其中乙醚溶解脂肪的能力强，应用最多，但乙醚的沸点低（34.6℃），易燃，且可饱和约2%的水分。含水乙醚会同时抽提出糖分等非脂成分，所以使用时必须采用无水乙醚作提取剂，且要求样品必须预先烘干。石油醚溶解脂肪的能力比乙醚弱一些，但吸收水分比乙醚少，也没有乙醚易燃，使用时允许样品含有微量水分。这两种溶剂只能直接提取游离的脂肪，对于结合态脂类，必须预先用酸或碱破坏脂类和非脂成分的结合后才能提取。因两者各有特点，故常常混合使用。氯仿-甲醇是另一种有效的溶剂，它对于脂蛋白、磷脂的提取效率较高，特别适用于水产品、家禽、蛋制品等食品脂肪的提取。

用溶剂提取食品中的脂类时，要根据食品种类、性状及所选取的分析方法，在测定之前对样品进行预处理。有时需将样品粉碎、切碎、碾磨等；有时需将样品烘干。有的样品易结块，可加入4～6倍量的海砂；有的样品含水量较高，可加入适量无水硫酸钠，使样品成粒状。以上处理的目的都是为了增加样品的表面积，减少样品的含水量，使有机溶剂更有效地提取出脂类。

食品的种类不同，其中脂肪的含量及其存在形式就不相同，测定脂肪的方法也就不同。常用的测定脂类的方法有：索氏提取法、酸水解法、罗兹-哥特里法、巴布科克氏法、盖勃氏法和氯仿-甲醇提取法等。过去普遍采用的是索氏提取法，此法至今仍被认为是测定多种食品脂类含量的有代表性的方法，但该法对于某些样品测定结果往往偏低。酸水解法能对包括结合态脂类在内的全部脂类进行定量。而罗兹-哥特里法主要用于乳及乳制品中脂类的测定。本节只介绍常用的几种方法。

二、粗脂肪含量的测定

索氏提取法测定脂肪含量是普遍采用的经典方法，是国标方法之一，也是美国官方分析化学师协会（Association of Analytical Communities，AOAC）法920.39、960.39中脂肪含量测定方法（半连续溶剂萃取法）。随着科学技术的发展，该法也在不断改进和完善，如目前已有改进的直滴式抽提法和脂肪自动测定仪法。

1. 原理

将经过前期处理的样品用无水乙醚或石油醚回流提取，使样品中的脂肪进入溶剂中，蒸去溶剂后所得到的残留物即为脂肪（或粗脂肪）。

该法提取的脂溶性物质为脂肪类物质的混合物，除含有脂肪外，还含有磷脂、色素、树脂、固醇、芳香油等醚溶性物质。因此，用索氏提取法测得的脂肪含量也称为粗脂肪含量。

2. 适应范围与特点

该法适用于脂类含量较高，结合态的脂类含量较少，能烘干磨细，不易吸湿结块的样品的测定。食品中的游离脂肪一般都能直接被乙醚、石油醚等有机溶剂抽提，而结合态脂肪不能直接被乙醚、石油醚提取，需在一定条件下进行水解等处理，使之转变为游离态脂肪后方能提取，故索氏提取法测得的只是游离态脂肪，而结合态脂肪测不出来。该法是经典方法，对大多数样品结果比较可靠，但耗费时间长，溶剂用量大，且需专门的索氏提取器（图 1-3）。

3. 试剂

① 无水乙醚或石油醚。

② 纯海砂：粒度 0.65～0.85mm，二氧化硅的质量分数不低于 99%。

③ 滤纸筒。

4. 主要仪器

① 索氏提取器。

② 电热鼓风干燥箱。

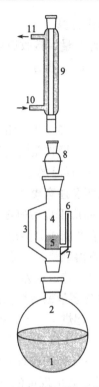

图 1-3　索氏提取器

1-搅拌子；2-烧瓶（烧瓶中的液体不能装得太多，一般是索式提取器溶剂的 3～4 倍）；3-蒸汽路径；4-套管；5-固体；6-虹吸管；7-虹吸出口；8-转接头；9-冷凝管；10-冷却水入口；11-冷却水出口

5. 操作步骤

（1）滤纸筒的制备

将 8～15cm 的滤纸用直径约 2cm 的试管为模型，将滤纸以试管壁为基础，折叠成底端封口的滤纸筒，筒内底部放一小片脱脂棉。在 105℃烘至恒重，置于干燥器中备用。

（2）样品处理

① 固体样品：精密称取干燥并研细的样品 2～5g（可取测定水分后的样品），必要时拌以海砂，无损地移入滤纸筒内。

② 半固体或液体样品：称取 5.0～10.0g 样品于蒸发皿中，加入海砂约 20g，于沸水浴上蒸干后，再于 95～105℃烘干，研细，全部移入滤纸筒内，蒸发皿及黏附有样品的玻璃棒都用蘸有乙醚的脱脂棉擦净，将脱脂棉一同放在滤纸筒上面，再用脱脂棉线封捆滤纸筒口。

（3）抽提

将滤纸筒放入索氏抽提器内，连接已干燥至恒重的脂肪接收瓶，由冷凝管上端加入无水乙醚或石油醚，加量为接收瓶的 2/3 体积，于水浴上（夏天 65℃，冬天 80℃左右）加热使乙醚或石油醚不断地回流提取，一般提取 6～12h，至抽提完全为止。

（4）称重

取下接收瓶，回收乙醚或石油醚，待接收瓶内乙醚剩 1～2mL 时，在水浴上蒸干，再于 100～105℃干燥 2h，取出放于干燥器内冷却 30min，称重，并重复操作至恒重。

6. 结果计算

根据称样量、接收瓶质量以及接收瓶和脂肪的总质量计算样品中脂肪的含量，计算公式如式（1-8）所示

$$脂肪含量（\%）= \frac{m_2 - m_1}{m} \times 100 \tag{1-8}$$

式中：m_2——接收瓶和脂肪的质量，g；

m_1——接收瓶的质量，g；

m——样品的质量（如为测定水分后的样品，以测定水分前的质量计），g。

7. 说明及注意事项

① 样品应干燥后研细，样品含水分会影响溶剂提取效果，而且溶剂会吸收样品中的水分造成非脂成分溶出。装样品的滤纸筒一定要严密，不能往外漏样品，但也不要包得太紧影响溶剂渗透。放入滤纸筒时高度不要超过回流弯管，否则超过弯管样品中的脂肪不能抽提，造成误差。

② 对含多量糖及糊精的样品，要先以冷水使糖及糊精溶解，经过滤除去，将残渣连同滤纸一起烘干，放入抽提管中。

③ 抽提用的乙醚或石油醚要求无水、无醇、无过氧化物，挥发残渣含量低。

④ 过氧化物的检查方法：取 6mL 乙醚，加 2mL 10％碘化钾溶液，用力振摇，放置 1min 后，若出现黄色，则证明有过氧化物存在，应另选乙醚或处理后再用。

⑤ 提取时水浴温度不可过高，以每分钟从冷凝管滴下 80 滴左右、每小时回流 6～12 次为宜，提取过程应注意防火。

⑥ 在抽提时，冷凝管上端最好连接一支氯化钙干燥管，如无此装置可塞一团干燥的脱脂棉球。这样可防止空气中水分进入，也可避免乙醚在空气中挥发。

⑦ 抽提是否完全可凭经验，也可用滤纸或毛玻璃检查。由抽提管下口滴下的乙醚滴在滤纸或毛玻璃上，挥发后不留下油迹表明已抽提完全，若留下油迹说明抽提不完全。

⑧ 在挥发乙醚或石油醚时，切忌直接用火加热。烘前应驱除全部残余的乙醚，因乙醚稍有残留，放入烘箱时，就有发生爆炸的危险。

三、全脂肪含量的测定

1. 原理

将试样与盐酸溶液一同加热进行水解，使结合或包藏在组织里的脂肪游离出来，再用乙醚和石油醚提取脂肪，回收溶剂，干燥后称量，提取物的质量即为全脂肪含量。此方法即为酸水解法。

2. 适用范围与特点

酸水解法适用于各类食品中脂肪的测定，对固体、半固体、黏稠液体或液体食品，特别是加工后的混合食品，容易吸湿、结块及不易烘干的食品，不能采用索氏提取法时，用该法效果较好。该法不适于含糖高的食品，因糖类遇强酸易炭化而影响测定

结果。

酸水解法测定的是食品中的总脂肪，包括游离态脂肪和结合态脂肪。

3. 试剂

① 盐酸。

② 95％乙醇。

③ 乙醚。

④ 石油醚。

4. 主要仪器

100mL 具塞量筒。

5. 操作步骤

（1）样品处理

① 固体样品：精密称取约 2.0g 样品置于 50mL 大试管中，加 8mL 水，混匀后再加 10mL 盐酸。

② 液体样品：称取 10.0g 样品置于 50mL 大试管中，加 10mL 盐酸。

（2）水解

将试管放入 70～80℃水浴中，每 5～10min 用玻璃棒搅拌一次，至样品脂肪游离消化完全为止，需 40～50min。

（3）提取

取出试管，加入 10mL 乙醇，混合，冷却后将混合物移入 100mL 具塞量筒中，用 25mL 乙醚分次洗试管，一并倒入量筒中，待乙醚全部倒入量筒后，加塞振摇 1min，小心开塞放出气体，再塞好，静置 12min，小心开塞，用石油醚-乙醚等量混合液冲洗塞及筒口附着的脂肪。静置 10～20min，待上部液体清晰，吸出上清液于已恒重的锥形瓶内，再加 5mL 乙醚于具塞量筒内，振摇、静置后，仍将上层乙醚吸出，放入原锥形瓶内。

（4）称重

将锥形瓶于水浴上蒸干后，置 100～105℃烘箱中干燥 2h，取出放入干燥器内冷却 30min 后称量，并重复以上操作至恒重。

6. 结果计算

根据称样量、锥形瓶质量以及锥形瓶和脂肪的总质量计算样品中脂肪含量，计算公式如式（1-9）所示

$$脂肪含量(\%) = \frac{m_2 - m_1}{m} \times 100 \qquad (1-9)$$

式中：m_2——锥形瓶和脂类质量，g；

　　　m_1——空锥形瓶的质量，g；

　　　m——试样的质量，g。

7. 说明与注意事项

① 样品加热、加酸水解，破坏蛋白质及纤维组织，使结合态脂肪游离后，再用乙醚提取。

② 水解时应防止大量水分损失而导致酸浓度升高。

③ 乙醇可使一切能溶于乙醇的物质留在溶液内。

④ 石油醚可使乙醇溶解物残留在水层，并使分层清晰。

⑤ 挥发干溶剂后，残留物中若有黑色焦油状杂质，是分解物与水一同混入所致，会使测定值增大，造成误差，可用等量的乙醚及石油醚溶解后过滤，再次进行挥发干溶剂的操作。

第三节　淀粉的测定

一、淀粉测定概述

淀粉是人类食物的重要组成部分，也是供给人体热能的主要来源，广泛存在于植物的根、茎、叶、种子等组织中。淀粉是由葡萄糖单位构成的聚合体，聚合度为 100～3000。按聚合形式不同，淀粉可分为直链淀粉和支链淀粉。直链淀粉是由葡萄糖残基以 α-1,4 糖苷键连接构成的，分子呈直链状；支链淀粉是由葡萄糖残基以 β-1,4 糖苷键连接构成直链主干，而支链通过第六碳原子以 β-1,6 糖苷链与主链相连，形成"枝杈"结构。一般淀粉均同时含有直链淀粉和支链淀粉，只是不同来源的淀粉所含的这两种淀粉的比例不同。例如，玉米含直链淀粉约为 27%，马铃薯约为 23%，甘薯约为 20%，其余部分为支链淀粉。糯玉米、糯大米和糯高粱几乎全部是支链淀粉。由于直链淀粉和支链淀粉的结构不同，性质上也有一定差异。例如，直链淀粉不溶于冷水，可溶于热水，支链淀粉常压下不溶于水，只有在加热并加压时才能溶解于水；直链淀粉可与碘生成深蓝色络合物；而支链淀粉与碘不能形成稳定的络合物，呈现较浅的蓝紫色。

许多食品中都含有淀粉，有的是来自原料，有的是生产过程中为了改变食品的物理性状作为添加剂而加入的。例如，在糖果制造中作为填充剂；在雪糕、棒冰等冷饮食品中作为稳定剂；在午餐肉等肉类罐头中作为增稠剂，以增加制品的黏着性和持水性；在面包、饼干、糕点生产中用来调节面筋浓度和胀润度，使面团具有适合于工艺操作的物理性质等。淀粉含量是某些食品主要的质量指标，是食品生产管理中常做的分析项目。

直链淀粉和支链淀粉都以颗粒状存在于胚乳细胞中，具有晶体结构，常称为淀粉粒。不同来源的淀粉，其淀粉粒的形状和大小各不相同，用显微镜观察可鉴别淀粉的种类。淀粉不溶于浓度在 30% 以上的乙醇溶液，在酸或酶的作用下可以水解，最终产物是葡萄糖，淀粉水溶液具有右旋性，比旋光度为 $+201.5°～+205°$。淀粉的许多测定方法都是根据淀粉的这些理化性质而建立的。常用的方法有：根据淀粉在酸或酶作用下能水解为葡萄糖，通过测定还原糖进行定量的酸水解法和酶水解法；根据淀粉具有旋光性而建立的旋光法；根据淀粉不溶于乙醇的性质而建立的重量法等。

二、粮油种子粗淀粉含量的测定

（一）酶水解法

1. 原理

样品经乙醚除去脂肪、乙醇除去可溶性糖类后，其中的淀粉用淀粉酶水解为双糖，再用盐酸将双糖水解成单糖，最后按还原糖测定方法测定水解所得的葡萄糖含量，再把葡萄糖含量折算为淀粉含量（换算系数为 162/180＝0.9）。

水解反应如下：

$$(C_6H_{12}O_5)_n + nH_2O \longrightarrow C_6H_{12}O_6$$
$$162 \qquad\qquad\qquad 180$$

相对分子质量

2. 适用范围及特点

利用淀粉酶水解样品，具有专一性和选择性，它只水解淀粉而不会水解半纤维素、多缩戊糖、果胶质等多糖，所以该法不受这些多糖的干扰，水解后可直接通过过滤除去这类多糖，适合于富含纤维素、半纤维素和多缩戊糖等多糖含量高的样品，分析结果准确可靠，重现性好。但是酶催化活力的稳定性受 pH 和温度的影响很大，而且操作繁琐、费时，使用受到了一定程度的限制。

3. 试剂

① 淀粉酶溶液（5g/L）：称取淀粉酶 0.5g，加 100mL 水溶解，加入数滴甲苯或氯仿防止生霉，储存于冰箱中。

② 碘溶液：称取 3.6g 碘化钾溶于 20mL 水中，再加入 1.3g 碘，溶解后加水稀释至 100mL。

③ 乙醚。

④ 乙醇。

⑤ HCl 溶液：量取 50mL HCl 与 50mL 水混合。

⑥ NaOH 溶液。

4. 主要仪器

① 水浴锅。

② 高速组织捣碎机：1200r/min。

③ 皂化装置，附 250mL 锥形瓶。

5. 操作步骤

（1）样品处理

准确称取干燥样品 2～5g，置于放有折叠滤纸的漏斗中，先用 50mL 乙醚分 5 次洗去脂肪，再用 85%乙醇约 100mL 分 3 或 4 次洗去可溶性糖分。将残留物移入 250mL 烧杯内，用 50mL 水分数次洗涤滤纸和漏斗，洗液并入烧杯中。将烧杯置沸水浴上加热 15min，使淀粉糊化。放冷至 60℃，加淀粉酶溶液 20mL，在 55～60℃下保温 1h，并不时搅拌，取 1 滴试液加 1 滴碘溶液检查应不显蓝色。若呈蓝色，再加热糊化并加淀粉酶溶液 20mL，继续保温，直至加碘不显蓝色为止。

取出，小火加热至沸，冷却后洗入 250mL 容量瓶中，加水至刻度。摇匀、过滤（弃去初滤液）。取 50mL 滤液，置于 250mL 锥形瓶中，加盐酸 5mL，装上回流冷凝管，在沸水浴中回流 1h。冷却后加 2 滴甲基红指示剂，用 20％NaOH 溶液中和至近中性后转入 100mL 容量瓶中，洗涤锥形瓶，洗液并入容量瓶中。用水定容至刻度，摇匀备用。

（2）测定

① 标定碱性酒石酸铜溶液吸取 5.0mL 碱性酒石酸铜甲液及 5.0mL 碱性酒石酸铜乙液，置于 150mL 锥形瓶中，加水 10mL，加入玻璃珠两粒，从滴定管滴加约 9mL 葡萄糖，控制在 2min 内加热至沸，趁沸以每 2s 一滴的速度继续滴加葡萄糖，直至溶液蓝色刚好褪去为终点，记录消耗葡萄糖标准溶液的总体积，同时做 3 份平行，取其平均值，计算 10mL（甲液、乙液各 5mL）碱性酒石酸铜溶液相当于葡萄糖的质量（mg）。

② 试样溶液预测吸取 5.0mL 碱性酒石酸铜甲液及 5.0mL 碱性酒石酸铜乙液，置于 150mL 锥形瓶中，加水 10mL，加入玻璃珠两粒，控制在 2min 内加热至沸，保持沸腾以先快后慢的速度从滴定管中滴加试样溶液，并保持溶液沸腾状态，待溶液颜色变浅时，以每 2s 一滴的速度滴定，直至溶液蓝色刚好褪去为终点，记录样液消耗体积。当样液中还原糖浓度过高时，应适当稀释后再进行正式测定，使每次滴定消耗样液体积与标定酒石酸铜溶液时所消耗的还原糖标准溶液的体积相近（控制在 10mL 左右），结果按公式（1-10）计算。

③ 试样溶液测定吸取 5.0mL 碱性酒石酸铜甲液及 5.0mL 碱性酒石酸铜乙液，置于 150mL 锥形瓶中，加水 10mL，加入玻璃珠两粒，从滴定管滴加比预测体积少 1mL 的试样溶液至锥形瓶中，控制在 2min 内加热至沸，趁沸以每 2s 一滴的速度滴定，直至溶液蓝色刚好褪去为终点，记录样液消耗体积，同法平行操作 3 份，得出平均消耗体积。

按还原糖测定方法进行定量。同时量取 50mL 水及与样品处理时等量的淀粉酶溶液，按同一方法做试剂空白试验。

6. 结果计算

根据空白液和样品水解液中还原糖的含量及体积，再根据称样量计算样品中的淀粉含量，计算公式如式（1-10）所示

$$淀粉含量(\%) = \frac{(m_1 - m_2) \times 0.9}{m \times \dfrac{V}{500} \times 1000} \times 100 \tag{1-10}$$

式中：m_1——样品水解液中还原糖含量，mg；

m_2——空白液中还原糖含量，mg；

m——样品质量，g；

V——样品水解液的体积，mL；

500——样品水解液总体积，mL；

0.9——还原糖换算为淀粉的系数。

7. 说明及注意事项

① 脂肪的存在会妨碍酶对淀粉的作用及可溶性糖类的去除，故应用乙醚脱脂。若样品脂肪含量较少，可省略此步骤。

② 淀粉粒具有晶格结构，使淀粉酶难以作用。加热糊化破坏了淀粉的晶格结构，使其易于被淀粉酶作用。

③ 常用于液化的淀粉酶是麦芽淀粉酶，它是 α-淀粉酶和 β-淀粉酶的混合物。α-淀粉酶水解直链淀粉的初始产物是低分子糊精，最终产物是麦芽糖和葡萄糖；对支链淀粉的初始产物是极限糊精和低分子糊精，最终产物是麦芽糖、异麦芽糖和葡萄糖。β-淀粉酶对直链淀粉和支链淀粉的最终水解产物都是麦芽糖。所以采用麦芽淀粉酶时，水解产物主要是麦芽糖，还有少量的葡萄糖和糊精。

④ 淀粉酶解过程中，黏度迅速下降，流动性增强。淀粉在淀粉酶中水解的顺序为：淀粉→蓝糊精→红糊精→麦芽糖→葡萄糖。与碘液呈色依次为：蓝色、蓝色、红色、无色、无色。因此可用碘液检验酶解终点。酶解终点为酶解液与碘液的反应不呈蓝色。若呈蓝色，再加热糊化，冷却至 60℃以下，再加淀粉酶溶液，继续保温，直至酶解液加碘液后不呈蓝色为止。

⑤ 使用淀粉酶前，应确定其活力及水解时的加入量。可用已知浓度的淀粉溶液少许，加入一定量淀粉酶溶液，置 55～60℃水浴中保温 1h，用碘液检验淀粉是否水解完全，以确定酶的活力及水解时的用量。

（二）酸水解法

1. 原理

样品经除去脂肪和可溶性糖类后，在淀粉酶的作用下，使淀粉水解为麦芽糖和低分子糊精，再用盐酸进一步水解为葡萄糖，然后按还原糖测定法测定其还原糖含量，并折算成淀粉含量。

2. 适用范围及特点

该法一步可将淀粉水解至葡萄糖，简便易行，适用于淀粉含量较高而半纤维素和多缩戊糖等其他多糖含量较少的样品。对富含半纤维素、多缩戊糖及果胶质的样品，因水解时它们也被水解为木糖、阿拉伯糖等还原糖，使测定结果偏高。该法应用广泛，但选择性和准确性不及酶水解法好。

3. 试剂

① 乙醚。

② 乙醇。

③ HCl 溶液（量取 50mL HCl，与 50mL 水混合）。

④ NaOH 溶液：配制的质量浓度分别为 10% 和 40%。

⑤ 甲基红指示剂（2g/L）。

⑥ Pb (Ac)$_2$ 溶液（200g/L）。

⑦ Na$_2$SO$_4$ 溶液（100g/L）。

⑧ 精密 pH 试纸。

4. 仪器

① 水浴锅。

② 高速组织捣碎机：1200r/min。

③ 皂化装置，并附 250mL 锥形瓶。

5. 操作步骤

（1）样品处理

① 粮食、豆类、糕点、饼子等较干燥的样品。准确称取 2～5g 磨碎、过 40 目筛的样品，置于放有慢速滤纸的漏斗中，用 30mL 乙醚分 3 次洗去样品中的脂肪，弃去乙醚。再用 85％乙醇溶液约 150mL 分数次洗涤残渣，以除去可溶性糖类。滤干乙醇溶液后用 100mL 水将残渣转入 250mL 锥形瓶中，加入 HCl 溶液 30mL，连接好冷凝管，置沸水浴中回流 2h。

回流完毕后，立即置流动水中冷却至室温，加入 2 滴甲基红指示剂，将水解液调至近中性（先用 $\rho=40\%$ NaOH 溶液调至黄色，再用 HCl 溶液校正至水解液刚变红色为宜，若水解渣颜色深，可用精密 pH 试纸测试，调至 pH 约为 7）。加中性 Pb（Ac）$_2$ 溶液（200g/L）20mL 摇匀，放置 10min，使蛋白质等干扰物质沉淀完全，再加等量的 Na_2SO_4 溶液（100g/L），以除去多余的铅盐。摇匀后将全部溶液及残渣转入 500mL 容量瓶中，用水洗涤锥形瓶，洗液合并于容量瓶中。用水定容至刻度，混匀、过滤（初滤液弃去）。

② 蔬菜、水果、各种粮豆含水熟食制品。将干净样品（果蔬取可食部分）按 1∶1 加水，在组织捣碎机中捣成匀浆。称取匀浆 5～10g（液体样品直接量取），置于 250mL 锥形瓶中，加 30mL 乙醚振摇提取脂肪，用滤纸过滤除去乙醚，再用 20mL 乙醚淋洗两次，弃去乙醚。以下按操作步骤①中"再用 85％乙醇溶液约 150mL 分数次洗涤残渣"及之后的步骤操作。

（2）测定

按"（二）酶水解法"中的测定进行操作。

6. 结果计算

计算同"（二）酶水解法"。

7. 说明及注意事项

① 该法要求对粮食、豆类、饼子和代乳粉等较干燥、易磨细的样品磨碎、过 40 目筛；对蔬菜、水果、粉皮和凉粉等水分较多的样品，需按 1∶1 加水在组织捣碎机中捣成匀浆，再称取此处理后的样品进行分析。

② 样品含可溶性糖类时，会使结果偏高，可用 85％（体积分数）乙醇分数次洗涤样品以除去。脂肪会妨碍乙醇溶液对可溶性糖类的提取，所以要用乙醚分数次洗去样品中的脂肪。脂肪含量较低时，可省去乙醚脱脂肪步骤。

③ 样品加入乙醇溶液后，混合液中乙醇的浓度应在 80％以上，以防止糊精随可溶性糖类一起被洗掉。如要求测定结果不包括糊精，则用 10％乙醇洗涤。

④ 水解条件要严格控制，要保证淀粉水解完全，并避免因加热时间过长对葡萄糖产生影响（形成糠醛聚合体，失去还原性）。对于水解时取样液量、所用酸的浓度及加

入量、水解时间等条件，各方法规定有所不同。在国家标准分析方法中，样品中加入了30mL 6mol/L盐酸，使混合液中盐酸的浓度达5％，要求100℃水解2h。其他方法还有：混合液中盐酸的浓度达1％时，100℃水解4h；混合液中盐酸浓度达2％时，100℃水解2.5h。因水解时间较长，应采用回流装置，以保证水解过程中盐酸的浓度不发生变化。

⑤ 样品水解液冷却后，应立即调至中性。可加入2滴甲基红，先用40％氢氧化钠调到黄色，再用盐酸调到刚好变为红色，最后用10％氢氧化钠调到红色刚好褪去。若水解液颜色较深，可用精密pH试纸测试，使样品水解液的pH约为7。

⑥ 用中性乙酸铅溶液沉淀蛋白质、果胶等杂质，以澄清样品水解液，再加入硫酸钠溶液除去过多的铅。

（三）旋光法

1. 原理

淀粉具有旋光性，在一定条件下旋光度的大小与淀粉的浓度呈正比，用氯化钙溶液提取淀粉，使之与其他成分分离，用氯化锡沉淀提取液中的蛋白质后，测定旋光度，即可计算淀粉含量。淀粉含量按照公式（1-11）进行计算

$$淀粉含量(\%) = \frac{\alpha \times 100}{L \times 203 \times m} \times 100 \tag{1-11}$$

式中：α——旋光度读数，°；

L——观测管长度，dm；

m——样品质量，g；

203——淀粉的比旋光度，°。

2. 适用范围及特点

该法适用于不同来源的淀粉，具有重现性好、操作简便、快速等特点。由于淀粉的比旋光度大，直链淀粉和支链淀粉的比旋光度又很接近，因此该法对于可溶性糖类含量不高的谷物样品具有较高的准确度。但对于一些未知或性质不清楚的样品及淀粉已经受热或变性的样品，分析结果的误差较大。

3. 说明及注意事项

① 该法属于选择性提取法，用氯化钙溶液作为淀粉的提取剂，是因为钙能与淀粉分子上的羟基形成络合物，使淀粉与水有较高的亲和力而易溶于水中。

② 用氯化钙溶液进行淀粉提取时，需加热煮沸样品溶液一定时间，并随时搅拌，以提高淀粉提取率。加热后必须迅速冷却，以防止淀粉老化，形成高度结晶化的不溶性淀粉分子微束。若加热煮沸过程中泡沫过多，可加入1～2滴辛醇消泡。

③ 蛋白质也具有旋光性，为消除其干扰，该法加入氯化锡溶液，以沉淀蛋白质。蛋白质含量较高的样品，如高蛋白营养米粉，用旋光法测定时结果偏低，误差较大。

④ 淀粉的比旋光度一般按203°计，但不同来源的淀粉也略有不同，如玉米淀粉、小麦淀粉为203°，豆类淀粉为200°。

⑤ 可溶性糖类比旋光度低，如蔗糖为 $+66.5°$、葡萄糖为 $+52.5°$、果糖为 $-92.5°$，都比淀粉的比旋光度低得多，它们对测定结果一般影响不大，可忽略不计。但糊精的比旋光度为 $+95°$，对糊精含量高的样品测定结果有较大的误差。

（四）称量法

1. 原理

把样品与氢氧化钾乙醇溶液共热，使蛋白质、脂肪等溶解，而淀粉和粗纤维不溶解。过滤后，用氢氧化钾水溶液溶解淀粉，使之与粗纤维分离。然后用乙酸酸化的乙醇使淀粉重新沉淀，过滤后把沉淀于 100℃烘干至恒重，再于 550℃灼烧至恒重，灼烧前后质量之差即为淀粉的含量。淀粉含量按照公式（1-12）进行计算

$$淀粉含量（\%）= \frac{(m_1 - m_2) \times 100}{m \times V} \times 100 \tag{1-12}$$

式中：m_1——坩埚和内容物干燥后的质量，g；

m_2——坩埚和内容物灼烧后的质量，g；

m——样品质量，g；

V——测定时取样液体积，mL；

100——样液总体积，mL。

2. 适用范围及特点

该法是北欧食品分析委员会的标准方法，适用于蛋白质、脂肪含量较高的熟肉制品（如午餐肉、火腿肠等食品）中淀粉的测定，结果准确、重现性好，但操作繁琐、时间较长。

3. 说明及注意事项

① 氢氧化钾乙醇溶液是将 50g KOH 溶于 1000mL 95％乙醇溶液中；乙酸酸化的乙醇溶液是指 1000mL 90％乙醇溶液中加入 5mL 冰醋酸。

② 实验过程中有两次过滤，第一次是从样品溶液中分离提取出淀粉和粗纤维，用氢氧化钾乙醇溶液洗涤沉淀，采用滤纸过滤；第二次是以乙酸酸化的乙醇溶液洗涤沉淀淀粉，采用古氏坩埚过滤。过滤过程中易造成损失，需细心操作，确保实验结果准确。

③测定肉制品中淀粉也可以采用容量法，即把样品与氢氧化钾共热，使样品完全溶解后再加入乙醇使淀粉析出，经乙醇洗涤后加酸水解为葡萄糖，然后按测定还原糖的方法测定葡萄糖含量，再换算为淀粉含量。该法没有把淀粉与其他多糖分离开，如果在水解条件下这些多糖也能水解为还原糖，将产生正误差。

三、破损淀粉含量的测定

1. 原理

破损淀粉对 α-淀粉酶的敏感性大大高于未破损淀粉，在常温下能被 α-淀粉酶降解

生成糊精和一定量的还原糖。利用此特性，在规定的条件下，用 α-淀粉酶降解小麦粉中破损淀粉，再用铁氰化钾法测定其还原糖量，并根据法兰德的经验公式计算小麦粉中的破损淀粉值。

2. 适用范围及特点

该法适用于小麦粉破损淀粉值的测定。

3. 试剂

① 乙酸缓冲溶液：溶解 4.1g 无水乙酸钠于水中，加入 3mL 冰醋酸，再用水定容至 1000mL，pH 应为 4.7±0.1。

② 乙醇：体积分数为 95%。

③ α-淀粉酶制品：由米曲霉（Aspergillus oryzae）制得的真菌酶（活力大于 10U/mg）。

④ 硫酸溶液：将 100mL 浓硫酸加入到大约 700mL 水中，用水定容至 1000mL，溶液的浓度为 (3.68±0.05)mol/L。

⑤ 钨酸钠溶液：称取 12.0g 钨酸钠溶于水中，并定容至 100mL。

⑥ 0.1mol/L 碱性铁氰化钾溶液：称取 32.9g 干燥纯净的铁氰化钾和 44.0g 无水碳酸钠溶于 1000mL 水中，储于棕色瓶避光保存。

铁氰化钾溶液标定：准确量取 10.0mL 的铁氰化钾溶液，并加入 25mL 乙酸盐溶液和 1mL 淀粉-碘化钾溶液。用 0.1mol/L 的硫代硫酸钠溶液滴定至溶液蓝色完全消失。0.1mol/L 硫代硫酸钠溶液的消耗量为 10.0mL。

⑦ 乙酸盐溶液：称取 70g 氯化钾和 40g 硫酸锌于水中完全溶解后，缓慢加入 200mL 冰醋酸，再用水定容至 1000mL。

⑧ 可溶性淀粉-碘化钾溶液：用少量冷水调和 2g 的可溶性淀粉，然后慢慢加入到沸腾的水中（小于 50mL）。溶液冷却后，加入 50g 碘化钾，用蒸馏水定容至 100mL，并加入 1 滴饱和的氢氧化钠溶液。

⑨ 0.1mol/L 硫代硫酸钠溶液：称取 24.82g 硫代硫酸钠（含 5 个结晶水）和 3.8g 四硼酸钠用水定容至 1000mL，储于棕色瓶避光保存。

4. 仪器

① 耐热玻璃试管：ϕ25mm×220mm。

② 量筒：50mL、25mL。

③ 恒温水浴：可控温(30±0.1)℃。

④ 秒表。

⑤ 玻璃棒。

⑥ 移液管或移液器：1mL、5mL、10mL。

⑦ 玻璃漏斗及中速定量无灰滤纸。

⑧ 水浴锅：沸水浴。

⑨ 磨口带塞锥形瓶：100mL、150mL。

⑩ 滴定管：10mL(精度分别为 0.02mL、0.1mL)。

⑪ 天平：感量 0.01g、0.1mg。

⑫ pH 计或精密 pH 试纸：可测 pH4.7±0.1。

⑬ 铁丝笼：放置试管。

5. 操作步骤

（1）酶解

将乙酸缓冲液置于 30℃水浴中。称取 1.00g（14%湿基）面粉样品置于 150mL 锥形瓶中。称取 0.050g 酶，加入到锥形瓶中，再加入 45mL 乙酸缓冲液，用玻璃棒混匀。从加入溶液起，在 30℃恒温水浴中准确保温 15min。保温后，加入 3.0mL 硫酸溶液和 2.0mL 钨酸钠溶液。充分混合，静置 2min，然后经滤纸过滤，弃去最初 8～10 滴滤液，立即吸取 5.0mL 滤液于试管中，测定还原糖的含量。

（2）还原糖含量的测定

① 样品提取：称取 5.675g 的小麦粉至 100mL 的锥形瓶（三角瓶）中，振荡锥形瓶使样品处于同一侧，用 5mL 的乙醇湿润面粉，振荡锥形瓶使湿润面粉位于上方，然后加入 50mL 的乙酸盐缓冲液，直到将缓冲液全部加入后再让缓冲液与面粉接触，振荡锥形瓶，将湿润面粉变成悬浊液，立即加入 2mL 的钨酸钠溶液并再一次彻底混匀。

② 氧化：吸取 5mL 样品滤液至试管中，向试管中准确加入 10mL 的铁氰化钾滤液，混合均匀，然后将试管浸入剧烈沸腾的水浴锅中，试管中的液面应低于沸水液面 3～4cm。试管在沸水锅中准确煮沸 20min。

③ 滴定：取出试管立即用流水冷却，冷却后将试管中的溶液倒入容积为 100mL 的锥形瓶中，用 25mL 乙酸盐溶液洗涤试管，并将洗涤液也加入锥形瓶。混匀后加入 1mL 的淀粉-碘化钾熔液，并彻底混匀。然后用 0.1mol/L 的硫代硫酸钠溶液滴定至溶液蓝色完全消失，并记录下消耗的硫代硫酸钠溶液体积（V_1）。同时做空白实验，吸取空白液 5mL 代替样品液，按照上述步骤操作，记录消耗的硫代硫酸钠溶液体积（V_0）。

（3）换算

样品中消耗硫代硫酸钠溶液体积（V_1）减去空白实验消耗的硫代硫酸钠溶液体积（V_0）就是还原糖氧化 0.1mol/L 铁氰化钾消耗的体积（V），再根据此体积查表 1-2，即可查得消耗的铁氰化钾溶液体积换算成的麦芽糖的毫克数（m）。

6. 结果计算

从表 1-2 中查到 10g 淀粉中麦芽糖的含量计算破损淀粉值，计算公式如式（1-13）所示

$$破损淀粉值（\%）= \frac{1.64 \times 5 \times m}{100} = 0.082 \times m \qquad (1-13)$$

式中：m——从表 1-2 得到的 10g 淀粉中麦芽糖毫克数，mg；

　　　5——样品稀释倍数；

　　　1.64——61%的淀粉转化为麦芽糖，所以乘以 0.61 的倒数 1.64。

表 1-2　铁氰化钾-麦芽糖的转换数据表

被还原的 0.1mol/L 铁氰化钾的体积/mL	每 10g 淀粉中含有的麦芽糖的量/mg	被还原的 0.1mol/L 铁氰化钾的体积/mL	每 10g 淀粉中含有的麦芽糖的量/mg	被还原的 0.1mol/L 铁氰化钾的体积/mL	每 10g 淀粉中含有的麦芽糖的量/mg	被还原的 0.1mol/L 铁氰化钾的体积/mL	每 10g 淀粉中含有的麦芽糖的量/mg
0.10	5	2.30	116	4.50	237	6.70	379
0.20	10	2.40	121	4.60	244	6.80	385
0.30	15	2.50	126	4.70	251	6.90	392
0.40	20	2.60	130	4.80	257	7.00	398
0.50	25	2.70	135	4.90	264	7.10	406
0.60	31	2.80	140	5.00	270	7.20	412
0.70	36	2.90	145	5.10	276	7.30	418
0.80	41	3.00	151	5.20	282	7.40	425
0.90	46	3.10	156	5.30	288	7.50	431
1.00	51	3.20	161	5.40	295	7.60	438
1.10	56	3.30	166	5.50	302	7.70	445
1.20	60	3.40	171	5.60	308	7.80	451
1.30	65	3.50	176	5.70	315	7.90	458
1.40	71	3.60	182	5.80	322	8.00	465
1.50	76	3.70	188	5.90	328	8.10	472
1.60	80	3.80	195	6.00	334	8.20	478
1.70	85	3.90	201	6.10	341	8.30	485
1.80	90	4.00	207	6.20	347	8.40	492
1.90	96	4.10	213	6.30	353	8.50	499
2.00	101	4.20	218	6.40	360		
2.10	106	4.30	225	6.50	367		
2.20	111	4.40	231	6.60	373		

注：表中数据由 0.5g 面粉中测定的数据换算成 10g 面粉中的含量获得的。

7. 说明及注意事项

① 在进行还原糖测定时，样品提取物的过滤处理与沸水浴处理的时间间隔不要超过 15～20min。进一步延迟可能引起蔗糖在溶液中的分解而导致测定错误。

② 在测定样品时，应做相应的空白实验以测定铁氰化钾试剂的变化，并校正试剂中的还原性杂质。首先把 45mL 的乙酸钠溶液、3mL 的 H_2SO_4 溶液和 2mL 钨酸钠溶液混合均匀，再取 5mL 以上混合液（代替 5mL 的样品滤液），加入 10mL 的铁氰化钾溶液和 1mL 的淀粉-碘化钾溶液，该步骤与还原糖的测定同时进行，最终使溶液的蓝色完全消失所用的硫代硫酸钠溶液的量为 10mL。如果硫代硫酸钠溶液的用量在（10±0.05)mL，铁氰化钾溶液仍可使用，但在还原糖含量计算时应该进行适当的校正。

四、抗消化淀粉含量的测定

目前，国内外学者根据抗消化淀粉的形态和物理化学性质，将其分为 4 种类型，即 RS1 型、RS2 型、RS3 型和 RS4 型。RS1 称为物理包埋淀粉，指淀粉颗粒因细胞壁的屏障作用或蛋白质等的隔离作用而难以与酶接触，因此不易被消化。加工时的粉碎及碾磨、摄食时的咀嚼等物理动作可改变其含量，常见于轻度碾磨的谷类、豆类等食品中。RS2 指抗消化淀粉颗粒，为有一定粒度的淀粉，通常为生的薯类和香蕉。经物理和化学分析后认为，RS2 具有特殊的构象或结晶结构（B 型或 C 型衍射图谱），对酶具有高度抗性。RS3 为老化淀粉，主要为糊化淀粉经冷却后形成的。凝沉的淀粉聚合物常见于煮熟又放冷的米饭、面包、油炸土豆片等食品中。这类抗消化淀粉又分为 RS3a 和 RS3b 两部分，其中 RS3a 为凝沉的支链淀粉，RS3b 为凝沉的直链淀粉，RS3b 的抗酶性最强。RS4 为化学改性淀粉，经基因改造或化学方法引起的分子结构变化以及一些化学官能团的引入而产生的抗酶解性，如乙酰基、羟丙基淀粉，以及热变性淀粉、磷酸化淀粉等。

1. 原理

样品先在 37℃ 下经 α-淀粉酶水解，使可消化淀粉转化成葡萄糖，用 80% 乙醇提取，未水解的抗性淀粉部分经沸水浴凝胶化后，由淀粉葡萄糖苷酶（amyloglucosidase）转化成葡萄糖，用葡萄糖氧化酶法分别测定葡萄糖含量，再换算成抗性淀粉含量。

2. 适用范围及特点

适用于所有含淀粉的食物的测定。

3. 试剂

除特殊说明外，实验用水为蒸馏水，试剂为分析纯。

① 0.1mol/L 乙酸缓冲液（pH 5.0）：称取 14.28g 乙酸钠（$CH_3COONa \cdot 3H_2O$）溶于水中，加入 2.7mL 冰醋酸并调节 pH 5.0，加水定容至 1L。

② 酶溶液①：分别称取 4g α-淀粉酶溶液（Sigma 公司）、1g 淀粉葡萄糖苷酶溶液（Sigma 公司）和 0.3g 转换酶（invertase，Sigma 公司）溶液于研钵中，用 0.1mol/L 乙酸缓冲液研磨制成匀浆，并调节体积为 100mL，3000r/min 离心 5min，取上清液。此溶液应在 4℃ 保存，有效期 1 个月。

③ 酶溶液 2：

1 号瓶：内含磷酸盐缓冲溶液（0.2mol/L，pH7.0）100mL，其中 4-氨基安替比林为 0.001 54 mol/L。

2 号瓶：内含苯酚溶液（0.022mol/L，pH7.0）100mL。

3 号瓶：内含葡萄糖氧化酶（glucose oxidase）溶液 400 U（活力单位）、过氧化物酶（辣根，peroxidase）1000 U。

将 1 号瓶和 2 号瓶的内容物充分混合均匀，再将 3 号瓶的内容物溶解其中，轻轻摇动（勿剧烈摇动），使葡萄糖氧化酶和过氧化物酶完全溶解。此溶液应在约 4℃ 保存，有效期 1 个月。

④ 淀粉葡萄糖苷酶溶液：称取 2g 淀粉葡萄糖苷酶（Sigma 公司），加 100mL 0.1mol/L 乙酸缓冲液研磨成匀浆，3000r/min 离心 5min，取上清液。

⑤ 80% 乙醇：800mL 乙醇加水至 1L。

⑥ 4mol/L 氢氧化钾溶液：称取 224g 氢氧化钾，用水溶解并加至 1L。

⑦ 2mol/L 乙酸溶液：量取冰醋酸 118mL，加水至 1L，混匀。

⑧ 葡萄糖标准液：称取经（100±2)℃烘烤2h 的葡萄糖 1.000g，溶于水中，定容至 100mL，摇匀。用水稀释此溶液 2.00mL 至 100mL，浓度为 200μg/mL。

4. 主要仪器

① 恒温水浴箱。

② 温箱。

③ 分光光度计。

5. 操作步骤

(1) 样品处理

测定 RS1 时，直接称取样品 0.2～1g；测定 RS2 时，选用生的样品，先研磨打碎后再称取样品 0.2～1g；测定 RS3 时，则先将样品加水煮沸至少 15min，使之凝胶化，然后取出放入 4℃冰箱冷藏过夜，再混匀后称取样品 0.2～1g（需折合水分）。加入 10mL 酶溶液，轻轻混匀，37℃ 温箱或水浴中酶解 16h。加入 40mL 无水乙醇，使乙醇含量终浓度为 80%，充分摇匀。静置 30min，3000r/min 离心 15min，上清液转移至 100ml 容量瓶中。用 80%乙醇反复洗涤沉淀 2 或 3 次。合并上清液并用乙酸缓冲液定容，供测定可消化淀粉用。

(2) 水解抗性淀粉

将经反复洗涤的沉淀置于 100℃干燥，然后用 15mL 水将沉淀转移至锥形瓶中，沸水浴中加热 30min。冷却至室温。加入 1 倍体积的 4mol/L 氢氧化钾溶液，使氢氧化钾终浓度为 2mol/L，室温下混合 30min（注：在样品凝胶化后，2mol/L 氢氧化钾的作用是进一步破坏淀粉结构，如果氢氧化钾的浓度过高或过低，不利于结构破坏，操作中需注意）。加入约 30mL 2mol/L 乙酸溶液，调节 pH 为 5.0，再加入淀粉葡萄糖苷酶溶液 5mL，65～70℃水浴 90min。冷却后将水解液转移至 100mL 容量瓶中，用乙酸缓冲液定容至刻度，过滤。

(3) 葡萄糖标准曲线的绘制

用微量移液管取 0.00mL、0.20mL、0.40mL、0.60mL、0.80mL、1.00mL 葡萄糖标准溶液，分别置于 10mL 比色管中，各加入 3mL 酶溶液2，摇匀，在（36±1)℃水浴锅中恒温 40min，冷却至室温，用水定容至 10mL，摇匀。用 1cm 比色皿，以葡萄糖标准溶液含量为 0.00μg/mL 的试液调整分光光度计的零点，在波长 505nm 处，测定各比色管中溶液的吸光度。

以葡萄糖含量为纵坐标，吸光为横坐标，绘制标准曲线。

(4) 测定

吸取 0.5mL 上清液［见操作步骤中的"(1) 样品处理"］和抗性淀粉水解液［见操作步骤中的"(2) 水解抗性淀粉"］，置于 10mL 比色管中，按操作步骤中的"(3) 葡萄糖标准曲线的绘制"进行操作。测定试液的吸光度后，在葡萄糖标准曲线上查出相应的葡萄糖含量。

6. 结果计算

根据葡萄糖标准曲线得出上清液中和抗性淀粉水解液中葡萄糖浓度，再根据稀释定容体积和称样量分别计算出可消化淀粉和抗性淀粉含量，计算公式如式 (1-14) 所示

$$X = \frac{(A_s - A_b) \times V \times F}{0.5 \times m} \times 0.1 \times 0.9 \tag{1-14}$$

式中：X——样品中抗性淀粉含量，g/100g；

A_s——由标准回归方程求出的样品测定管中葡萄糖含量，mg；

A_b——由标准回归方程求出的样品空白管中葡萄糖含量，mg；

V——样品定容体积，mL；

F——稀释倍数；

0.5——测定时吸取样品提取液的体积，mL；

m——样品质量，g；

0.1——将 mg/g 转换成 g/100g 的系数。

7. 说明及注意事项

① Eglyst 根据抗性淀粉的分类，对样品采用不同的处理方法。读者可根据实验需要选择相应的方法。

② Eglyst 测定抗性淀粉时，模拟胃肠道内环境，根据 α-淀粉酶水解时间长短，将 20min 时已水解的淀粉称为快消化淀粉，20～120min 水解的淀粉称为慢消化淀粉，120min 后仍没有水解的淀粉称为抗性淀粉。有的学者指出，在体内实验中，肠道对淀粉的消化能力可能超过 6h，认为 120min 的水解时间过于短暂，并建议水解时间应延长至 16h。目前国际上检测方法尚没有完全统一，多采用的是 Eglyst 和 Champ 的方法，这里的方法是对二者的综合并略加改进。

③ 如果将样品先用 80% 乙醇去除可溶性糖后，再加水煮沸，使之凝胶化，然后用氢氧化钾破坏淀粉结构，进而采用淀粉葡萄糖苷酶水解，所测定的结果即为总葡萄糖（total glucose）含量。结果乘以 0.9 即为总淀粉含量。

五、粮食中直链、支链淀粉含量的测定

1. 原理

淀粉与碘形成碘-淀粉复合物，并具有特殊的颜色反应。支链淀粉与碘生成棕红色复合物，直链淀粉与碘生成深蓝色复合物。在淀粉总量不变的条件下，将这两种淀粉分散液按不同比例混合，在一定条件下与碘作用，生成由紫红色到深蓝色一系列颜色，代表其不同直链淀粉含量比例，在 720nm 波长下测定吸光度，绘制吸光度与直链淀粉浓度的标准曲线。

2. 适用范围和特点

该法选自 GB/T15684—1995，简便快速、灵敏、准确度高，适用于稻米、玉米、谷子等食物。

3. 试剂

① 1.0mol/L 氢氧化钠溶液。

② 0.09mol/L 氢氧化钠溶液。

③ 脱蛋白溶液：20g/L 十二烷基苯磺酸钠溶液（使用前加亚硫酸钠至浓度为 2g/L）

和 3g/L 氢氧化钠溶液。

④ 1mol/L 乙酸溶液。

⑤ 碘试剂：用具盖称量瓶称取 (2.000±0.005)g 碘化钾，加适量的水以形成饱和溶液，加入 (0.200±0.001)g 碘，碘全部溶解后将溶液定量移至 100mL 容量瓶中，加蒸馏水至刻度，摇匀，现配现用，避光保存。

⑥ 马铃薯直链淀粉标准溶液：不含支链淀粉，浓度为 1mg/mL。

用甲醇对马铃薯直链淀粉进行脱脂，以 5～6 滴/s 的速度回流抽提 4～6h。马铃薯直链淀粉纯度很高，应经过安培滴定或电位滴定测试。有些市售的马铃薯直链淀粉纯度不高，可能会给出不正确的直链淀粉含量结果。纯的直链淀粉应能够结合不少于其自身质量的 19%～20% 的碘。

将脱脂后的直链淀粉放在一个适当的盘子上铺开，放置 2 天，以使残余的甲醇挥发并达到水分平衡。支链淀粉和试样按同样方法处理。

称取 (100±0.5)mg 经脱脂及水分平衡后的直链淀粉于 100mL 锥形瓶中，小心加入 1.0mL 乙醇，将粘在瓶壁上的直链淀粉冲下，加入 9.0mL 1mol/L 的氢氧化钠溶液，轻摇使直链淀粉完全分散开。随后将混合物在沸水浴中加热 10min 以分散马铃薯直链淀粉。分散后取出冷却到室温，转移至 100mL 容量瓶中。加水至刻度，剧烈摇匀。1mL 此标准分散液含 1mg 直链淀粉。

当测试样品时，直链淀粉和支链淀粉在相同的条件下进行水分平衡，则不需要进行水分校正，获得测试结果为大米干基结果。如果测试样品和标准品不是在相同的条件下制备的，则样品和标准品的水分都要测试，结果也应相应校正。

⑦ 支链淀粉标准溶液：浓度为 1mg/mL。

备好支链淀粉含量 99%（质量分数）以上的糯性（蜡质）米粉。将糯米浸泡后用捣碎机将它们捣成微细分散状。使用脱蛋白溶液彻底去掉蛋白质，洗涤，然后用甲醇进行回流抽提脱脂，将脱脂后的支链淀粉平铺在平皿上，放置 2 天，以挥发残余的甲醇，并平衡水分。

用支链淀粉取代直链淀粉，按照配制直链淀粉标准溶液的方法制备支链淀粉标准溶液，1mL 支链淀粉标准液含 1mg 支链淀粉。支链淀粉的碘结合量应该少于 0.2%。

4. 主要仪器

① 实验室捣碎机。

② 粉碎机：可将大米粉碎并通过 150～180μm（80～100 目）筛，推荐使用配置 0.5mm 筛片的旋风磨。

③ 筛子：150～180μm（80～100 目）筛。

④ 分光光度计：具有 1cm 比色皿，可在 720nm 处测量吸光度。

⑤ 抽提器：能采用甲醇回流抽提样品，速度为 5～6 滴/s。

⑥ 容量瓶：100mL。

⑦ 水浴锅。

⑧ 锥形瓶：100mL。

⑨ 分析天平：感量 0.0001g。

5. 操作步骤

（1）试样的制备

取至少 10g 精米，用旋风磨粉碎成粉末，并通过规定的筛网。

采用甲醇溶液回流抽提脱脂。

注：脂类物质会和碘争夺直链淀粉形成复合物，研究证明，对米粉脱脂可以有效降低脂类物质的影响，样品脱脂后可获得较高的直链淀粉结果。

脱脂后将试样在盘子或表面皿上铺成一薄层，放置 2 天，以挥发残余甲醇，并平衡水分。

（2）样品溶液的制备

称取 (100±0.5)mg 试样于 100mL 锥形瓶中，小心加入 1mL 乙醇溶液到试样中，将粘在瓶壁上的试样冲下。移取 9.0mL 1mol/L 氢氧化钠溶液到锥形瓶中，并轻轻摇匀，随后将混合物在沸水浴中加热 10min 以分散淀粉。取出冷却至室温，转移到 100mL 容量瓶中。加蒸馏水定容并剧烈振摇混匀。

（3）空白溶液的制备

采用与测定样品时相同的操作步骤及试剂，但使用 5.0mL 0.09mol/L 氢氧化钠溶液替代样品制备空白溶液。

（4）校正曲线的绘制

① 系列标准溶液的制备：按照表 1-3 混合配制直链淀粉和支链淀粉标准分散液及 0.09mol/L 氢氧化钠溶液的混合液。

表 1-3　系列标准溶液

大米直链淀粉含量（干基[a]）/ %	马铃薯直链淀粉标准液/mL	支链淀粉标准液/mL	0.09mol/L 氢氧化钠/mL
0	0	18	2
10	2	16	2
20	4	14	2
25	5	13	2
30	6	12	2
35	7	11	2

a. 上述数据是在平均淀粉含量为 90% 的大米干基基础上计算所得。

② 显色和吸光度测定：准确移取 5.0mL 系列标准溶液到预先加入大约 50mL 水的 100mL 容量瓶中，加 1.0mL 乙酸溶液，摇匀，再加入 2.0mL 碘试剂，加水至刻度，摇匀，静置 10min。

分光光度计用空白溶液调零，在 720nm 处测定系列标准溶液的吸光度。

③ 绘制校正曲线：以吸光度为纵坐标、直链淀粉含量为横坐标，绘制校正曲线。直链淀粉含量以大米干基质量分数表示。

（5）样品溶液测定

准确移取 5.0mL 样品溶液加入预先加入大约 50mL 水的 100mL 容量瓶中，加

1.0mL 乙酸溶液，摇匀，再加入 2.0mL 碘试剂，加水至刻度，摇匀，静置 10min。分光光度计用空白溶液调零，在 720nm 处测定样品溶液的吸光度。

6. 结果计算

（1）直链淀粉的含量计算

根据从标准曲线求出的直链淀粉质量以及样品中粗淀粉的质量计算直链淀粉占淀粉总量的质量分数，如公式（1-15）所示。根据从标准曲线求出的直链淀粉质量和称样量以及样品中含水量计算直链淀粉占样品干重的质量分数，如公式（1-16）所示

$$\omega_1(\%) = \frac{m_1 \times 100}{m \times 5} \times 100 \tag{1-15}$$

$$\omega_2(\%) = \frac{m_1 \times 100}{m_2 \times 5 \times (1 - \omega_{H_2O})} \times 100 \tag{1-16}$$

式中：ω_1——直链淀粉占淀粉总量的质量分数，%；

ω_2——直链淀粉占样品干重的质量分数，%；

m_1——从标准曲线求出的直链淀粉质量，mg；

m——样品中所含粗淀粉的质量，mg；

m_2——样品的质量，mg；

ω_{H_2O}——样品的水分含量，%。

（2）支链淀粉的含量计算

根据直链淀粉质量分数，计算支链淀粉含量，计算公式如式（1-17）所示

$$支链淀粉(\%) = 100\% - 直链淀粉 \% \tag{1-17}$$

7. 说明及注意事项

① 要求直链淀粉和支链淀粉纯品必须具备以下条件：

马铃薯直链淀粉：λ_{max} 为 610～650nm，淀粉含量在 85% 以上，碘结合量在 19.5 以上，$A_{1cm}^{0.005\%}$，λ_{max} 在 20℃时为 340nm 以上。

支链淀粉：

稻谷：λ_{max}520～530nm，$A_{1cm}^{0.005\%}$，620nm 在 20℃时为 17 以下；

玉米：λ_{max}530～540nm，$A_{1cm}^{0.005\%}$，620nm 在 20℃时为 25 以下；

谷子：λ_{max}530～540nm，$A_{1cm}^{0.005\%}$，620nm 在 20℃时为 22 以下。

② 马铃薯直链淀粉纯品制备方法：称取马铃薯淀粉10g，加少量无水乙醇使样品湿润，再加入 0.5mol/L 氢氧化钠 350mL，放入沸水浴中加热搅拌 20min，至完全分散，冷却，以 4000r/min 离心 20min，取上清液用 1.5mol/L 盐酸调至 pH 6.5，然后加入丁醇-异戊醇（1∶1）80mL，在沸水浴中加热搅拌10min，冷却至室温，移入冰箱内（2～4℃）静置 24h，弃去上层污物层，再以 4000r/min 离心 15min，弃掉上清液，沉淀物即为粗直链淀粉。

用饱和正丁醇水溶液洗涤沉淀物（粗直链淀粉），以 4000r/min 离心 15min，将沉淀物转入 200mL 饱和正丁醇水溶液中，在沸水浴中加热溶解 10～15min，冷却至室温，放入冰箱内（2～4℃）静置 24h，弃去上层污物层，以 4000r/min 离心 15min，沉淀物再加 200mL 饱和正丁醇水溶液加热溶解，反复纯化 3 次。最后将沉淀物用无水乙醇反

复洗涤、离心3或4次，在真空干燥箱中于55～56℃干燥，即得直链淀粉纯品。

③ 该法用 1mol/L NaOH 溶液在沸水浴中加热可加快分散步骤，避免发生沉淀，加热 10min 对直链淀粉测定结果也无影响。但要求测定样品与绘制标准曲线时的温度相差不能超过±1℃，否则误差较大。

④ 用无水乙醇作为湿润剂，可防止米粉在加入氢氧化钠时结块。

⑤ 挥发甲醇时使用通常的安全防护措施，如在通风橱中进行操作。

六、淀粉糊化特性的测定

1. 原理

将一定浓度的谷物粉或淀粉的水悬浮液，按一定升温速率加热，使淀粉糊化。开始糊化后，由于淀粉吸水膨胀使悬浮液逐渐变成糊状物，黏度不断增加，随着温度升高，淀粉充分糊化，产生最高黏度峰值，随后淀粉颗粒破裂，黏度下降。当糊化物按一定降温速率冷却时，糊化物胶凝，黏度值又进一步升高，冷却至 50℃ 时的黏度值即为最终黏度值。通过黏度仪的传感器、传感轴、测力盘簧，将上述整个糊化过程黏度变化而产生的阻力变化反映到自动记录器并描绘出黏度曲线，再由黏度曲线读出评价谷物及淀粉品质的各项指标，包括开始糊化温度（℃）、最高黏度值（V.U.）、最高黏度时温度（℃）、最低黏度值（V.U.）、胶凝后的最终黏度值（V.U.）等。

不同谷物及淀粉由于其淀粉结构、性质不同，因而有着不同的糊化特性，即不同的评价值，而同一谷物及淀粉由于品质、储藏时间以及其中 α-淀粉酶活性不同等原因均会导致以上评价值的变化。

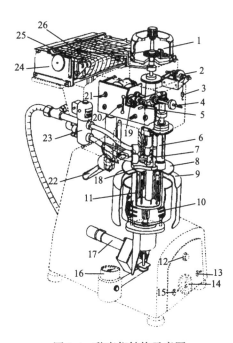

图 1-4　黏度仪结构示意图

1-测力盘形弹簧；2-滑轮；3-砝码吊钩；4-温度调节杆；5-温度自控系统；6-接点温度计；7-冷却器；8-试样杯；9-电炉防护罩；10-辐射电炉；11-叉形搅拌器（传感器）；12-信号灯；13-警笛开关；14-定时器；15-电源开关；16-转速表；17-齿轮转动马达；18-冷却罩；19-齿轮；20-温度控制拉杆；21-交替冷却与连续冷却开关；22-仪器上端升降把手；23-冷却水电磁阀；24-记录器；25-固定记录纸装置；26-记录笔

2. 适用范围及特点

该法适用于利用黏度仪测定谷物及淀粉糊化特性。

3. 试剂

蒸馏水或纯度相当的水。

4. 主要仪器

① 黏度仪：主要由测力盘形弹簧、传感竖轴、传感器（搅拌器）、测量钵、辐射电炉、冷却水装置、驱动电机组、转速器、定时器、接点温度计、温度调整与自控系统、冷却自控系统、自动记录器等组成（图 1-4）。

主要技术参数如下：

测量钵转速：（75±1）r/min

升降温速率：（1.5±0.03）℃/min

升降温范围：室温－97℃

接点温度计：刻度 1.0℃

记录器纸速：（0.5±0.01）cm/min

记录纸量程：0～1000 V. U.

测力盘簧扭力矩：（34.32±0.69）mN/V. U.〔（350±7）gf. cm/V. U.〕

（68.65±1.47）mN/V. U.〔（700±15）gf. cm/V. U.〕

测力盘簧有效偏转角：62°

传感器及测量钵的金属杆应垂直，能顺利插入"定位板"（仪器附件）中。

② 天平：感量 0.1g。

③ 烧杯：600mL。

④ 量筒：500mL。

⑤ 玻璃棒（带橡皮头）或塑料搅拌勺。

5. 操作步骤

（1）样品制备

谷物样品用粉碎机粉碎使 90%以上试样通过 CQ24 筛。

（2）试样水分测定

按 GB 5497—1985 进行测定。

（3）仪器准备

① 检查仪器各部件是否连接妥当及可否正常运转：测量钵应放于仪器中部电热套内的定位销中，钵中搅拌器通过销子与传感竖轴相连，打开电源开关至"1"处，电机启动，检查并调整测量钵转速为 75r/min。检查记录纸是否正常运行。检查记录笔指针是否指在记录纸 0 线上，否则，应松开仪器上部测力盘簧两侧的螺丝，转动测力盘簧位置，使记录笔指在 0 线上，再拧紧螺丝。关闭电源。

② 将搅拌器与传感竖轴脱开，冷却套杆提升至高处，再将仪器升降柄下压使仪器上半部抬起，然后使其向右转动 90°，取出搅拌器。

（4）称样

① 各类谷物及淀粉应称取含水量为 14%（基准水分）试样的质量（±0.1g）及加水量，见表 1-4（测力盘簧扭力矩为 700gf·cm/V. U.）。

表 1-4　各类谷物及淀粉应称取含水量为 14%试样的质量及加水量

试样名称	试样质量/g（按含水量 14%计）	加水量/mL
小麦粉（包括全麦粉）	80.0	450
米粉（包括籼、粳、糯米）	40.0	360
玉米淀粉	35.0	500
马铃薯淀粉	25.0	500

② 如果试样含水量高于或低于 14％时，则按公式（1-18）计算实际称样量

$$实际称样量(g) = \frac{A \times 86}{100 - M} \qquad (1\text{-}18)$$

式中：A——含水量 14％时规定称试样质量，g；

　　　　M——100g 试样中含水分克数。

③ 如用其他规格测力盘簧，测试样的质量可酌情增减，使绘出黏度曲线峰值在 800 V. U. 以下。

（5）试样悬浮液制备

将称取试样倒入烧杯，同时，用量筒量取应加入的水量，先倒出约 200mL 于烧杯中，用搅拌棒将试样搅拌成均匀无结块的悬浮液，并将其转移至测量钵中，再用量筒中剩余的水分 3 次洗涤烧杯中残留试样并全部转移至测量钵中。

（6）测定

① 将搅拌器放入测量钵并使搅拌器缺口对准仪器正面（注意！放下机身时勿使温度计触及搅拌器）。

② 握紧仪器升降柄，将仪器上半部向左转动 90°，然后转动升降柄缓慢放下机身，将搅拌器插入传感竖轴梢子使紧密相连。

③ 降下冷却套杆使处于最低位，将冷却水控制开关拨至"～"（交替冷却）位置，打开冷却水。

④ 打开电源开关，测量钵按 75r/min 旋转；将温度调节杆拨至中部"0"位，打开温度计照明灯，用接点温度计调节钮调节温度计指针在 30℃或高于室温的温度，调节钮顺时针转动可升高温度指针，逆时针转动反之。

⑤ 打开定时器（定时约 45min），加热指示灯亮，试样开始加热，待试样悬浮液升温达到接点温度计指针指示的温度时，指示灯灭，这时，将温度调节杆向下拨至"升温"处，并用记录笔在记录纸上做好标记，此标记的温度即为调整温度计指示的温度。此后，悬浮液即自动按 1.5℃/min 升温，糊化过程开始。

⑥ 随着温度升高，到某一温度时，记录笔开始偏离记录纸基线，此温度即为该试样的开始糊化温度。随后，黏度迅速增高，当温度升高至 95℃时，将温度调节杆拨回"0"位，定时，这时黏度通常是下降，在黏度值下降波动较小或相对稳定时（5～10min），再将温度控制拉杆向上拨至"降温"处，定时 30min，这时糊化物开始以 1.5℃/min 冷却降温，直到降温至 50℃，再将温度控制拉杆拨回"0"位，定时 3～5min。实验结束。冷却时黏度值不断升高，如黏度值升高超过 1000 V. U. 时，或测力盘簧扭力矩为 350gf·cm/V. U. 时，则在仪器砝码挂钩上加挂 62.5g 砝码，黏度值增加 500 V. U.，加挂 125g 砝码，黏度值增加 1000 V. U.。

⑦ 关闭电源，将搅拌器与传感竖轴卸开，将冷却套杆提升至最高处，然后压下升降柄，抬起仪器上半部并使其向右转动 90°。

⑧ 擦净温度计、冷却套杆，取出测量钵及搅拌器并洗净备用。

6. 测定结果表示

从记录纸上绘制的黏度曲线读出下列各项糊化特性指标，并注明实验所采用的测力

盘形弹簧的规格及称样量、加水量，见图 1-5。

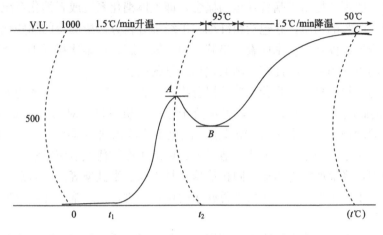

图 1-5　黏度曲线图

t_1-开始糊化温度，℃，读数准确至 0.5℃；A-最高黏度值，V.U.，读数准确至 5V.U.；t_2-最高黏度时温度（如峰值平缓可读峰顶温度区间，℃，读数准确至 0.5℃）；B-最低黏度值（曲线低谷值），V.U.，读数准确至 5V.U.；C-50℃时黏度值，V.U.，读数准确至 5V.U.。A-B（V.U.）＝黏度破坏值；C-B（V.U.）＝胶凝值。以上两项指标可用作评价淀粉品质

在图 1-5 中，黏度曲线 0-A 之间所表示的意义是：由谷物粉或淀粉所构成的水悬浮液，按一定升温速率加热，当温度为 t_1 时，淀粉开始糊化，此时由于淀粉吸水膨胀使悬浮液逐渐变成糊状物，黏度不断增加，当温度为 t_2 时，淀粉充分糊化，产生最高黏度峰值（A）。黏度曲线 A-B 之间所表示的意义是：当淀粉充分糊化，产生最高黏度值后，淀粉颗粒发生破裂，黏度随之下降，产生最低黏度值（B）。黏度曲线 B-C 之间所表示的意义：当糊化物按一定降温速率冷却时，糊化物胶凝，黏度值又进一步升高，冷却至 50℃时的黏度值即为最终黏度值（C）。不同谷物及淀粉由于其淀粉结构、性质不同，因而有着不同的糊化特性，即不同的评价值，而同一谷物及淀粉由于品质不同、储藏时间不同，以及其中 α-淀粉酶活性不同等原因均会导致以上评价值的变化。

第四节　纤维素的测定

一、纤维素测定概述

食品中的粗纤维在化学上不是单一组分的物质，而是包括纤维素、半纤维素、木质素等多种组分的混合物。粗纤维是植物性食品的主要成分之一，广泛存在于各种植物体内，其含量因食品种类的不同而异，尤其在谷类、豆类、水果、蔬菜中含量较高。由于其组成十分复杂，且随食品的来源、种类而变化，因此，不同的研究者对纤维的解释也有所不同，其定义也就不同，目前还没有明确的、科学的定义。早在 19 世纪 60 年代，德国的科学家首次提出了"粗纤维"的概念，用来表示食品中不能被稀酸、稀碱所溶

解、不能为人体所消化利用的物质。到了近代，在研究和评价食品消化率和品质时，科学家从营养学的观点提出了膳食纤维的概念，即人体消化系统或者消化系统中的酶不能消化、分解、吸收的物质。它包括粗纤维和半纤维分析方法所测得的那些化合物，如纤维素、半纤维素、戊聚糖、木质素、果胶、树胶等。膳食纤维比粗纤维更能客观、准确地反映食物的可利用率，因此有逐渐取代粗纤维的趋势。

纤维素与淀粉一样，也是葡萄糖的聚合物，但它是 300～2000 个葡萄糖残基以 β-1，4 糖苷键连接而成的。它不溶于水，也不溶于任何有机溶剂，对稀酸、稀碱相当稳定，人类和大多数动物由于没有 β-1,4 糖苷酶，故也不能消化利用纤维素。半纤维素往往与纤维素共存，它是指细胞壁中那些不溶于水、可溶于冷的稀碱溶液的多糖。其与酸共热时可部分降解，降解产物有木糖、阿拉伯糖、甘露糖、半乳糖等。木质素是使植物本质化的物质，它不属于多糖而是多聚芳香族苯丙烷化合物，是纤维素的伴随物质，不能被人和动物消化。

纤维虽然不能被人体消化吸收和利用，营养价值很低，但它能吸收和保留水分，使粪便柔软，有利于大便畅通，也能刺激消化液的分泌与肠道的蠕动，在维持人体健康、预防疾病方面有着独特的生理作用，因此已日益引起人们的重视。人类每天要从食品中摄入 8～12g 粗纤维才能维持人体正常的生理代谢功能。为保证纤维的正常摄取，一些国家强调增加纤维含量高的谷物、果蔬制品的摄食，同时还开发了许多强化纤维的配方食品。在食品生产和开发中，常需要测定粗纤维的含量，它也是食品成分全分析项目之一，对于食品品质管理和营养价值的评定具有重要意义。

食品中粗纤维的测定提出最早、应用最广泛的是称量法，此外还有纤维素测定仪法及不溶性膳食纤维等的测定。

二、粮食粗纤维含量的测定

1. 原理

在热的稀硫酸作用下，样品中的糖、淀粉、果胶等物质经水解而除去，再用热的氢氧化钾溶液处理，使蛋白质溶解、脂肪皂化而除去。然后用乙醇和乙醚处理以除去单宁、色素及残余的脂肪，所得的残渣即为粗纤维，如其中含有无机物质，可经灰化后扣除。

2. 适用范围及特点

该法选自 GB/T 5515—2008，具有操作简便、迅速的特点，适用于各类食品。该法由 Heln-Neberg 等于 1860 年提出后一直沿用至今，是应用最广泛的经典分析法，也是测定纤维含量的国家标准分析方法。目前，我国的食品成分表中"纤维"项的数据都是用该法测定的，但该法测定结果粗糙，重现性差。由于酸碱处理时纤维成分会发生不同程度的降解，使测得值与纤维的实际含量差别很大，这是该法的最大缺点。

3. 试剂

① 硫酸工作液（$\rho=1.25\%$）：将 280mL 浓硫酸加至水中，并稀释至 5L，即得质量分数为 10% 的硫酸储备液，然后将 62.5mL 硫酸储备液加水稀释至 500mL。

② 氢氧化钾工作液（$\rho=1.25\%$）：溶解 500g 氢氧化钾于水中，并稀释至 5L，此为质量分数为 10% 的氢氧化钾储备液，然后将 62.5mL 氢氧化钾储备液加水稀释至 500mL。

③ 硅油消泡剂（$\rho=2\%$）：以四氯化碳作溶剂。

④ 乙醇（$\varphi=95\%$）。

⑤ 乙醚。

4. 主要仪器

实验室常用仪器，特别是下列仪器。

① 粉碎设备，能将样品粉碎，使其能全部通过孔径为 1mm 的筛。

② 分析天平：感量 0.1mg。

③ 滤锅：石英、陶瓷或者硬质玻璃材质，带有烧结的滤板，孔径 $40\sim100\mu m$（按照 ISO 4793：1980，孔隙度为 P100）。在初次使用前，将新滤锅小心地逐步加温，温度不超过 525℃，并在（500 ± 25）℃下保持数分钟。也可以使用具有同样性能特性的不锈钢坩埚，其不锈钢滤板的孔径为 $90\mu m$。

④ 陶瓷筛板。

⑤ 灰化皿。

⑥ 烧杯或锥形瓶：容量 500mL，带有配套的冷却装置。

⑦ 干燥箱：电加热，可通风，能保持温度在（130 ± 2）℃。

⑧ 干燥器：盛有蓝色硅胶干燥剂，内有厚度为 $2\sim3mm$ 的多孔板，最好为铝制或不锈钢材质。

⑨ 马弗炉：电加热，可以通风，温度可以调控，在 $475\sim525$℃条件下能够保持滤锅周围强度准确至 ±25℃。

马弗炉的温度读数可能发生误差，因此对马弗炉中的强度要定期校正。因马弗炉的大小及类型不同，炉内不同位置的温度可能不同，当炉门关闭时，必须有充足的空气供应。空气体积流速不宜过大，以免带走滤锅中的物质。

⑩ 冷提取装置：需带有滤锅支架和连接真空。液体排出孔有旋塞排放管和连接滤锅的连接环等部件。

⑪ 加热装置（适用于手工操作方法）：带有冷却装置，以保证溶液沸腾时体积不发生变化。

⑫ 加热装置（适用于半自动操作方法）：用于酸碱消解，需包括有：滤锅支架，连接真空和液体排出孔的有旋塞排放管，容积至少 270mL 的消解圆筒，供消解用，并带有回流冷凝器，连接加热装置、滤锅和消解圆筒的连接环。压缩空气可以选配，使用前装置用沸水预热 5min。

5. 手工操作步骤

（1）试料

称取 1g 制备好的试样，准确至 0.1mg（m_1）。如果试样脂肪含量超过 100g/kg，或试样中的脂肪不能用石油醚提取，则将试样转移至滤锅中，按第（2）步处理；如果试样脂肪含量不超过 100g/kg，则将试样转移至烧杯中。如果其碳酸盐（以碳酸钙计）超过 50g/kg，按第（3）步处理；如果其碳酸盐（以碳酸钙计）不超过 50g/kg，直接按第（4）步进行操作。

（2）预脱脂

在冷提取装置中，在真空条件下，试样用 30mL 石油醚脱脂后，抽吸干燥残渣，重复 3 次，将残渣转移至烧杯中。

（3）除去碳酸盐

样品中加入 100mL 盐酸，连续振摇 5min，小心地将溶液倒入铺有过滤辅料的滤锅中，小心地用水洗涤 2 次，每次 100mL，充分洗涤使尽可能少的物质留在过滤辅料上。把滤锅中的物质转移至原来的烧杯里，进行酸消解。

（4）酸消解

向样品中加入 150mL 硫酸。尽快加热至沸腾，并且保持沸腾状态（30±1)min。开始沸腾时，缓慢转动烧杯。如果起泡，加入数滴消泡剂。开启冷却装置保持溶液体积不发生变化。

（5）第一次过滤

在滤锅中铺一层过滤辅料，其厚度约为滤锅高度的 1/5 过滤辅料上可盖筛板以防溅起。当酸消解结束时，把液体通过搅拌棒倾入滤锅中，用弱真空抽滤，使 150mL 消解液几乎全部通过。若发生堵塞而无法抽滤时，用搅拌棒小心地拨开覆盖在过滤辅料上的粗纤维。残渣用热水洗涤 5 次，每次用水约 10mL。注意使滤锅的筛板始终有过滤辅料覆盖，使粗纤维不接触筛板。停止抽气，加入一定体积的丙酮，使其刚好能覆盖残渣。静置数分钟后，慢慢抽滤除去丙酮，继续抽气，使空气通过残渣，使其干燥。如果试样中的脂肪不能直接用石油醚提取，按照第（6）步操作，反之按照第（7）步操作。

（6）脱脂

在冷凝装置中，在真空条件下试样用 30mL 石油醚脱脂并抽吸干燥，重复 3 次。

（7）碱消解

将残渣定量转移至酸消解用的同一烧杯中。加入 150mL 氢氧化钾溶液，尽快加热至沸腾，并且保持沸腾状态（30±1)min。开启冷却装置保持溶液体积不发生变化。

（8）第二次过滤

在滤锅中铺一层过滤辅料，其厚度约为滤锅高度的 1/5，过滤辅料上可盖一筛板以防溅起。将烧杯中的物质过滤到滤锅中，残渣用热水洗涤至中性。残渣在负压条件下用丙酮洗涤 3 次，每次用丙酮 30mL，每次洗涤后继续抽气以干燥残渣。

（9）干燥

将滤锅置于灰化皿中，在 130℃ 干燥箱中至少干燥 2h。在加热或冷却的过程中，滤锅的烧结滤板可能会部分松散，从而导致分析结果错误，因此应将滤锅置于灰化皿中。滤锅和灰化皿在干燥器中冷却，从干燥器中取出后，立即对滤锅和灰化皿进行称量（m_2），称量准确至 0.1mg。

（10）灰化

把滤锅和灰化皿放到马弗炉中，在（500±25)℃下灰化。每次灰化后，让滤锅和灰化皿在马弗炉中初步冷却，待温热后取出，置于干燥管中，使其完全冷却，再进行称量，直至冷却后两次的称量差值不超过 2mg。最后一次称量结果记为 m_3，称量准确至 0.1mg。

（11）空白测定

用大约相同数量的滤器辅料按第（4）步至第（10）步进行空白测定，但不加试验。灰化引起的质量损失不应超过 2mg。

6. 半自动操作步骤

（1）试料

称取 1g 制备的试样，准确至 0.1mg（m_1），转移至带有约 2g 过滤辅料的滤锅中。如果试样脂肪含量超过 100g/kg，或者试样中的脂肪不能用石油醚提取，则按第（2）步处理。如果试样脂肪含量不超过 100g/kg，其碳酸盐（以碳酸钙计）超过 50g/kg，按第（3）步处理，反之，按第（4）步处理。

（2）预脱脂

将滤锅和冷提取装置连接，在真空条件下试样用 30mL 石油醚脱脂后，抽吸干燥残渣，重复 3 次。如果其碳酸盐（以碳酸钙计）含量超过 50g/kg，按第（3）步处理，反之按第（4）步处理。

（3）除去碳酸盐

将滤锅和加热装置连接，加入 30mL 盐酸，放置 1min。洗涤过滤样品，重复 3 次。用约 30mL 的水洗涤一次，然后按第（4）步操作。

（4）酸消解

将消解圆筒和滤锅连接，将 150mL 沸腾的硫酸加入带有滤锅的圆筒中，如果起泡，加入数滴消泡剂，尽快加热至沸腾，并保持剧烈沸腾（30±1）min。

（5）第一次过滤

停止加热，打开排放管旋塞，在真空条件下，通过滤锅将硫酸滤出，残渣每次用 30mL 热水洗涤至少 3 次，洗涤至中性，每次洗涤后继续抽气以干燥残渣。如果过滤器堵塞，可小心吹气以排除堵塞。如果试样中的脂肪不能直接用石油醚提取，按照第（6）步操作，反之按照第（7）步操作。

（6）脱脂

连接滤锅和冷却装置，残渣在真空条件下用丙酮洗涤 3 次，每次用丙酮 30mL。然后残渣在真空条件下用石油醚洗涤 3 次，每次用 30mL 石油醚。每一次洗涤后继续抽气以干燥残渣。

（7）碱消解

关闭排出孔旋塞，将 150mL 沸腾的氢氧化钾溶液转移至带有滤锅的圆筒中，尽快加热至沸腾，并保持剧烈沸腾（30±1）min。

（8）第二次过滤

停止加热，打开排放管旋塞，在真空条件下通过滤锅将氢氧化钾溶液滤去，每次用 30mL 热水至少清洗残渣 3 次，直至中性，每次洗涤后都要继续抽气以干燥残渣。如果过滤器堵塞，可小心吹气以排除堵塞。将滤锅连接到冷提取装置上，残渣在真空条件下每次用 30mL 丙酮洗涤残渣 3 次，每次洗涤后都要继续抽气以干燥残渣。

（9）干燥

将滤锅置于灰化皿中，在130℃干燥箱中至少干燥2h。在灰化皿冷却的过程中，滤锅的烧结滤板可能会部分松动，从而导致分析结果错误，因此应将滤锅置于灰化皿中，滤锅和灰化皿在干燥器中冷却，从干燥器中取出后，立即对滤锅和灰化皿进行称量（m_2），称量准确至0.1mg。

（10）灰化

把滤锅和灰化皿放到马弗炉中，在（500±25）℃下灰化。每次灰化后，让滤锅和灰化皿在马弗炉中初步冷却，待温热后取出置于干燥器中，使其完全冷却，再进行称量，直到冷却后两次的称量差值不超过2mg。最后一次称量结果记为m_3，称量准确至0.1mg。

（11）空白测定

用大约相同数量的过滤辅料按第（4）步至第（10）步进行空白测定，但不加试样。灰化引起的质量损失不应超过2mg。

7. 结果计算

根据灰化皿、滤锅在130℃和500℃干燥后获得的残渣质量及称样量，计算样品中粗纤维含量，计算公式如式（1-19）所示

$$粗纤维含量(g/kg) = \frac{m_2 - m_3}{m_1} \tag{1-19}$$

式中：m_1——试样质量，g；

　　　m_2——灰化皿、滤锅以及在130℃干燥后获得的残渣质量，mg；

　　　m_3——灰化皿、滤锅以及在（500±25）℃干燥后获得的残渣质量，mg。

8. 说明及注意事项

① 纤维素的测定方法之间不能相互对照，对于同一样品，分析结果因测定方法、操作条件的不同差别很大。因此，必须严格控制实验条件，表明分析结果时还应注明测定方法。

② 酸碱处理法是测定纤维含量的标准方法，但由于在操作过程中，纤维素、木质素、半纤维素都发生了不同程度的降解和流失，残留物中除纤维素、木质素外，还含有少量蛋白质、半纤维素、戊聚糖和无机物质，因此称为"粗纤维"。

③ 酸碱处理法操作较繁杂，测定条件不易控制，影响分析结果的主要因素如下。

a. 样品细度：样品越细，分析结果越低，通常样品细度控制在1mm左右。

b. 回流温度及时间：回流时沸腾不能过于猛烈，样品不能脱离液体，且应注意随时补充试剂，以维持体积的恒定，沸腾时间为30min。

c. 过滤操作：对于蛋白质含量较高的样品不能用滤布作为过滤介质，因为滤布不能保证留下全部细小的颗粒，这时可采用滤纸过滤。此外，若样品不能在10min内过滤出来，则应适当减少样品。

三、粮食膳食纤维含量的测定

鉴于粗纤维测定方法的诸多缺点，近几十年来各国学者对膳食纤维的测定方法进行

了广泛的研究，提出了不溶性膳食纤维的概念，试图用来代替粗纤维指标。不溶性膳食纤维是指来源于各类植物性食物中不溶于水的半纤维素、纤维素和木质素。不溶性膳食纤维的酸性洗涤剂测定方法测得的纤维称为酸性洗涤纤维（acid detergent fibre，ADF）。若采用中性洗涤剂测定方法测得的纤维称为中性洗涤纤维（neutral detergent fibre，NDF）。目前酸性洗涤纤维和中性洗涤纤维已被有些国家列为营养成分的正式指标之一。

（一）酸性洗涤纤维

1. 原理

将磨碎、烘干的样品在十六烷基三甲基溴化铵的硫酸溶液中回流煮沸 2h，经过滤、洗涤、烘干后所得的残留物称为酸性洗涤纤维。

2. 适用范围及特点

该法是美国谷物化学家协会（AACC）审批的方法，也是我国 GB/T9822—1988、GB/T12394—1990 的方法，适用于谷物及其制品、饲料、果蔬等样品，对于蛋白质、淀粉含量高的样品，由于易形成大量泡沫，黏度大，过滤困难，使其应用受到限制。该法设备简单、操作容易、准确度高、重现性好，所测结果包括样品中全部的纤维素、木质素，接近于食品中膳食纤维的真实含量。

3. 试剂

① 酸性洗涤剂溶液：加 56mL 浓硫酸于水中并稀释至 2000mL。用此溶液溶解 20g 十六烷基三甲基溴化铵，冷却至室温。

② 萘烷消泡剂。

③ 丙酮。

4. 主要仪器

同"二、粮食粗纤维含量的测定"。

5. 操作方法

将样品全部磨碎并通过 16 目筛，放在 95℃鼓风干燥箱中干燥过夜后移入干燥器中冷却。准确称取此样品 1g，放入 500mL 锥形瓶中，加入 100mL 酸性洗涤剂溶液、2mL 萘烷消泡剂，连接好回流装置。加热，使之在 3～5min 内沸腾，维持微沸 2h。取下，用预先烘干至恒重的玻璃砂芯坩埚过滤（以重力过滤，不要抽滤）。用热水洗涤锥形瓶，洗液倒入坩埚中，在轻轻抽滤下用热水充分洗涤坩埚内容物（热水的总用量约为 300mL）。

用丙酮洗涤残留物并抽干，将坩埚与残留物置于 95℃烘箱中干燥 8h 以上，移至干燥器中冷却至室温后称重。

6. 结果计算

根据残留物与样品质量计算酸性洗涤纤维含量，计算公式如式（1-20）所示

$$\text{酸性洗涤纤维含量}(\%) = \frac{m_2}{m_1} \times 100 \tag{1-20}$$

式中：m_1——残余物的质量（或经高温灼烧后损失的质量），g；

m_2——样品质量，g。

7. 说明及注意事项

① 洗涤坩埚内残渣的方法：坩埚内倒入 90～100℃的热水，水量约占坩埚体积的 2/3，用玻璃棒搅碎残渣，浸泡 15～30s 后，开始轻轻抽滤。

② 经过酸性洗涤剂的浸煮，样品中的蛋白质、果胶物质、淀粉和半纤维素等成分分解，经过滤除去，残留物中包括全部的纤维素和木质素及少量矿物质，测定结果高于酸碱处理法。

③ 测定结果中包含灰分，可灰化后扣除。

（二）中性洗涤剂法

1. 原理

样品经热的中性洗涤剂浸煮后，残渣用热蒸馏水充分洗涤，除去样品中游离淀粉、蛋白质、矿物质，然后加入 α-淀粉酶以分解结合态淀粉，再用蒸馏水洗涤，以除去残存的脂肪、色素等物质，残渣经烘干，即为中性洗涤纤维（不溶性膳食纤维）。

2. 适用范围及特点

适用于谷物及其制品、饲料、果蔬等样品，对于蛋白质、淀粉含量高的样品，所测结果包括样品中全部的纤维素、半纤维素、木质素，最接近于食品中膳食纤维的真实含量。

3. 试剂

① 中性洗涤剂溶液：

a. 将 18.61g 乙二胺四乙酸二钠（Na_2-EDTA）和 6.81g 四硼酸钠用 250mL 水加热溶解。

b. 另将 30g 月桂基硫酸钠（十二烷基硫酸钠）和 10mL 乙二醇乙醚（2-ethoxyethanol）溶于 200mL 热水中，合并于 a 液中。

c. 把 4.56g 磷酸氢二钠溶于 150mL 热水中，并于 a 液中。

d. 用磷酸调节混合液至 pH 为 6.9～7.1，最后加水至 1000mL。此溶液使用期间如有沉淀产生，需在使用前加热至 60℃，使沉淀溶解。

② α-淀粉酶溶液，取磷酸氢二钠溶液 $[c(Na_2HPO_4)＝0.1mol/L]$ 和磷酸二氢钠溶液 $[c(NaH_2PO_4)＝0.1mol/L]$ 各 500mL，混匀，配成磷酸盐缓冲液。称取 12.5mg α-淀粉酶，用上述缓冲溶液溶解并稀释至 250mL。

③ 萘烷消泡剂。

④ 丙酮。

⑤ 无水亚硫酸钠。

4. 主要仪器

同上述"粮食粗纤维含量的测定"。

5. 测定

① 将样品磨细使之通过 20～40 目筛，准确称取 0.5～1g 样品置于 300mL 锥形瓶中。如果样品脂肪含量超过 10%，按每克样品用 20mL 石油醚的比例加入石油醚提取 3 次。

② 依次向锥形瓶中加入 100mL 中性洗涤剂、2mL 萘烷消泡剂和 0.05g 无水亚硫酸钠，装上冷凝管，加热锥形瓶使之在 5～20min 内沸腾。从微沸开始计时，准确微沸 1h。

③ 把洁净的玻璃过滤器置于 110℃烘箱中干燥 4h，放入干燥器内冷却至室温后称量。将锥形瓶内容物全部转入过滤器中，抽滤至干，用不少于 300mL 的沸水分 3～5 次洗涤残渣。

④ 加入 5mL α-淀粉酶溶液，抽滤，以置换残渣中的水，然后塞住玻璃滤器的底部，加 20mL 淀粉酶液和几滴甲苯（防腐），置过滤器于（37±2）℃培养箱中保温 1h。取出过滤器，取下底部的塞子，抽滤，并用不少于 500mL 的热水分次洗去酶液，最后用 25mL 丙酮洗涤，抽干。

⑤ 过滤器置于 110℃烘箱中干燥过夜，移入干燥器中冷却至室温后称量。

6. 结果计算

根据玻璃过滤器的质量、玻璃过滤器同残渣总质量，以及样品质量计算中性洗涤纤维含量，计算公式如式（1-21）所示

$$中性洗涤纤维含量(\%) = \frac{m_1 - m_0}{m} \times 100 \qquad (1\text{-}21)$$

式中：m_0——玻璃过滤器的质量，g；

m_1——玻璃过滤器和残渣质量，g。

m——样品质量，g。

7. 说明及注意事项

① 中性洗涤纤维包括了样品中的全部纤维素、半纤维素、木质素和角质，因为这些成分是膳食纤维中不溶于水的部分，故又称之为"不溶性膳食纤维"。由于食品中可溶性膳食纤维（果胶、豆胶、藻胶及某些黏性物质等）含量较少，因此中性洗涤纤维更接近于食品中膳食纤维的真实含量。

② 样品粒度对测定结果影响较大，颗粒过粗结果偏离，过细又会造成过滤困难。一般采用 20～30 目较为适宜，过滤困难时可加入助滤剂。

③ 对于蛋白质、淀粉含量较高的样品，由于形成大量泡沫，黏度大，过滤困难，因此不宜用此法测定。

④ 中性洗涤纤维和酸性洗涤纤维之差即为半纤维素含量。

第五节　灰分的测定

一、灰分测定概述

食品的组成十分复杂，除含有大量有机物质外，还含有丰富的无机成分，这些无机成分包括人体必需的无机盐（或称矿物质），其中含量较多的有钙（Ca）、镁（Mg）、钾（K）、钠（Na）、硫（S）、磷（P）、氯（Cl）等元素。此外还含有少量的微量元素，如铁（Fe）、铜（Cu）、锰（Mn）、锌（Zn）、碘（I）、钴（Co）、铯（Se）等，当这些

组分经高温灼烧时，将发生一系列物理和化学变化，最后有机成分挥发逸散，而无机成分（主要是无机盐和氧化物）则残留下来，这些残留物称为灰分。灰分是标示食品中无机成分总量的一项指标。

食品组成不同，灼烧条件不同，残留物亦各不同。食品的灰分与食品中原来存在的无机成分在数量和组成上并不完全相同，因此严格地说，应该把灼烧后的残留物称为粗灰分。这是因为一方面食品在灰化时，某些易挥发的元素（如 Cl、I、Pb 等），会挥发散失，P、S 等也能以含氧酸的形式挥发散失，这部分无机物减少了；另一方面，某些金属氧化物会吸收有机物分解产生的二氧化碳而形成碳酸盐，又使无机成分增多了。

食品的灰分常称为总灰分（粗灰分）。在总灰分中，按其溶解性还可分为水溶性灰分、水不溶性灰分和酸不溶性灰分。其中水溶性灰分反映的是可溶性的 K、Na、Ca、Mg 等氧化物和盐类含量。水不溶性灰分反映的是污染的泥沙，Fe、Al 等氧化物及碱土金属的碱式磷酸盐含量。酸不溶性灰分反映的是环境污染混入产品中的泥沙及样品组织中的微量氧化硅含量。因此，测定灰分具有十分重要的意义。

① 不同食品因所用原料、加工方法和测定条件的不同，各种灰分的组成和含量也不相同。当这些条件确定后，某种食品的灰分常在一定范围内，如果灰分含量超过了正常范围，则说明食品生产过程中使用了不合乎卫生标准的原料或食品添加剂，或食品在生产、加工、储藏过程中受到了污染，因此测定灰分可以判断食品受污染的程度。

② 灰分可以作为评价食品的质量指标。例如，在面粉加工中，常以总灰分含量评定面粉等级，富强粉为 $0.3\% \sim 0.5\%$，标准粉为 $0.6\% \sim 0.9\%$；加工精度越细，总灰分含量越小，这是由于小麦麸皮中灰分的含量比胚乳的高 20 倍左右。生产果胶、明胶之类的胶质品时，总灰分是这些胶的胶冻性能的标志。水溶性灰分可以反映果酱、果冻等制品中的果汁含量。

③ 测定植物性原料的灰分可以反映植物生长的成熟度和自然条件对其的影响；测定动物性原料的灰分可以反映动物品种、饲料组分对其的影响。常见食品的灰分含量见表 1-5。

表 1-5　常见食品的灰分含量

食品名称	灰分含量 / %	食品名称	灰分含量 / %
鲜肉	0.5～1.2	蛋黄	1.6
鲜鱼（可食部分）	0.8～2.0	新鲜水果	0.2～1.2
牛乳	0.6～0.7	蔬菜	0.2～1.2
淡炼乳	1.6～1.7	小麦	1.6
甜炼乳	1.9～2.1	小麦胚乳	0.5
全脂乳粉	5.0～5.7	精制糖、糖果	痕量～1.8
脱脂乳粉	7.8～8.2	糖浆、蜂蜜	痕量～1.8
蛋白	0.6	纯油脂	0

二、总灰分的测定

1. 原理

将食品经炭化后置于 500～600℃高温炉内灼烧，食品中的水分及挥发物质以气态放出，有机物质中的碳、氢、氮等元素与有机物质本身的氧及空气中的氧生成二氧化碳、氮的氧化物及水分而散失，无机物质以硫酸盐、磷酸盐、碳酸盐、氯化物等无机盐和金属氧化物的形式残留下来，这些残留物即为灰分，称量残留物的质量即可计算出样品中总灰分的含量。

2. 适用范围及特点

适用于各类粮食及食品中总灰分的测定，该法参照了 GB 5009.4—2003 中的方法。

3. 试剂

① 盐酸溶液。

② 硝酸溶液。

③ 0.5％三氯化铁溶液和等量蓝墨水的混合液。

④ 36％过氧化氢。

⑤ 辛醇或纯植物油。

4. 主要仪器

① 高温炉（灰化炉、马弗炉）。

② 坩埚。

③ 坩埚钳。

④ 干燥器。

⑤ 分析天平。

5. 灰化条件的选择

（1）灰化容器

测定灰分通常以坩埚作为灰化容器。坩埚分素烧瓷坩埚、铂坩埚、石英坩埚等多种。其中最常用的是素烧瓷坩埚，它具有耐高温（1200℃）、内壁光滑、耐稀酸、价格低廉等优点，但耐碱性能较差，当灰化碱性食品（如水果、蔬菜、豆类）时，瓷坩埚内壁的釉层会部分溶解，反复多次使用后，往往难以保持恒重。另外，当温度骤变时，其易发生破裂，因此要注意使用。铂坩埚具有耐高温（1773℃），能抗碱金属碳酸盐及氟化氢的腐蚀，导热性能好，吸湿性小等优点，但价格昂贵，故使用时应特别注意其性能和使用规则。另外，使用不当时会腐蚀和发脆。

灰化容器的大小要根据试样性状来选用，需前处理的液态样品、加热膨胀的样品及灰分含量低和取样量大的样品，需选用稍大些的坩埚。

（2）取样量

测定灰分时，取样量的多少应根据试样种类和性状来决定，同时应考虑到称量误差。一般以灼烧后得到的灰分量为 10～100mg 来决定取样量。通常情况下，乳粉、麦乳精、大豆粉调味料、鱼类及海产品等取 1～2g；谷物及其制品、肉及其制品、糕点、牛乳等取 3～5g；蔬菜及其制品、砂糖及其制品、蜂蜜、奶油等取 5～10g；水果及其制品取 25g，具体见表 1-6。

表 1-6　AOAC 官方分析法规定不同食品灰化温度与取样量

食品名称	灰化温度/℃	取样量
谷物及其制品	550 或 700	3～5g
通心粉、鸡蛋面条及其制品	550	3～5g
淀粉制品、淀粉、甜食粉	525	5～10g
大豆粉	600	2g
肉及其制品	525	3～5g
乳及其制品	≤550	3～5g
鱼类及海产品	≤525	2g
水果及其制品	≤525	25g
蔬菜及其制品	525	5～10g
砂糖及其制品	525	3～5g
糖蜜	525	5g
醋	525	25mL
啤酒	525	50mL
蒸馏酒	525	25～100mL
茶叶	525	5～10g

注：AOAC 官方分析法（Official Methods of Analysis of the Association of Official Analytical Chemist）。

（3）灰化温度

灰化温度的高低对灰分测定结果影响很大，由于各种食品中的无机成分组成性质及含量各不相同，灰化温度也应有所不同，一般为 525～600℃。其中只有黄油规定在 500℃以下，这是因为用溶剂除去脂类后，残渣加以干燥，由灰化减量算出酪蛋白，以残渣作为灰分，还要在灰化后定量食盐，所以采用抑制氯的挥发温度。其他食品全是 525℃、550℃、600℃及 700℃。700℃仅适合于添加乙酸镁的快速法。各种食品的灰化温度具体见表 1-6。

灰化温度选定在 525～600℃是因为灰化温度过高，将引起钾、钠、氯等元素的挥发损失，而且磷酸盐、硅酸盐类也会熔融，将炭粒包藏起来，使炭粒无法氧化；灰化温度过低，则灰化速度慢，时间长，不易灰化完全，也不利于除去过剩的碱（碱性食品）吸收的二氧化碳。此外，加热速度也不可太快，以防急剧干馏时灼热物的局部产生大量气体而使微粒飞失——爆燃。

（4）灰化时间

一般以灼烧至灰分呈白色或浅灰色，无碳粒存在并达到恒重为止。灰化至达到恒重的时间因试样不同而异，一般需 2～5h，通常根据经验灰化一定时间后，观察一次残灰的颜色，以确定第一次取出时间，取出后冷却，称重，然后再置入马弗炉中灼烧，直至达恒重。应该指出，对有些样品，即使灰化完全，残灰也不一定呈白色或浅灰色。例如，铁含量高的食品，残灰呈褐色；锰、铜含量高的食品，残灰呈蓝绿色。有时即使残灰的表面呈白色，内部仍残留有炭块，所以应根据样品的组成、性状注意观察残灰的颜色，正确判断灰化程度。

（5）加速灰化的方法

对于难以灰化的样品，可改变操作方法来加速灰化。

① 样品经初步灼烧后，取出冷却，从灰化容器边缘慢慢加入（不可直接洒在残灰上，以防残灰飞扬）少量无离子水，使水溶性盐类溶解，被包住的炭粒暴露出来，在水浴上蒸发至干，置于120~130℃烘箱中充分干燥，再灼烧到恒重。

② 添加硝酸、乙醇、碳酸铵、过氧化氢，这些物质经灼烧后完全消失不至于增加残灰的质量。样品经初步灼烧后，加入上述物质如硝酸（1:1）或过氧化氢，蒸干后再灼烧到恒重，利用它们的氧化作用来加速炭粒灰化，也可加入10%碳酸铵等疏松剂，在灼烧时分解为气体逸出，使灰分呈现松散状态，促进未灰化的炭粒灰化。

③ 硫酸灰化法：对于糖类制品，如白糖、绵白糖、葡萄糖、饴糖等制品，以钾等为主的阳离子过剩，灰化后的残灰为碳酸盐，通过添加硫酸使阳离子全部以硫酸盐形式成为一定组分。采用硫酸的强氧化性加速灰化，结果用硫酸灰分来表示。在添加浓硫酸时应注意，如有一部分残灰溶液和二氧化碳气体呈雾状扬起，要一边用表面玻璃将灰化容器盖住一边加硫酸，不起泡后，用少量去离子水将表面玻璃上的附着物洗入灰化容器中。

④ 加入乙酸镁、硝酸镁等助灰化剂。谷物及其制品中，磷酸一般过剩于阳离子，随着灰化进行，磷酸将以磷酸二氢钾的形式存在，容易形成在比较低的温度下熔融的无机物，因而包住未灰化的碳造成供氧不足，难以完全灰化。因此采用添加灰化辅助剂，如乙酸镁或硝酸镁（通常用醇溶液）等，使灰化容易进行。这些镁盐随着灰化进行而分解，与过剩的磷酸结合，残灰不熔融，呈白色松散状态，避免炭粒被包裹，可大大缩短灰化时间。此法应做空白实验，以校正加入的镁盐灼烧后分解产生的 MgO 的量。

6. 操作步骤

（1）瓷坩埚的准备

将坩埚用盐酸（1:4）煮1~2h，洗净晾干后，用三氯化铁与蓝墨水的混合液在坩埚外壁及盖上写上编号，置于规定温度的高温炉中灼烧1h，移至炉口冷却到200℃左右后，再移入干燥皿中，冷却至室温后，准确称重，再放入高温炉内灼烧30min后取出冷却称重，直至恒重（两次称量之差不超过0.5mg）。

（2）样品预处理

① 果汁、牛乳等液体试样：准确称取适量试样于已知质量的瓷坩埚中，置于水浴上蒸发至近干，再进行炭化。这类样品若直接炭化，液体沸腾，易造成溅失。

② 果蔬、动物组织等含水分较多的试样：先制备成均匀的试样，再准确称取适量试样于已知质量坩埚中，置烘箱中干燥，再进行炭化。也可取测定水分后的干燥试样直接进行炭化。

③ 谷物、豆类等水分含量较少的固体试样：先粉碎成均匀的试样，取适量于已知质量的坩埚中进行炭化。

④ 富含脂肪的样品：把试样制备均匀，准确称取一定量试样，先提取脂肪，再将残留物移入已知质量的坩埚中，进行炭化。

（3）炭化

试样经上述预处理后，在放入高温炉灼烧前要先进行炭化处理，防止在灼烧时因温度高，使试样中的水分急剧蒸发而导致试样飞扬，防止糖、蛋白质、淀粉等易发泡膨胀的物质在高温下发泡膨胀而溢出坩埚，不经炭化而直接灰化，碳粒易被包住，灰化不完全。

炭化操作一般在电炉或煤气灯上进行，把坩埚置于电炉和煤气灯上，半盖坩埚盖，小心加热使试样在通气情况下逐渐炭化，直到无黑烟产生。对特别容易膨胀的试样（如含糖多的食品），可先于试样中加数滴辛醇或纯植物油，再进行炭化。

（4）灰化

炭化后，把坩埚移入已达规定温度的高温炉炉口处稍停留片刻，再慢慢移入炉膛内，坩埚盖斜倚在坩埚口，关闭炉门，灼烧一定时间（视样品种类、性状而异）至灰中无碳粒存在。打开炉门，将坩埚移至炉口处冷却至 200℃ 左右，移入干燥器中冷却至室温，准确称重，再灼烧，冷却，称重，直至达到恒重。

7. 计算结果

根据空坩埚质量、样品加空坩埚总质量，以及残灰加空坩埚质量计算样品总灰分含量，计算公式如式（1-22）所示

$$总灰分（\%）= \frac{m_3 - m_1}{m_2 - m_1} \times 100 \tag{1-22}$$

式中：m_1——空坩埚质量，g；

　　　m_2——样品加空坩埚质量，g；

　　　m_3——残灰加空坩埚质量，g。

8. 说明及注意事项

① 样品炭化时要注意热源强度，防止产生大量泡沫溢出坩埚。

② 把坩埚放入高温炉或从炉中取出时，要在炉口停留片刻，使坩埚预热或冷却，防止因温度剧变而使坩埚破裂。

③ 灼烧后的坩埚应冷却到 200℃ 以下再移入干燥器中，否则因热的对流作用，易造成残灰飞散，且冷却速度慢，冷却后干燥器内形成较大真空，盖子不易打开。

④ 从干燥器内取出坩埚时，因内部形成真空，开盖恢复常压时，应注意使空气缓缓流入，以防残灰飞散。

⑤ 灰化后得到的残渣，可用于钙、磷、铁等成分的分析。

⑥ 用过的坩埚经初步洗刷后，可用粗盐酸或废盐酸浸泡 10～20min，再用水冲刷洗净。

⑦ 粮食、油料、食用菌、茶叶、香辛料和调味品等国家标准中总灰分测定方法都采用此法，国标代号分别是 GB/T5505—2008（粮食和油料）、GB/T22427.1—2008（淀粉）、GB/T8306—2002（茶叶）和 GB/T12729.7—1991（香辛料和调味品）。

三、水溶性灰分和水不溶性灰分的测定

向测定总灰分所得残留物中加入 25mL 无离子水，加热至沸，用无灰滤纸过滤，用

25mL 热的无离子水分多次洗涤坩埚、滤纸及残渣，将残渣连同滤纸移回原坩埚中，在水浴上蒸发至干涸，放入干燥箱中干燥，再进行灼烧，冷却，称重，直至恒重。按公式（1-23）和公式（1-24）计算水不溶性灰分和水溶性灰分的含量

$$水不溶性灰分（\%）= \frac{m_4 - m_1}{m_2 - m_1} \times 100 \tag{1-23}$$

式中：m_4——不溶性灰分和坩埚的质量，g。

　　其他符号同总灰分的计算

$$水溶性灰分（\%）= 总灰分（\%）- 水不溶性灰分（\%） \tag{1-24}$$

四、酸不溶性灰分的测定

　　向总灰分或水不溶性灰分中加入 25mL 浓度为 0.1mol/L 的盐酸，以下操作同水不溶性灰分的测定，按公式（1-25）计算酸不溶性灰分的含量

$$酸不溶性灰分（\%）= \frac{m_5 - m_1}{m_2 - m_1} \times 100 \tag{1-25}$$

式中：m_5——酸不溶性灰分和坩埚质量，g。

　　其他符号含义同总灰分的计算。

　　说明：茶叶、香辛料和调味品等产品的水不溶性灰分和酸不溶性灰分的国家标准测定方法如上所述，代号分别是 GB8307—2002（茶水溶性灰分和水不溶性灰分）、GB8308—2002（茶酸不溶性灰分）、GB/T12729.8—1991（香辛料和调味品水不溶性灰分）、GB/T12729.9—1991（香辛料和调味品酸不溶性灰分）。

思 考 题

　　1. 简述食品中蛋白质测定的目的及意义。

　　2. 说明凯氏定氮法的原理。消化时加入硫酸钾和硫酸铜的作用是什么？在蒸馏前加入氢氧化钠的作用是什么？

　　3. 已知样品的含氮量后，如何计算出蛋白质含量？为什么要乘上蛋白质换算系数？不同种类食品的换算系数为何不尽相同？

　　4. 如何分别测定样品中的蛋白氮和非蛋白氮？

　　5. 描述水溶性蛋白质含量测定的原理。

　　6. 什么是氮溶解指数？

　　7. 简述食品脂肪测定的目的及意义。

　　8. 为什么乙醚提取物只能称为粗脂肪？粗脂肪中主要包括哪些成分？

　　9. 简述全脂肪含量测定的原理。

　　10. 简述食品中淀粉测定的目的及意义。

　　11. 简述淀粉含量测定的种类及原理。

　　12. 什么是抗消化淀粉？抗消化淀粉的种类及其含量测定时有哪些注意事项？

　　13. 说明破损淀粉含量测定的基本原理及注意事项。

　　14. 说明直链淀粉、支链淀粉测定时的注意事项。

15. 简述测定纤维的意义。在测定粗纤维时，试样应怎样进行前处理？

16. 简述膳食纤维的定义和功能。酸洗涤纤维和中性洗涤纤维各包括哪些主要成分？它们之间有何关系？

17. 酸碱处理法测定食品中的纤维素含量时应注意哪些问题？

18. 简述灰分的定义及测定意义。

19. 总灰分、水不溶性灰分和酸不溶性灰分中主要含有什么成分？

20. 如何判断样品是否灰化完全？

21. 对于难挥发的样品可采用什么方法加速灰化？

参 考 文 献

侯曼玲. 2004. 食品分析. 北京：化学工业出版社.

黄伟坤. 1989. 食品检验与分析. 北京：中国轻工业出版社.

尹凯丹，张奇志. 2008. 食品理化分析. 北京：化学工业出版社.

张水华. 2009. 食品分析. 北京：中国轻工业出版社.

中国预防医学科学院标准处. 1997～2002. 食品卫生国家标准汇编. 北京：中国标准出版社.

Champ M M, Molis C, Flourie B. 1998. Small intestinal digestion of partially resistant starch in healthy subjects. American Journal of Clinical Nutrition，68：705～710.

Champ M M. 2004. Physiological aspects of resistant starch and *in vivo* measurements. Journal of AOAC International，87（3）：749～755.

Englyst H N, Kingman S M, Cummings J H. 1992. Classification and measurement of nutritionally important starch fractions. European Journal of Clinical Nutrition，46（2）：33～50.

中华人民共和国国家标准. GB 5009. 4—2003. 食品中灰分的测定.

中华人民共和国国家标准. GB 8307—2002. 茶水溶性灰分和水不溶性灰分测定.

中华人民共和国国家标准. GB 8308—2002. 茶酸不溶性灰分测定.

中华人民共和国国家标准. GB/T 12729. 8—2008. 香辛料和调味品水不溶性灰分的测定.

中华人民共和国国家标准. GB/T 12729. 9—2008. 香辛料和调味品酸不溶性灰分的测定.

中华人民共和国国家标准. GB/T 14490—2008. 粮油检验. 谷物及淀粉糊化特性测定黏度仪法.

中华人民共和国国家标准. GB/T 21704—2008. 乳与乳制品中非蛋白氮含量的测定.

中华人民共和国国家标准. GB/T 5009. 5—2003. 食品中蛋白质的测定.

中华人民共和国国家标准. GB/T 5009. 9—2008. 食品中淀粉的测定.

中华人民共和国国家标准. GB/T 5497—1985 粮食、油料检验水分测定法.

中华人民共和国国家标准. GB/T 5515—2008. 粮油检验. 粮食中粗纤维素含量测定. 介质过滤法.

中华人民共和国国家标准. GB/T 601—2002. 化学试剂. 标准滴定溶液的制备.

中华人民共和国国家标准. GB/T 6682—2008. 分析实验室用水规格和试验方法.

中华人民共和国国家标准. GB/T 9826—2008. 粮油检验. 小麦粉破损淀粉测定. α-淀粉酶法.

中华人民共和国国家标准. GB/T12394—1990. 食物中不溶性膳食纤维的测定方法.

中华人民共和国国家标准. GB/T15684—1995. 谷物制品脂肪酸值测定法.

中华人民共和国国家标准. GB/T9822—2008. 粮油检验. 谷物不溶性膳食纤维测定.

中华人民共和国国家标准. NY/T 1205—2006. 大豆水溶性蛋白含量的测定.

第二章　粮食、油料物理检验

本章内容要点：本章主要介绍粮食、油料的主要物理检验项目及其测定方法。检验项目如粮食、油料的感官指标、纯粮率、出糙率、纯仁率、容重、米类精度及小麦粉粉色麸星等，这些项目反映了粮食、油料的工艺品质及商品外观价值。通过本章学习，主要使学生了解粮食、油料物理检验的基本项目，掌握粮食、油料物理检验的基本方法。

第一节　粮食、油料感官鉴定

一、感官鉴定的概念

所谓感官鉴定，即是利用人体各种感觉器官（眼、耳、口、鼻、手）接触粮食、油料产生感觉，根据客观反应，以标准为依据结合实践经验，直接判断粮油品质好坏的一种方法。

粮食、油料的感官鉴定一般依据色泽、外观、气味、滋味等项目进行综合评定。当粮食、油料的感官指标发生异常变化时，常会使人体感觉器官也产生相应的异常感觉，可以结合实践经验和标准，判定粮食、油料的质量。

二、感官鉴定的基本方法

感官鉴定方法按照人体的感觉器官不同，可分为视觉鉴定法、听觉鉴定法、嗅觉鉴定法、味觉鉴定法、齿觉鉴定法。上述方法互相结合，协调运用，综合判断，才能得到正确的结果。

1. 视觉鉴定法

视觉鉴定法即是利用眼睛鉴定粮油品质的一种方法，主要鉴定粮食、油料的品种、粒形、色泽、饱满程度、杂质含量、不完善粒、容重、千粒重、出糙率、含油量、加工精度等项目。视觉鉴定时，采取点面结合、上下结合，既要有重点，又要全面。先将视线集中在一点仔细观察，然后进行全面观察并与一点相比较，以确定粮油品质的优劣。例如，看杂质时，首先估量被检数量多少，观察含杂质情况，然后用手或样品盘成斜面，慢慢抖动，待粮粒流完后，再观察手或样品盘中留有多少杂质。如用眼判断粮食、油料的水分大小时，可观察粮食、油料籽粒表面状况及籽粒表面光泽强弱。

在应用视觉鉴定时，要注意以下几点。

① 鉴定粮食、油料色泽时，应注意光线强弱对色泽的影响，避免在日出前、日落后和微弱的灯光下进行。

② 在室内外鉴定时，应避开日光直射（因光线太强，粮油会失去原有品质的色

泽），在散射光下进行。

③ 在视觉鉴定时，要全面、仔细地观察并切实注意品种不一、干湿不匀、上好下次、掺杂掺伪等情况。

④ 如因观察时间过长，视觉疲劳，可闭眼稍事休息，解除疲劳后再进行检验。

2. 听觉鉴定法

利用耳听粮食、油料在翻动或齿碎时发出的声响来判断粮食、油料水分的大小和品质好坏的一种方法。在鉴定时，根据粮食、油料籽粒在手中紧握或碾压和粮粒自由落下时所发出声音的响亮程度来判断粮食、油料的干湿程度。例如，抓一把粮食或油料紧紧握住，五指活动，听有无沙沙响声，或用扦样器敲打粮食、油料时发出清脆而急促的沙沙响声；带有果皮的品种抓起摇动听响声，或将粮粒从高处向低处流落时发出的声音，一般情况下，声音响亮爽脆，则表明水分较低，声音微弱沉闷，则表明水分较大。

3. 嗅觉鉴定法

嗅觉鉴定法是利用鼻闻鉴定粮油气味，从而判断其品质好坏的一种方法。在打开粮包或打开仓门进仓时，立即嗅闻或将粮食、油料样品置于手掌心中立即嗅味，必要时以嘴哈气加温嗅闻；也可将将试样放入密闭器皿内，在 $60 \sim 70℃$ 的温水浴中保温数分钟，取出，开盖嗅辨气味是否正常。

要注意气味鉴定时，检验场所应无烟味、臭味、香味、霉味和陈腐味等异味，必须保持场所空气清新。另外，应注意温度与气味的关系。各种气味在低温下都比较清淡，甚至消失；温度增高时，可使气味变得浓而显著。

4. 味觉鉴定法

味觉鉴定法是利用品尝鉴别粮食、油料的滋味，从而判断其品质好坏的一种方法。每一种粮食、油料的正常籽粒都具有独特的滋味，这种滋味通常是不显著的，只有经过反复实践才能辨别。

原粮口味检验：把数粒样品擦净，放入口内咀嚼，尝其味道是否正常。

油料口味检验：脱壳后，将籽仁放入口内进行咀嚼，尝其味道是否正常。

成品粮口味检验：将成品粮做成熟食品，尝其味道是否正常。

在进行味觉鉴定时应注意以下几点。

① 味觉器官的敏感性与粮食、油料的温度有关，在进行味觉鉴定时，最好使样品处在 $20 \sim 45℃$，以免温度的变化会增强或减低对味觉器官的刺激。

② 几种不同味道的样品在进行感官评价时，应当按照刺激性由弱到强的顺序，最后鉴别味道强烈的样品。

③ 在进行大量样品鉴别时，中间必须休息，每鉴别一种样品之后必须用温水漱口。

④ 对严重霉变污染的粮油不能用味觉品尝。

5. 触觉鉴定法

触觉鉴定法是利用手直接接触粮食、油料时的感觉程度来判断粮食、油料品质的一种方法。

用手触摸粮食，根据粮食的软硬、冷热、滑涩、干燥、湿润程度等来判断粮油水分、杂质的大小及粮温高低。如将手插入粮堆或粮包内，感觉松散、光滑、阻力小、有响声，夏天觉得有凉气，抓时粮粒易从指缝中流落，则水分较低；反之，手插入粮食内感觉到发涩、阻力大，手有潮湿的感觉，则水分较高。

6. 齿觉鉴定法

利用齿咬粮食、油料或咀嚼粉状粮食时的感觉程度来鉴定粮食、油料品质的一种方法。

齿觉鉴定法主要是判断粮食、油料水分大小和粒质的软硬程度及粉状粮食的含砂量等。如用牙咬碎时感觉籽粒坚硬、用力较大，声音爽脆，断面光滑（软质麦除外）的则水分较低；感觉籽粒松软，用力较小，声音不爽脆，断面起毛的则说明水分较高；感觉用力很小，声音微弱，断面成片状的，则说明水分更高。

齿觉法一般常用门齿或臼齿咬断或咬碎粮粒。

粮油感官鉴定方法，在实际运用时必须在仪器检验的指导下，实行感官鉴定和仪器检验相结合，各感觉器官相互配合，协同运用，综合分析，认真鉴定。

结果表示

鉴定结果以"正常"或"不正常"表示，对不正常的应加以说明。

三、粮食、油料的感官指标检验

1. 面条

挂面是指以小麦粉为主要原料（或添加适量食用盐、食碱等品质改良剂），经机器加工、悬挂干燥成一定长度的干面条。

花色挂面是指以小麦粉为主要原料，添加品质改良剂和风味、营养强化剂，经机器加工制成的挂面。

手工面是指以小麦粉为主要原料，添加品质改良剂和植物油，经手加工、晾晒或烘干制成的干面条。

（1）色泽、气味

各种面条应具有其固有的色泽和气味，其颜色应均匀一致，无霉变及其他异味。

挂面：颜色应均匀一致；气味无酸味、霉味及其他异味。

花色挂面：具有产品应有的颜色且均匀一致；具有产品应有的气味，无酸味、霉味及其他异味。

手工面：颜色应正常且均匀一致；气味正常。

（2）烹调性

烹调性是指面条经水煮，煮熟后其性状的变化情况。检验烹调性可鉴定面条类产品的工艺品质和食用品质，是面条的一项重要的质量指标。

挂面：煮熟后口感不黏，不牙碜，柔软爽口，熟断条率一级品为 0%，二级品为 ≤5.0%。

花色挂面：煮熟后口感不黏，不牙碜，柔软爽口，熟断条率≤5.0%。

手工面：一级品煮熟后汤色清，口感不黏，不牙碜，柔软爽口，无断条；二级品煮熟后汤色较清，口感不黏，不牙碜，柔软爽口，无明显断条；三级品煮熟后汤色稍浑，口感不黏，不牙碜，柔软爽口，有少量断条。

2. 食用淀粉

原淀粉是以不经过任何化学方法处理，也不改变淀粉内在的物理和化学特性而生产的各类淀粉，主要包括谷类淀粉、薯类淀粉、豆类淀粉等。

谷类淀粉：以大米、玉米、高粱、小麦等粮食原料加工成的淀粉。

薯类淀粉：以木薯、甘薯、豆薯、马铃薯、竹芋、山药、蕉芋等薯类为原料加工成的淀粉。

豆类淀粉：以绿豆、蚕豆、豌豆、豇豆、混合豆等豆类为原料加工成的淀粉。

其他类淀粉：以菱粉、藕粉、荸荠、橡子、百合、慈姑、西米等为原料加工成的淀粉。

（1）食用小麦淀粉

感官检验色泽、气味、口感，指标见表2-1。

表 2-1　感官检验食用小麦淀粉的色泽、气味、口感指标

项目	指标		
	等级	一级	二级
色泽	洁白有光泽	洁白	洁白
气味	无异味	无异味	无异味
口味	无砂齿	无砂齿	无砂齿

（2）食用玉米淀粉

感官检验色泽、气味、口感，指标见表2-2。

表 2-2　感官检验食用玉米淀粉的色泽、气味、口感指标

项目	指标		
	特级	一级	二级
色泽	白色或略带微黄色阴影	白色或略带微黄色阴影	白色或略带微黄色阴影
气味	无异味	无异味	无异味
口感	无砂齿	无砂齿	无砂齿

（3）食用马铃薯淀粉

感官检验色泽、气味、外观、口感，指标见表2-3。

表 2-3　感官检验食用马铃薯淀粉的色泽、气味、口感指标

项目	指标		
	特级	一级	二级
色泽	洁白带结晶光泽	洁白带结晶光泽	白色
气味	无异味	无异味	无异味
口感	无砂齿	无砂齿	无砂齿
外观	粉状一致	粉状一致	粉状一致

第二节　类型及互混检验

类型是指同一品种粮食、油料籽粒的粒色、形状等的不同类别，是构成粮食工艺品质的重要因素之一。互混是某主体粮食中混有同种异类粮食的现象。类型和互混的检验方法主要是依据粮食籽粒的粒形、粒质、粒色等的外形特征检验；依据粮食的软硬质进行剖粒检验；依据粮食籽粒着色后其颜色的不同变化采用的染色检验。

类型及互混检验是为了保证粮食、油料的纯度，有利于食用、种用、储存、加工和经营管理。检验时须根据不同的要求分别采取不同的方法。

国家标准中对各粮种有明确的分类。例如，稻谷分为 5 类，分别是早籼稻谷、晚籼稻谷、粳稻谷、籼糯稻谷、粳糯稻谷；小麦分为 9 类，分别是白色硬质春小麦、白色软质春小麦、白色硬质冬小麦、白色软质冬小麦、红色硬质春小麦、红色软质春小麦、红色硬质冬小麦、红色软质冬小麦、混合小麦；玉米分为 3 类，分别是黄玉米、白玉米、杂玉米；大豆分为 4 类，分别是黄大豆、青大豆、黑大豆和饲料豆。

一、外形特征检验

外形特征检验主要是根据其粒形、粒质、粒色等外形特征进行检验鉴别。

1. 籼、粳、糯稻谷互混检验

取净稻谷 10g，经脱壳后不加挑选地取出 200 粒（小碎除外），按质量标准中分类的规定，拣出混有异类的粮粒。按公式（2-1）计算互混百分率

$$互混百分率(\%) = \frac{n}{200} \times 100 \qquad (2\text{-}1)$$

式中：n——异类粮粒数；

　　　200——试样粒数。

双试验结果允许差不超过 1%，求其平均数即为检验结果。检验结果取整数。

2. 异色粒互混

在检验不完善粒的同时，按质量标准的规定拣出混有的异色粒，称重。按公式（2-2）计算异色粒百分率

$$异色粒百分率(\%) = \frac{m_1}{m} \times 100 \qquad (2\text{-}2)$$

式中：m_1——异色粒质量，g；

　　　m——试样质量，g。

双试验结果允许差不超过 1%，求其平均数即为检验结果。检验结果取小数点后一位。

3. 小麦粒色的鉴定

分取小麦 100 粒，感官检验小麦粒色，种皮为深红色或红褐色的麦粒达 90 粒以上

者为红麦；种皮为白色、乳白色或黄白色的麦粒达 90 粒以上者为白麦；均不足 90 粒者为混合小麦（即花麦）。

二、剖粒检验

剖粒检验的方法主要用于鉴别粮食的软、硬质。

分取完善粒试样 100 粒，先从外观鉴别软、硬质，外观鉴别不清时，可将粮粒从中部切断（图 2-1），观察断面，玻璃状透明体者为硬质部分，根据硬质部分所占比例，按质量标准规定确定是否是硬质粒，然后以硬质粒的粒数计算软、硬质含量。小麦硬质粒的硬质部分必须占本粒的 1/2 以上。

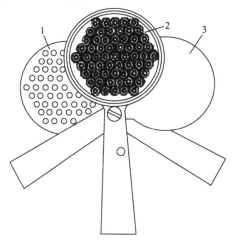

图 2-1　籽粒切断器

1-下圆板（有与上圆板孔眼数目和位置相同的凹槽）；2-上圆板（有 50 或 100 个眼）；3-刀片

用透视箱鉴别粮食的软、硬质。

在长方形小木箱内一侧安装一只乳白色灯泡，灯泡下方安装一块活动镜子（反射镜），距箱上边 2cm 处插入一块与箱底尺寸相同的毛玻璃，再从完善粒试样中不加挑选地取出 100 粒，放在毛玻璃上，接通电源，调节反射镜，使光线反射到毛玻璃上的试样上，籽粒呈透明部分者为硬质部分。

说明

稻谷角质率的测定可在测定出糙率后的糙米中随机取出 100 粒，感官观察籽粒角质（透明）部分，从外观分辨不清的，将糙米粒中部切断，帮助观察。角质率的计算公式详见第 98 页"二、角质率的测定"。

三、染色检验

染色检验主要鉴别糯性和非糯性。其原理是根据淀粉性质不同，遇碘后会有不同的颜色反应特性。非糯性与糯性稻谷互混不易鉴定时，将糙米去掉米皮后，不加挑选地取出 200 粒（小碎除外），用清水洗后，再用 0.1g/100mL 碘酒（或碘-碘化钾溶液）浸泡 1min 左右，然后洗净观察米粒着色情况。糯性米粒呈棕红色，非糯性米粒呈蓝色。按公式（2-1）计算互混百分率。

第三节　纯粮（质）率和杂质的测定

一、纯粮（质）率、不完善粒、杂质的概念

1. 纯粮（质）率

（1）纯粮率

纯粮率是除去杂质的谷物、豆类籽粒的质量（其中不完善粒折半计算）占试样质量的百分率。

（2）纯质率

① 除去杂质的油料籽粒质量（其中不完善粒折半计算）占试样质量的百分率。

② 花生仁净仁质量或甘薯片纯质质量占试样质量的百分率。

纯粮（质）率反映了粮食、油料的纯净和完整程度。它是粮食、油料使用价值的重要标志之一，并且测定方法快速，简便易行，无需特殊仪器设备，适宜于广大基层单位。因此，许多粮食、油料，如大豆、玉米、花生仁、大麦、燕麦、芝麻、葵花籽、甘薯片等的质量标准是以纯粮（质）率作为定等的基础项目。

纯粮（质）率又分为净粮纯粮（质）率和毛粮纯粮（质）率。这一区分主要是由检验方法决定的。若采用净粮试样（不含杂质）进行纯粮（质）率测定，即得净粮纯粮（质）率；若采用毛粮试样（含有杂质）进行纯粮（质）率测定，即得毛粮纯粮（质）率。在国家标准中应用越来越多的是净粮纯粮（质）率。

2. 不完善粒

不完善粒是对有虫蚀、病斑、生芽、霉变、破损、冻伤、烘伤或未熟等缺陷但仍有食用价值的粮食、油料颗粒的统称。

（1）未熟粒

发育不饱满、尚未成熟的粮食、油料籽粒。不同粮油品种的未熟粒，其具体定义由各自的标准作出不同的规定。

（2）虫蚀粒

被虫蛀蚀，伤及胚及胚乳（子叶）的颗粒。

（3）霉变粒

稻谷生霉，剥壳后糙米也有霉点，胚乳变色、变质的颗粒。小麦、大豆、玉米等粒面生霉，或胚乳、子叶变色、变质的颗粒。

（4）病斑粒

粒面有病斑并伤及胚或胚乳（子叶）的颗粒，还包括小麦赤霉病粒和黑胚粒。

（5）生芽粒

芽或幼根突破种皮的颗粒。

（6）破损粒

压扁、破碎伤及胚或胚乳（子叶）的颗粒，以及标准中有具体规定的破碎粒。

（7）冻伤粒

经受严重冻伤的颗粒，如大豆籽粒透明或子叶僵硬呈暗绿色的颗粒。

（8）烘伤粒

亦称"热损粒"，经过烘干损伤的籽粒，如小麦粉面筋质特性受到削弱或玉米粒胚或胚乳变为深褐色的颗粒等。

由于不完善粒食用价值降低，易受虫、霉侵害，又影响商品外观和加工出品率，所以在纯粮（质）率的计算上将不完善粒折半计算，并且在某些粮食质量指标中不完善粒还作为控制的项目。

3. 杂质

所谓杂质是指无食用价值的物质和标准中有具体规定的异种粮粒及绝对筛层的筛下物。粮食、油料中杂质的多少，主要取决于种植、收割、收获后的清理过程和储运等环节。杂质对粮油加工、储藏和食用品质均有不良影响，故在粮油质量标准中限制较严。杂质按性质、形态及检验程序分为以下三类。

① 按性质分，可分为有机杂质和无机杂质。有机杂质一般指无食用价值的粮食籽粒、异种粮粒、草籽、植物体（根、茎、叶、壳）、活或死虫体、其他有机杂质等，以及标准规定的异种粮粒，植物的根、茎、叶、害虫等。无机杂质一般指夹杂在粮食、油料等样品中的泥土、砂石、砖瓦块及无机物等。

② 按形态分，可分为大型杂质、并肩杂质和小型杂质。大型杂质是指显著大于本品颗粒，分布不均匀，在混样和分样时不容易混合均匀的杂质。并肩杂质是指和被检试样个体差不多大小的杂质。小型杂质是指小于本品颗粒的杂质。

③ 按检验程序分。通过一定筛孔筛子清理后，可将其分为大样杂质和小样杂质。大样杂质是指大样中的大型杂质和筛下物。筛下物是指通过绝对筛层筛下的物质（用规定筛层，按规定方法进行筛理，筛下物全部视为杂质的筛层称为绝对筛层）。由于大型杂质和筛下物在制样时不易混合，易造成取样误差，所以杂质测定一般先大量取样，然后取小样测定。小样杂质是指小样中的杂质。不同被检样品选择不同规格的筛层，如小麦测定通过孔径 1.5mm 的筛孔，稻谷则通过孔径 2.2mm 的筛孔。根据各种粮食、油料的粒形与大小，标准中规定了各种粮食、油料的绝对筛层（表 2-4），用绝对筛层和规定的筛理方法来筛选相应的粮食和油料，其筛下物一律视为杂质。

表 2-4　检验原粮和油料杂质的绝对筛层

粮种名称	筛孔孔径/mm
谷子、芝麻、油菜籽	1.0
麦类、高粱、粟子	1.5
稻谷、绿豆、小豆、葵花籽	2.2
荞麦	2.5
大豆、玉米、花生仁、菜豆、蓖麻籽	3.0

粮食、油料中混有杂质不但降低食用价值，而且往往由于杂质含水量高，存在着大量微生物，容易引起储粮发热、霉变，影响储粮安全。因此，入库粮食、油料的杂质、水分含量是作为分等分级储存的依据之一，也用作指导储藏中应采取措施的根据，确保储粮安全。在粮食、油料加工中，杂质含量高将影响出品率，根据杂质含量大小指导加工工艺和应采取的除杂措施。此外，有些杂质种子和针刺状金属物等，人、畜食用后会产生有害作用。因此，在粮食、油料的质量指标中杂质作为限制性项目，尤其在成品粮中限制较严。

二、杂质检验

1. 仪器和用具

感量 0.01g、0.1g 天平；谷物选筛或电动筛选器；分样器或分样板；分析盘、刀片、毛刷、镊子。

2. 试样

检验杂质的试样分为大样、小样两种。

① 大样是用于检验大样杂质，包括大型杂质和绝对筛层的筛下物。

② 小样是从检验过大样杂质的样品中分出少量试样，检验与粮粒大小相似的并肩杂质。

检验杂质的试样用量见表 2-5。

表 2-5　检验杂质试样用量规定

粮食、油料名称	大样质量/g	小样质量/g
小粒，如粟子、芝麻、油菜籽等	500	10
中粒，如稻谷、小麦、高粱、小豆、棉籽	500	50
大粒，如大豆、玉米、豌豆、葵花籽、小粒蚕豆等	500	100
特大粒，如花生果、花生仁、蓖麻籽、桐籽、茶籽、大粒蚕豆等	1000	200
其他：甘薯片、大米中带壳稗粒和稻谷粒检验	500～1000	

注：参照中华人民共和国国家标准：GB 5494—85 粮食、油料检验杂质、不完善粒检验法。

3. 筛选

（1）电动筛选器法

按质量标准中规定的筛层套好（大孔筛在上，小孔筛在下，套上筛底）。按规定称取试样放入筛上，盖上筛盖，放在电动筛选器上，接通电源，选筛自动地向左、向右各筛 1min（110～120r/min），筛后静置片刻，将筛上物和筛下物分别倒入分析盘，卡在筛孔中间的颗粒属于筛上物。

（2）手筛法

按照以上方法将筛层套好，倒入试样，盖好筛盖，然后将选筛器放在光滑的桌面上（最好是玻璃板上），用双手以 110～120r/min 的速度按顺时针方向和反时针方向各筛 1min，筛动的范围掌握在选筛直径扩大至 8～10mm，筛后的操作与以上方法相同。

4. 大样杂质检验

（1）操作方法

从平均样品中，按表 2-4 的规定称取试样（m），按筛选法分两次进行筛选（特大粒粮食、油料分 4 次筛选），然后拣出筛上大型杂质与筛下物合并称重（m_1）（小麦大型杂质在 4.5mm 筛上拣出）。

（2）结果计算

大样杂质百分率按公式（2-3）计算

$$大样杂质(\%) = \frac{m_1}{m} \times 100 \qquad (2\text{-}3)$$

式中：m_1——大样杂质质量，g；

　　　m——大样质量，g。

双试验结果允许差不超过 0.3%，求其平均数，即为检验结果。检验结果取小数点后一位。

5. 小样杂质检验

（1）操作方法

从检验过大样杂质的试样中，按照表 2-5 的规定用量称取试样（m_2），倒入分析盘中，按质量标准的规定拣出杂质，称重（m_3）。

（2）结果计算

小样杂质百分率按公式（2-4）计算

$$小样杂质(\%) = (100 - M) \times \frac{m_3}{m_2} \qquad (2\text{-}4)$$

式中：m_3——小样杂质质量，g；

　　　m_2——小样质量，g；

　　　M——大样杂质百分率，%。

双试验结果允许差不超过 0.3%，求其平均数，即为检验结果。检验结果取小数点后一位。

6. 矿物质检验

（1）操作方法

质量标准中规定有矿物质指标的（不包括米类），从拣出的小样杂质中拣出矿物质，称重（m_4）。

（2）结果计算

矿物质百分率按公式（2-5）计算

$$矿物质(\%) = (100 - M) \times \frac{m_4}{m_2} \qquad (2\text{-}5)$$

式中：m_4——矿物质质量，g；

　　　m_2——小样质量，g；

　　　M——大样杂质百分率，%。

双试验结果允许差不超过 0.1%，求其平均数，即为检验结果。检验结果取小数点后两位。

7. 杂质总量计算

一般粮食、油料的杂质总量按公式（2-6）计算

$$杂质总量(\%) = M + N \tag{2-6}$$

式中：M——大样杂质百分率，%；

　　　N——小样杂质百分率，%。

计算结果取小数点后一位。

8. 米类杂质检验

（1）糠粉检验

从平均样品中分取试样约 200g（m），分两次放入 $\varphi1.0mm$ 的圆孔筛内，按规定的筛选法进行筛选，倒出试样，轻拍筛子使糠粉落入筛底，全部试样筛完后，刷下留存在筛层上糠粉，合并称重（m_1），按公式（2-7）计算糠粉百分率

$$糠粉(\%) = \frac{m_1}{m} \times 100 \tag{2-7}$$

式中：m_1——糠粉质量，g；

　　　m——试样质量，g。

双试验结果允许差不超过 0.04%，求其平均数，即为检验结果。检验结果取小数点后两位。

（2）矿物质检验

从检验过糠粉的试样中拣出矿物质，称重（m_2），按公式（2-8）计算矿物质百分率

$$矿物质(\%) = \frac{m_2}{m} \times 100 \tag{2-8}$$

式中：m_2——矿物质质量，g；

　　　m——试样质量，g。

双试验允许差不超过 0.05%，求其平均数，即为检验结果。检验结果取小数点后两位。

（3）其他杂质检验

从检验过糠粉和矿物质的试样中拣出稻谷粒、稗粒及其他杂质等一并称重（m_3），按公式（2-9）计算其他杂质百分率

$$其他杂质(\%) = \frac{m_3}{m} \times 100 \tag{2-9}$$

式中：m_3——稻谷粒、稗粒及其他杂质质量，g；

　　　m——试样质量，g。

双试样结果允许差不超过 0.04%，求其平均数，即为检验结果。检验结果取小数点后两位。

（4）带壳稗粒和稻谷粒检验

从平均样品中分取试样 500g，拣出带壳稗粒和稻谷粒，分别计算含量，拣出的粒

数乘以 2，即为检验结果，以"粒/kg"表示。

双试验结果允许差：带壳稗粒不超过 3 粒/kg，稻谷粒不超过 2 粒/kg，分别求其平均数，即为检验结果。平均数不足 1 粒时按 1 粒计算。

（5）米类杂质总量计算

米类杂质总量按公式（2-10）计算

$$米类杂质(\%) = A + B + C \tag{2-10}$$

式中：A——糠粉百分率，%；

B——矿物质百分率，%；

C——其他杂质百分率，%。

计算结果取小数点后两位。

三、不完善粒检验

在检验小样杂质的同时，按质量标准的规定拣出不完善粒，称重（m_1）。按公式（2-11）计算不完善粒百分率

$$不完善粒(\%) = (100 - M) \times \frac{m_1}{m_2} \tag{2-11}$$

式中：m_1——不完善粒质量，g；

m_2——试样质量，g；

M——大样杂质百分率，%。

双试验结果允许差：大粒、特大粒粮不超过 1.0%；中、小粒粮不超过 0.5%，求其平均数，即为检验结果。检验结果取小数点后一位。

四、纯粮（质）率计算

1. 净粮纯粮（质）率的计算

净粮纯粮（质）率按公式（2-12）计算

$$净粮纯粮(质)率(\%) = \frac{m - m_1 \div 2}{m} \times 100 \tag{2-12}$$

式中：m_1——不完善粒质量，g；

m——净试样质量，g。

计算结果取小数点后一位。

2. 毛粮纯粮（质）率的计算

毛粮纯粮（质）率按公式（2-13）计算

$$毛粮纯粮(质)率(\%) = 100 - \left(Z + \frac{P}{2}\right) \tag{2-13}$$

式中：Z——杂质总量百分率，%；

P——不完善粒百分率,%。

计算结果取小数点后一位。

注解:

① 由于各种样品中夹杂的杂质种类和性质相差较大,为保证取样的代表性,通常将试样分为大样和小样分别称取,借此能较客观地检验出样品中较大杂质(筛上物)、并肩杂质和较小杂质(筛下物)。

② 在检验不完善粒时,某些品种的样品在检验时受自然光线的强弱影响较大,光线太暗会使检验过程中某些类型不完善粒的检验结果产生一定偏差。

③ 不完善粒的结果计算时,不同颗粒大小的试样,其双试验结果的允许差不同。

第四节　稻谷质量指标检验

一、出糙率

1. 概述

净稻谷脱壳后的糙米质量(其中不完善粒折半计算)占试样质量的百分率称为出糙率。

稻谷的主要用途是碾米供做食用,稻谷的出糙率高低不仅直接反映了稻谷的工艺品质——碾米产量的潜力,而且还可体现稻谷的食用品质。稻谷出糙率与稻谷籽粒的成熟饱满程度、稻壳的厚薄有极大关系,一般成熟饱满、壳薄者出糙率高,反之则低。因此,稻谷出糙率高,加工出米率就会高,食用品质也较好。稻谷出糙率的测定方法操作方便、迅速,设备简单,所以,在我国稻谷质量标准中用出糙率作为定等基础项目,科学、合理地体现出了依质论价政策,促进了稻谷生产的发展。

稻谷出糙率的测定是采用实验电动或手摇砻谷机,将稻谷脱壳后,稻谷和糙米分离,称取糙米和不完善粒的质量,计算出糙率(GB 5495—85)。计算时,不完善粒减半计重。不完善粒包括脱壳前拣出的生芽粒和发霉粒脱壳后得到的糙米,以及其他净稻谷得到的糙米中尚有食用价值的颗粒。生霉粒是生霉稻谷剥壳后糙米粒面也有霉斑颗粒,生芽粒是芽或幼根已突破稻壳的颗粒,尚有食用价值的颗粒是指未熟粒(籽粒不饱满、外观全部为粉质、无光泽的颗粒)、虫蚀粒(籽粒被虫蛀蚀,伤及胚或胚乳的籽粒)及病斑粒(表面有病斑,伤及胚及胚乳的籽粒)。为体现优质优价政策,我国将出糙率作为稻谷质量标准中的定等基础项目,见表2-6。

表 2-6　不同等级稻谷出糙率(最低标准)　　　　　　　　(单位:%)

等级	晚粳			早籼、晚籼、籼粳	早粳、粳糯
	一类地区	二类地区	三类地区		
1	82	80	78	79	81
2	80	78	76	77	79
3	78	76	74	75	77

续表

等级	晚粳			早籼、晚籼、籼粳	早粳、粳糯
	一类地区	二类地区	三类地区		
4	76	74	72	73	75
5	74	72	70	71	73

注：一类地区包括江苏、浙江、上海、安徽、福建、江西、四川、贵州、云南、湖南、湖北、广东、广西、北京、天津 15 个省、自治区、直辖市；二类地区包括山东、山西、河南、河北、辽宁、陕西、宁夏 7 个省、自治区；三类地区包括黑龙江、吉林、内蒙古、新疆 4 个省、自治区。

参照：中华人民共和国国家标准——稻谷 GB1350—1999。

各类稻谷以三等为中等标准，低于五等的为等外稻谷。实行全项目增减价的出糙率基础指标，在等级指标上增加 10%。

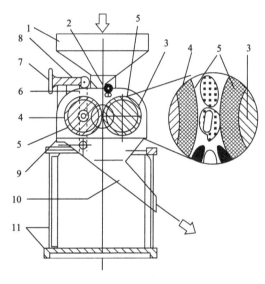

图 2-2　胶辊砻谷机示意图（李里特，2002）

1-进料斗；2-喂料辊；3、4-辊；5-橡胶层；6～
8-压力调节系统；9-机壳；10-出料管；11-机座

2. 检验方法

（1）方法原理

实验砻谷机仿胶辊砻谷机原理制成，利用两个胶辊相对差速运动，产生摩擦力使稻谷脱壳，脱壳后的糙米与壳密度不同，稻壳被吸风机吸走，糙米自然下落而达到壳糙分离的目的。

（2）仪器和用具

① 感量 0.01g 的天平；

② 胶辊砻谷机（图 2-2）；

③ 分析盘、镊子等。

（3）操作方法

① 将砻谷机平稳地放在工作台上，根据稻谷的粒形，用调节螺丝调整好胶辊间距。

② 从平均样品中称取净稻谷（除去稻谷外糙米）试样 20g（m），拣出生芽粒和生霉粒，单独剥壳检验，属不完善粒称重（m_1），将剩余试样放在附件小畚斗中备用。

③ 打开砻谷机电源开关，稍等片刻后，将盛有试样的小畚斗放在进料斗上，利用砻谷机震动将试样缓缓倒入进料斗内，试样流完后，抽出盛糙米抽斗，拣出糙米中少量稻谷，再重新脱壳 1 或 2 次。

④ 关闭电源开关，除去糙米中糠杂，糙米（连同单独剥壳的完善糙米）称重（m_2），再拣出不完善粒，称重（m_3）。

（4）结果计算

稻谷出糙率按公式（2-14）计算

$$出糙率(\%) = \frac{(m_1 + m_2) - (m_1 + m_3) \div 2}{m} \times 100 \qquad (2\text{-}14)$$

式中：m_1——生芽、生霉粒剥壳后不完善粒质量，g；

　　　m_2——糙米质量，g；

　　　m_3——糙米中不完善粒质量，g；

　　　m——试样质量，g。

双试验结果允许差不超过 0.5%，求其平均数，即为检验结果。检验结果取小数点后一位。

（5）注意事项

① 稻谷中的糙米，虽可使其加工出米率增高，食用价值部分增大，但是我国主要是以稻谷形式储存，而糙米在储存期间易受病虫危害，导致储粮发热、变质、损耗。因此，在检测稻谷出糙率时，试样应不包含糙米。

② 生芽粒、生霉粒粒质疏松，如果和正常稻谷粒一起用砻谷机脱壳，容易形成碎米，且芽或霉在脱壳时也易磨掉，给归属带来困难，造成测定误差。所以，在砻谷前，生芽粒、生霉粒需单独剥壳检验。

③ 称量糙米质量前，应检查砻糠抽斗中砻糠中有无混入糙米，如有应取出，一并称重。

二、整精米率

1. 概述

整精米率是指将糙米碾磨成精度为国家标准一等大米时，米粒产生破碎，其中长度仍达到完整精米粒平均长度的 4/5 以上（含 4/5）的米粒。

糙米中存在的裂纹粒或爆腰粒直接影响稻谷的出米率和使用价值，因此，在 1999年国家粮食储备局修订、国家质量技术监督局发布的新稻谷标准中，以出糙率和整精米率两个项目来划分等级。

我国稻谷质量标准根据出糙率和整精米率将各类稻谷分为 5 个等级，各类、各等稻谷出糙率指标见表 2-7。

表 2-7　各类各等稻谷出糙率

等级	籼稻谷		粳稻谷	
	出糙率/%	整精米率/%	出糙率/%	整精米率/%
1	≥79.0	≥50.0	≥81.0	≥60.0
2	≥77.0	≥50.0	≥79.0	≥60.0
3	≥75.0	≥50.0	≥77.0	≥60.0
4	≥73.0	≥50.0	≥75.0	≥60.0
5	≥71.0	≥50.0	≥73.0	≥60.0

注：各类稻谷以三等为中等标准，低于五等为等外稻谷。

2. 检验方法

(1) 仪器和用具

① 天平，感量 0.01g。

② 实验室用砻谷机、碾米机。

③ 谷物选筛。

(2) 操作方法

称取净稻谷试样 (m_0)，经脱壳后称量糙米总量 (m_1)，然后从中称取一定量的糙米 (m_2)，用实验碾米机碾成国家标准一等大米的精度，除去糠粉，再拣出整精米粒，称重 (m_3)。

(3) 结果计算

整精米率按公式 (2-15) 计算

$$整精米率(\%) = \frac{m_3}{m_0 \times \dfrac{m_2}{m_1}} \times 100 \tag{2-15}$$

式中：m_0——稻谷试样质量，g；

　　　m_1——糙米总质量，g；

　　　m_2——用于整精米率测定的糙米质量，g；

　　　m_3——整精米质量，g。

双试验允许差不超过 1.0%，求其平均值即为检验结果。结果取小数点后一位。

三、黄粒米检验

1. 概述

黄粒米是指糙米或大米受本身内源酶或微生物酶的作用使胚乳呈黄色，与正常米粒色泽明显不同的颗粒。

黄粒米的形成主要是在收获季节，稻谷不能及时脱粒干燥，带穗堆垛，湿谷在通风不良情况下储藏，微生物繁殖，堆垛发热，使稻谷变黄。稻谷在储藏、运输过程中，入仓水分高也是产生黄粒米的主要原因。有试验表明：湿稻谷带穗堆垛，原始水分26.8%，经 46h，最高粮温达 72℃，黄粒米达 90% 以上；脱粒后储藏，原始水分26.68%，经 36h，中心部位稻谷粒开始变色，48h，粮温高达 66℃，黄粒米率达 90%。

稻谷在某些微生物的作用下也会变黄，其中岛青霉、橘青霉、黄绿青霉等产毒青霉菌是导致稻谷黄变并使籽粒含有真菌毒素的微生物。稻米变黄后，营养价值降低，食用品质较差，严重的发芽率丧失，而且影响商品外观价值。此外，黄粒米粒面可溶性物质较正常米粒丰富，提供了霉菌生长繁殖所需的营养源，在同等条件下，高水分黄粒米比正常稻米易受黄曲霉侵染。黄曲霉污染快，产毒量高，因此，在我国稻谷、大米质量标准中黄粒米限度为 1.0%。

2. 稻谷黄粒米检验

(1) 仪器与用具

① 感量 0.01g 天平。

② 实验用碾米机。

③ 分析盘、镊子等。

(2) 操作方法

稻谷经检验出糙率后，将其糙米试样用小型碾米机碾磨至近似标准二等米的精度，除去糠粉，称重 (m)，作为试样质量，再按规定拣出黄粒米，称重 (m_1)。

(3) 结果计算

稻谷黄粒米率按公式 (2-16) 计算

$$黄粒米(\%) = \frac{m_1}{m} \times 100 \qquad (2\text{-}16)$$

式中：m_1——黄粒米质量，g；

m——试样质量，g。

双试验结果允许差不超过 0.3%，求其平均数，即为检验结果。检验结果取小数点后一位。

3. 大米黄粒米检验

(1) 操作方法

分取大米试样约 50g 或在检验碎米的同时按规定拣出黄粒米（小碎米中不检验黄粒米），称重 (m_1)。

(2) 结果计算

大米黄粒米率按公式 (2-17) 计算

$$黄粒米(\%) = \frac{m_1}{m} \times 100 \qquad (2\text{-}17)$$

式中：m_1——黄粒米质量，g；

m——试样质量，g。

双试验结果允许差不超过 0.3%，求其平均数，即为检验结果。检验结果取小数点后一位。

四、糙米裂纹检验

1. 概述

糙米粒面出现裂纹，称为裂纹粒，俗称爆腰粒（或经纹粒）。

潮湿的稻谷在整晒或烘干时，或干燥的稻谷吸湿时，容易产生裂纹粒。产生裂纹粒的主要原因是稻谷的脆性比较大，在急剧干燥的情况下，谷壳和米粒表面的水分气化较快，而米粒内层水分移动速度较慢，随着干燥过程的急剧进行，米粒内、外层干燥程度的差异便越来越大，因而表层形成"硬结"，内层水分向外移动就更加困难，内层水蒸气就会聚积起来。这样，由于内外层不均等的收缩和内层水汽压力的作用，米粒就会形成裂纹。稻谷烘干后，粮温高，突然受到低温强气流的冷却作用，米粒表面迅速收缩，同样也会引起米粒裂纹。裂纹粒既会影响出米率（增加碎米率），也将会影响成品的质量（使之外观欠佳，蒸煮性不良）。由于干燥方法和干燥条件是影响稻谷糙米粒产生裂纹的重要因素，因此，裂纹粒率是进行稻谷干燥时的一项重要技术指标，是重要的检验项目。

2. 检验方法

在检验稻谷出糙率后，不加挑选地取整粒糙米 100 粒，用放大镜进行鉴别，拣出有裂纹的米粒。拣出的粒数即为裂纹粒率。

五、稻谷垩白粒率、垩白度及粒型长宽比的检验

1. 垩白粒率、垩白度

（1）概述

稻谷胚乳中不透明部分称为垩白，根据其发生部位的不同，又可以分为以下几种。

① 腹白粒，即米粒腹部有垩白。腹白粒是由于与糊粉层相连接的数层胚乳细胞淀粉积累不良，淀粉粒间有空隙所致。腹白粒在碾成精米后外观不良，影响商品外观价值。

② 心白粒，米粒中部呈白色不透明，由于米粒从背部至腹部的经线上的胚乳细胞变为扁平，淀粉充实不良形成不透明，而其外围则充实良好。心白粒其外观和食味不良。

③ 乳白粒，典型的乳白粒的米粒全呈乳白色，粒面富有光泽，其不透明部分处于胚乳内部，外部被半透明胚乳包围，有的乳白粒不透明部偏于腹侧，看上去类似腹白粒，但其半透明部分即白色部分的界线与腹白粒不同，即表现不明显。乳白粒碾米时易碎，粉质粒食用品质变劣，商品外观降低。

④ 基白粒，米粒基部不充实形成白色不透明，其不透明部分接近表面，无光泽，碾米时易碎，降低出米率。

⑤ 背白粒，是沿米的背沟上有条状垩白的籽粒。背白粒是由于沿着背部管束的数层胚乳细胞其淀粉不充实变为白色不透明之故。各种垩白粒形态见图 2-3。

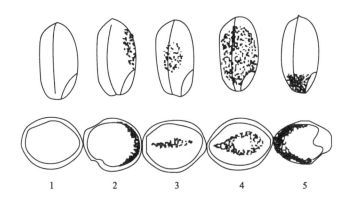

图 2-3 完全粒、腹白粒、心白粒、乳白粒、基白粒的白色不透明部的位置示意图（马涛，2009）
1-完全粒；2-腹白粒；3-心白粒；4-乳白粒；5-基白粒

由于垩白粒含量的多少和垩白的程度直接影响稻谷的外观和品质，所以在优质稻谷的国家标准中规定了垩白粒率、垩白度的限制指标。

垩白粒率：是指有垩白的米粒占整个米样粒数的百分率。

垩白大小：是将垩白米粒平放，米粒中垩白面积占该整粒米投影面积的百分率。

垩白度：垩白米的垩白面积总和占试样米粒面积总和的百分率。

在 GB/T 17891—1999 中规定，垩白粒率不能超过 10％～30％，垩白度不能超过 1.0％～5.0％。

（2）检验方法

1）垩白粒率

从优质稻谷精米试样中随机数取整米 100 粒，拣出有垩白的米粒，按公式（2-18）求出垩白粒率。重复一次，取两次测定的平均值，即为垩白粒率

$$垩白粒(\%) = \frac{垩白米粒数}{总粒数} \times 100 \qquad (2\text{-}18)$$

2）垩白度

在以上试验拣出的米粒中，随机取 10 粒（不足 10 粒者按实有数取），将米粒放平，正视观察，逐粒目测垩白面积占整个投影面积的百分率，求出垩白面积的平均值。重复一次，两次测定结果平均值为垩白大小。垩白度按公式（2-19）计算

$$垩白度(\%) = 垩白粒率 \times 垩白大小 \qquad (2\text{-}19)$$

2. 粒型长宽比

（1）概述

粒型通常作为稻谷分类的标志，也是稻谷品质和品种的特征之一。对籼稻来说，粒型越是狭长，越是优良品种，其食用品质越好。优质稻谷的国家标准中，对籼稻谷的粒型长宽比规定为大于或等于 2.8。

粒型长宽比是指稻米粒长与粒宽的比值。

（2）检验方法

1）仪器用具

① 测量板（平面板上粘贴黑色平绒布）。

② 直尺（0.1mm）。

③ 镊子。

2）测量方法

① 随机数取完整无损的精米（精度为国家标准一等）10 粒，平放于测量板上，按照头对头、尾对尾、不重叠、不留隙的方式，紧靠直尺摆成一行，读出长度。双试验差不超过 0.5mm，求其平均值即为精米长度。

② 将量过长度的 10 粒精米平放于测量板上，按照同一个方向肩靠肩（即宽度方向）排列，用直尺测量，读出宽度。双试验差不超过 0.3mm，求其平均值即为精米宽度。

③ 结果计算

按公式（2-20）计算粒型长宽比

$$长宽比 = \frac{长度}{宽度} \qquad (2\text{-}20)$$

结果保留小数点后一位。

第五节　米类加工精度检验

一、概述

米类主要指大米、小米、黍米、稷米、高粱米。米类加工精度是指籽粒皮层被碾磨的程度或留皮程度。小米加工精度是指米粒脱掉种皮的程度。高粱米加工精度是指乳白粒最低指标（乳白粒指果皮基本去净，脱掉种皮程度达粒面 1/3 以上的颗粒。米粒的断面不做乳白检验）。

稻谷、谷子、高粱等必须先对它们进行碾磨加工，才能蒸煮而食之。为了使米类更加可口，易于消化，促进人们食欲，加工过程中部分或全部地除去糠皮和胚芽，使其具有特别的蒸煮质量、味道和风味。由于除去种皮程度不同而加工成不同等级的米类，因此米类加工精度是作为大米、小米或高粱米的定等基础项目。米类加工精度的高低直接影响着食用品质，但是米类加工精度越高，出米率越低，营养价值也降低。因此米类加工精度高低的测定对碾米工艺来说，在保证产品质量、严格控制精度、提高出米率等方面起着指导生产的作用；在购、销、调等商品流通环节中起着保证商品质量、保障消费者利益、兼顾国家利益等作用。

二、大米加工精度检验

大米加工精度是指米粒脱掉种皮的程度，或背沟和粒面留皮程度。

大米加工精度的检验目前还是采用感官检验方法。感官检验方法又分直接比较法和染色法。但是无论采用直接比较法还是染色法，都是以国家制定的标准样品对照检验，符合哪等标准，就定为哪等。在制定精度标样时，要参考标准中文字规定说明，主要依据 GB/T 5520—85。

1. 直接比较法

从平均样品中称取试样 50g，以统一规定的精度标准或标准米样为准，用感官鉴定法观察碾米机碾出的米粒与标准样在色泽、留皮、留胚、留角等方面是否相符，符合哪等标样，就定为哪等。

对于缺乏实际经验的检验人员，应用直接比较法确定大米精度是比较困难的。但是，只要掌握构成大米精度的主要因素及其彼此之间的关系，就可使大米精度检验迅速、准确地完成。

① 色泽。加工精度越高，米粒颜色越白。评定时，首先将加工出来的米粒与标准米样比较，观察色泽是否一致。由于刚出机的米粒色泽常常发暗，冷却后才能返白，因此在比较时，刚出机白米的颜色可能比冷的标准米样稍差一些，对此需要注意。

② 留皮。留皮是指大米表面残留的皮层。加工精度越高，留皮越少。评定时，应仔细观察米粒表面留皮是否符合标准要求。观察时，一般先看米粒腹面的留皮情况，然后再看背部和背沟的留皮情况。

③ 留胚。加工精度越高，米粒留胚越少。评定时，观察出机白米与标准米样的留胚情况是否一致。

④ 留角。角是指米粒胚芽旁边的米尖。加工精度越高，米角越钝。评定时，观察刚出机白米与标准米样留角是否一致。

精度检测时，在室内采用散射光，室外应避开阳光直射，检测时可以将标样与样品左右交替观察对比留皮程度。

米粒表面各部位在碾米过程中皮层被碾去的情况并不一致，腹部的两侧、顶端及基端易碾去。背沟及粒面纵沟米皮难以碾去，胚部一般难碾掉。因此，精度越低，背沟留皮越多，胚芽残留较多（俗称黄嘴），留胚芽的米粒也多；反之，精度越高，背沟留皮越少，胚芽残留少，保留胚芽的米粒越少。一般只要将样品与标准对照比较背沟米皮残存程度、胚芽剥落程度及保留胚芽的粒数就可基本确定大米的加工精度。

2. 染色法

大米精度主要决定于米粒表面留皮程度。为了较准确地评定大米的精度，可用品红碳酸溶液等将标准样品和成品米染色后加以比较，观察留皮的程度。

（1）品红碳酸溶液染色法

1）试剂

0.1g/100mL 品红碳酸溶液：称取 0.5g 碳酸加入 10mL 95％乙醇，再加入盐基品红 0.5g，待溶解后，用水稀释到 500mL，充分混合后，储存于棕色瓶中备用。

1.25％H_2SO_4 溶液：用量筒量取相对密度 1.84、浓度 95％的浓硫酸 7.2mL，注入盛有 400～500mL 水的烧杯内，然后加水稀释至 1000mL。

2）仪器和用具

培养皿或小盘子，天平（感量 0.1g、0.01g），量筒（25mL），玻璃棒，细口瓶（500mL、1000mL）。

3）检验方法

称取标准样品和试样各 20g，从中不加挑选地各数出整米 50 粒，分别放入两个蒸发皿中，用清水洗去浮糠，倒出清水，各注入品红碳酸溶液数毫升，淹没米粒，浸泡约 20s，米粒着色后，倒出染色液，用清水洗 2 或 3 次，用 1.25％硫酸溶液振荡洗 2 次，每次约 30s，倒出硫酸溶液，用清水洗 2 或 3 次，然后根据颜色对比留皮程度。米粒留皮部分呈红紫色，胚乳部分呈浅红白色。

（2）苏丹-Ⅲ乙醇溶液染色法

1）试剂

苏丹-Ⅲ乙醇溶液：称取苏丹-Ⅲ约 0.4g 于 100mL 95％乙醇中，配成饱和溶液。

2）检验方法

按以上方法数出 50 粒整米，用苏丹-Ⅲ乙醇溶液淹没米粒，然后置于 70～75℃水浴中加热约 5min，使米粒着色，然后倒出染色液，用 50％乙醇洗去多余的色素，根据颜色对比留皮程度。皮层和胚芽呈红色，胚乳部分不着色。

（3）亚甲基蓝-曙红染色法（EMB 染色法）

1）试剂

亚甲基蓝甲醇溶液：称取 0.3125g 亚甲基蓝溶解于盛有 250mL 甲醇的 500mL 烧杯中，搅拌约 10min，然后静置 20～25min，使不溶解颗粒全部沉淀下来。

曙红甲醇溶液：称取 0.3125g 曙红溶解于盛有 250mL 甲醇的 500mL 烧杯内，搅拌 10min，然后静置 20～25min。

以上两种染色剂经搅拌静置后，将上层清液一起倒入棕色试剂瓶内，使之充分混合，存放于避光处备用。在配制中若用工业酒精代替甲醇，也可以取得较为满意的使用效果。

2）检验方法

从平均样品中称取试样 20g，然后从中不加挑选地数取整米 50 粒，并从标准样品中取出 50 粒，分别放入两个培养皿中，用水漂洗 3 次，以除去粒面附着的浮糠，然后倒入染色液浸没米粒，染色 2min，轻轻摇动，避免剧烈振动，以免将粒面上糠皮除去，倒掉染色液，用水洗 3 次，在清水中或用滤纸吸干水分后对比观察其脱皮程度，胚乳呈粉红色，糠皮和胚芽呈蓝色，图 2-4 为米粒着色后的示意图。

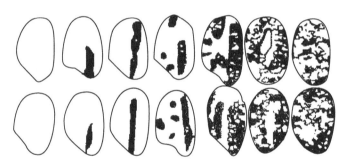

图 2-4　不同精度米粒用 EMB 染色后的示意图（马涛，2009）

图中黑色（实际为蓝绿色）表示糠皮，白色（实际为粉红色）代表胚乳

由于此法使胚乳和皮层、胚芽分别呈现不同颜色，色差大，所以易于肉眼观察判断。

三、小米和高粱米加工精度检验

小米加工精度是指米粒脱掉种皮的程度。

高粱米加工精度是指乳白色粒最低指标（乳白粒指果皮基本去净、脱掉种皮程度达粒面 1/3 以上的颗粒，米粒的断面不做乳白检验）。乳白粒多，加工精度高。

1. 小米加工精度检验（GB/T 11766—89）

亚甲基蓝-曙红染色法（EMB 染色法）：从平均样品中分取小米约 20g，不加挑选地数出整米 100 粒，置于培养皿中。以下同大米加工精度检验的 EMB 染色法操作方法。胚乳呈粉红色，皮层和胚呈绿色，糊粉层呈蓝色。粒面呈粉红色达 2/3 及以上的颗粒，视为米皮基本脱掉的颗粒，直接计算加工精度百分率。

2. 高粱米加工精度检验（GB/T 5502—85）

从平均样中称取试样 20g（m），按质量标准的规定逐粒鉴别，从中拣出乳白粒，称重（m_1），结果按公式（2-21）计算

$$乳白粒含量 = \frac{m_1}{m} \times 100\% \tag{2-21}$$

式中：m_1——乳白粒质量，g；

m——试样质量，g。

双试验结果允许差不超过 10%，求其平均数，即为检验结果。检验结果取小数点后一位。

说明

① 各类小米按加工精度分为三等，各等级小米加工精度规定如下。

一等：米皮基本脱掉的颗粒≥90%。

二等：米皮基本脱掉的颗粒≥70%。

三等：米皮基本脱掉的颗粒≥50%。

小米以二等为计价基础。

② 高粱米按加工精度分为三等，各等级高粱米加工精度规定如下。

一等：乳白粒≥75%。

二等：乳白粒≥65%。

三等：乳白粒≥55%。

乳白粒：果皮基本去净，脱掉种皮达粒面 1/3 以上的颗粒，米粒的断面不做乳白检验。

高粱米以二等为中等标准，低于三等的为等外高粱米。

脱掉果皮不足 1/3 的颗粒为不完善粒，各等限度为一等 0、二等 0.5%、三等 1.0%、超过部分为杂质。

第六节　米类碎米的检验

一、概述

碎米是指米类在碾制过程中低于允许长度和规定筛层下的破碎粒。碎米的产生与稻谷品质、裂纹粒等有密切关系，腹白粒、发芽粒、未熟粒、生霉粒、裂纹粒、软质粒、加工工艺不当等很多因素是引起碎米产生的主要原因。

碎米含量是大米、小米和高粱米等米类等级标准中不可缺少的一个标准项目。米类中碎米不仅影响商品外观价值——整齐度，而且影响食用品质。碎米含量少的大米孔隙度大，升温、吸水和凝胶化均匀，米饭质量好，煮饭时间短；碎米含量越多，孔隙度越小，升温、吸水和凝胶化不均匀，如按一定时间煮饭，有的米熟了，有的米还是夹生的，如延长煮饭时间，虽然每粒米都熟了，但有的已煮烂了，并且淘洗时米类损失率较

大。此外，碎米含量多，米类的储藏品质也差。因此，大米、小米和高粱米的质量标准对碎米含量做了严格限制。

二、米类中碎米含量指标

① 我国各类大米碎米含量指标见表 2-8。

表 2-8　我国各类大米碎米含量指标

米类	碎米总量/%	其中小碎米含量/%
早籼米、籼糯米	35	2.5
晚籼米	30	2.0
早粳米、粳糯米	30	2.0
晚粳米	15	1.5

② 各等小米碎米含量≤4.0%。
③ 各等高粱米碎米含量≤3.0%。

三、大米中碎米含量的检验

1. 筛选法

（1）仪器和用具

谷物选筛（直径 1.0mm、2.0mm 圆孔筛，带筛盖、底），天平（感量 0.01g），表面皿，分析盘，镊子。

（2）操作方法

从检验过杂质的样品中称取试样 50g（m），放入直径 2.0mm 圆孔筛内，下接直径 1.0mm 圆孔筛和筛底，盖上筛盖，按规定进行筛选，然后将留在直径 1.0mm 圆孔筛上的碎米（拣出整粒米），称重（m_1），即为小碎米。留存在直径 2.0mm 圆孔筛上的试样，按规定拣出大碎米（不足该批正常整米 2/3 的碎米），称重（m_2）。

（3）结果计算

小碎米含量、大碎米含量和碎米总量分别按公式（2-22）、公式（2-23）、公式（2-24）计算

$$小碎米含量(\%) = \frac{m_1}{m} \times 100 \tag{2-22}$$

$$大碎米含量(\%) = \frac{m_2}{m} \times 100 \tag{2-23}$$

$$碎米总量(\%) = 小碎米含量(\%) + 大碎米含量(\%) \tag{2-24}$$

式中：m_1——小碎米质量，g；

m_2——大碎米质量，g；

m——试样质量，g。

小碎米、大碎米含量的双试验结果允许差不超过 0.5%，求其平均数，即为检验结果。检验结果取小数点后一位。碎米总量计算结果取小数点后一位。

2. 碎米分离机法（适用于大碎米检验）

（1）仪器和用具

碎米分离机：碎米分离机分离碎米的工作原理是靠转筒内表面上密布的许多孔穴来完成的。孔穴的尺寸可供米粒存留于孔中，而不同长度的米粒的存留条件则与孔穴所处的位置及孔的大小和转速有关。当孔穴处在转筒的下部附近时，碎米和碎米的重心铅垂线都在孔内，碎米能留于孔隙内，但整米部分突出在孔的外面。如果转筒转移到一定角度时，整米的重心铅垂线先移出孔穴之外，当重心的重力距能克服孔壁对它的摩擦时，它就从孔中落出来。短粒米（碎米）能被孔穴带到较高的位置才在重力作用下落出来（还与孔的大小有关），这时加上碎米的运动惯性和调节分离槽接料口的适当位置，就能将一定长度范围内的短粒米分离出来。其他仪器如同筛选法。

（2）操作方法

将检验小碎米后留存于 2.0mm 圆孔筛上的米粒倒入分离机的盛样斗中。试样较均匀地分布于盛样斗中，根据试样的粒度（主要是长度）选择转筒（1 号，适用于整米平均长度 4.8～5.2mm；2 号，适用于整米平均长度 5.4～6.0mm），套在仪器的旋转机头上，顺时针方向转动调节把手，使样品全部落入转筒内，同向转动盛样槽调节到最合适角度（槽口平面夹角 10°～20°），再依次按自控、启动电钮，机器按规定转速旋转，2min 后自动停机（特殊情况可按手控电钮，时间由操作者掌握），卸下转筒，倒出转筒内整米于分析盘中，拣出碎米中整米［大于整米 2/3（含 2/3）的米粒］，然后将碎米称重。

计算方法同筛选法。

第七节　带壳油料纯仁率的检验

净果（籽）脱壳后的籽仁质量（其中不完善粒折半计算）占试样质量的百分率，称为纯仁率。纯仁率是花生果、茶籽、桐籽、葵花籽、棉籽等带壳油料的定等基础项目。

1. 仪器和用具

① 感量 0.1g 天平。

② 分析盘、镊子、表面皿等。

2. 试样用量

净试样（除去杂质和果外仁）：花生果、茶籽、桐籽为 200g，葵花籽、棉籽为 20g。

3. 剥壳

花生果用手剥壳，茶籽、桐籽敲破外壳后剥壳，葵花籽用镊子夹压剥壳或用手剥壳，棉籽用剪刀和镊子剥壳。剥壳时不要损失籽仁。

4. 操作方法

按规定用量称取试样（m），剥壳后，除去无使用价值的籽仁，称取籽仁总质量（m_1），再按规定拣出不完善粒，称重（m_2）。

5. 结果计算

出仁总量和纯仁率按公式（2-25）和公式（2-26）计算

$$出仁总量(\%) = \frac{m_1}{m} \times 100 \tag{2-25}$$

$$纯仁率(\%) = \frac{m_1 - m_2 \div 2}{m} \times 100 \tag{2-26}$$

式中：m_1——籽仁总质量，g；

　　　m_2——不完善粒质量，g；

　　　m——净试样质量，g。

双试验结果允许差不超过 1.0%，求其平均数，即为检验结果。检验结果取小数点后一位。

第八节　容重的测定

一、概述

单位容积粮食、油料籽粒的质量称为容重，单位用 g/L 表示。

容重的大小是粮食籽粒大小、形状、整齐度、质量、腹沟深浅、胚乳质地等质量的综合标志。一般说来，粮食籽粒成熟饱满，结构紧密，籽粒短，水分小者容重大；而籽粒结构疏松，不饱满，粒形长，水分大者，容重小。因此，测定粮食容重，可以判断粮食品质的优劣。在我国，许多粮食，如小麦、高粱、粟、稷、米、大麦、莜麦、荞麦等的现行质量标准中以容重作为定等基础项目。

容重是玉米的定等指标，从 1999 年开始执行，以前玉米是用"纯粮率"定等的。因为纯粮率反映的是玉米的清洁、完整程度，而不能反映玉米的成熟程度，也不能真实反映出玉米的内在质量。而玉米容重的大小反映了籽粒的成熟度、饱满度、籽粒均匀度。另外，以容重作为定等指标还考虑到方便进出口，便于与国际接轨，因为玉米生产大国美国、加拿大的玉米标准均采用容重定等。

玉米容重属于物理性状，与粒型、密度、硬度和水分含量等其他物理性状之间也有密切关系。籽粒形状是影响容重的重要因素，受遗传控制不同粒型玉米品种之间有差异，爆裂型＞硬粒型＞马齿型，即圆形籽粒的玉米容重要高于扁平形籽粒的。因为圆形籽粒测量时在容量筒内排列间隙要明显小于扁平形籽粒，同一体积内籽粒数目和质量较大，从而形成较高的容重。玉米籽粒的含水量越高，硬度越大，容重越低。

小麦出粉率与小麦诸物理性状，如容重、相对密度、千粒重、硬度等均存在着显著的关系，其中容重与出粉率之间存在着极显著的正相关。小麦容重能确切反映小麦加工出粉率，是计算理论出粉率的重要依据之一，即小麦容重越高，出粉率越高。我国各省、自治区、直辖市的地理环境、气候条件差异较大，小麦品种繁多，容重又受水分、杂质、籽粒成熟度、籽粒大小等因素的影响，并且在商品小麦收购过程中，有的容重高的小麦不一定比容重低的小麦出粉率高，这早已是众多小麦粉生产厂家和科研单位发现的情况。

根据实践经验，影响小麦容重的因素是多种多样的，如小麦饱满程度、水分、粒形、小麦粒表面是否光滑、小麦腹沟深浅、瘪粒多少等。

1. 水分的影响

容重与水分含量有关。小麦水分含量越大，结构越疏松。一般来说，小麦水分为 10%～20%，容重随水分含量的增加而减小；而玉米则相反，容重随水分含量的增加而增大。

2. 杂质的影响

由于粮食中含有杂质的类型不同，对容重的影响也不一样。一般轻型的有机杂质含量多时，会使容重变小；而无机杂质含量高则会使容重变大。因此，在测定容重时，规定除去大杂和规定筛层的筛下物。但是，在筛理过程中往往黏附在小麦籽粒腹沟中及表面的细灰杂难以除尽。由于中、小杂质等因素的影响，使测定的容重往往偏高。

3. 未熟粒的影响

未熟粒在小麦质量标准中未列入不完善粒检验中，主要是未熟粒含量对容重有明显的影响，未熟粒含量与容重呈负的线性关系。有实验表明，未熟粒含量每增高 1.0%，容重降低 1.7～1.8g/L。而且由于未熟粒的影响，使容重每相差 10g，出粉率相差 0.8%～0.9%。因此，未熟粒含量越高容重越低。

4. 比重的影响

为了清楚地说明小麦容重与密度之间的关系，将小麦样品按等级汇总如表 2-9 所示。

表 2-9　比重对容重的影响

等级	容重范围/(g/L)	样品份数	平均容重/(g/L)	空隙度	平均比重
1	810 以上	5	816	388	1.335
2	790～798	7	800	400	1.335
3	770～789	15	783	405	1.317
4	750～769	11	760	414	1.298
5	730～749	6	746	424	1.296
6	710～729	5	721	438	1.283

（陶英纯，1980）

从表 2-9 可以看出，比重大，空隙度小，则容重就高，容重的大小是由比重和空隙度决定的。

5. 籽粒形状、大小及千粒重的影响

（1）粒形对容重的影响（表 2-10）

表 2-10　粒形对容重的影响

长宽比分类	样品分数	容重/(g/L)	平均长宽比	空隙度
2.2 以上	5	732	2.288	432
2.1～2.2	6	753	2.118	427

续表

长宽比分类	样品分数	容重/(g/L)	平均长宽比	空隙度
2.01~2.09	6	775	2.057	411
1.9~2.00	20	785	1.972	406
1.7~1.89	12	781	1.834	406

（陶英纯，1980）

从表 2-10 中可以清楚看出，粒型越长（即长宽比越大），空隙度越大，且长宽比在 2.0 以上时，空隙度增大的幅度也越大。

由于粒型长短对空隙度的影响，从而造成容重的变化。粒型越短（即圆粒），空隙度越小，反之则越大。在小麦品种一样的情况下，粒型长短是造成空隙度大小的主要原因。

（2）籽粒大小及千粒重对容重有明显影响

$$指标\ I' = \frac{籽粒质量(mg)}{籽粒长度(mm)} \tag{2-27}$$

小麦籽粒质量按 GB 5529—85 测千粒重，从而得到籽粒质量，以 mg 计；小麦籽粒的长度测量，随机数出 50 粒小麦，用千分卡尺测量每粒小麦的长度，求其平均值，精确到 0.01mm。

用指标 I' 作为辅助指标，与容重一起，能较好地预测小麦出粉率，用于小麦定等。如用容重和指标 I' 对出粉率进行二元回归，回归方程如下（$n=151$）：

$$出粉率(Y) = 17.546 + 0.050 \times 容重(g/L) + 1.159 \times 指标\ I'(mg/mm)(\%)$$

$$Y = 0.361$$

指标 I' 既反映了小麦籽粒的质量，又反映了小麦籽粒的形状，指标 I' 越大，小麦籽粒越饱满（籽粒质量大），且麦粒表面积越小，也为上述实验结果所证实。表 2-11 列出了各类型不同等级小麦综合指标 I' 的关系；表 2-12 列出了小麦定等与综合指标 I' 的关系。

表 2-11　各类型不同等级小麦综合指标 I' 的均值及范围

类型	等级					
	一	二	三	四	五	总计
北冬	6.9 (17)	6.2 (22)	6.2 (32)	5.7 (9)	5.4 (6)	6.2 (76)
	6.3~7.5	5.0~7.5	5.2~7.4	5.3~6.6	4.6~5.8	4.6~7.5
南冬	6.1 (22)	5.8 (14)	5.8 (7)	6.2 (1)	4.4 (1)	6.0 (45)
	5.0~8.1	4.8~6.5	5.3~6.7	—	—	4.4~8.1
春麦	5.7 (18)	4.4 (4)	5.2 (4)	3.9 (3)	4.6 (1)	5.2 (30)
	4.2~7.6	2.8~5.5	4.8~6.0	3.3~4.4		2.8~7.6

表 2-12　小麦定等调整表

等级	北方冬麦		南方冬麦、春麦	
	容重≥/(g/L)	指标I′/(mg/mm)	容重≥/(g/L)	指标I′/(mg/mm)
一	790	<6.0 降一等	770	<5.5 降一等
二	770	≥7.0 升一等	750	≥6.5 升一等
		<5.5 降一等		<5.0 降一等
三	750	≥6.5 升一等	730	≥6.0 升一等
		<5.0 降一等		<4.5 降一等
四	730	≥6.0 升一等	710	≥5.5 升一等
		<4.5 降一等		<4.0 降一等
五	710	≥5.5 升一等	690	≥5.0 升一等
		<4.0 降一等		<3.5 降一等

二、测定方法

1. 仪器和用具

① 感量 0.1g 天平。

② 谷物选筛。

不同粮种选用的筛层规定如下：

小麦　上层筛直径 4.5mm，下层筛直径 1.5mm；

高粱　上层筛直径 4.0mm，下层筛直径 2.0mm；

谷子　上层筛直径 3.5mm，下层筛直径 1.2mm。

③ HGT01000 型容重器

HGT01000 型容重器是增设专用底板的 61-71 型容重器。其主要构造由谷物筒、中间筒、容量筒（1L）、排气砣、插片、衡器（小标尺刻度 0～100g，大标尺刻度 0～900g，大、小游锤）、立柱、横梁支架、木箱、专用铁板底座等部件组成（图 2-5）。

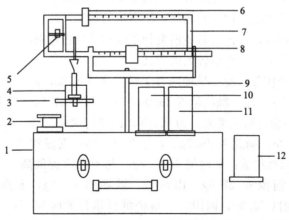

图 2-5　HGT-1000 型容重器

1-收装箱；2-排气锤；3-插片；4-容量筒；5-平衡锤；6-小游锤；7-标尺；8-大游锤；9-立柱；

10-小颗粒谷物筒；11-大颗粒谷物筒；12-中间筒

2. 试样制备

从平均样品中分取试样约 1000g,依规定的筛层分次进行筛选,取下层筛和上层筛筛上物,拣出空壳和比粮粒大的杂质后混匀作为测定容重的试样。

3. 容重器安装和容重测定

① 打开箱盖,取出所有部件,盖好箱盖。

② 在箱盖的插座上安装立柱,将横梁支架安装在立柱上,并用螺丝固定,再将不等臂式双梁安装在支架上。

③ 将放有排气砣的容量筒挂在吊环上,将大、小游锤移至零点处,检查空载时的零点,如不平衡,则转动平衡锤调整至平衡。

④ 取下容量筒,倒出排气砣,将容量筒安装在铁板底座上,插上插片,放上排气砣,套上中间筒。

⑤ 将制备的试样倒入谷物筒中,装满刮平,再将谷物筒套在中间筒上,打开漏斗开关,待试样全部落入中间筒后关闭漏斗开关,握住谷物筒与中间筒接合处,平稳地抽出插片,使试样与排气砣一同落入容量筒中,再将插片准确地插入豁口槽中,依次取下谷物筒,拿起中间筒和容量筒,倒净插片上多余的试样,抽出插片,将容量筒挂在吊环上称重。

⑥ 试验完毕,清理容器,然后将各部件依次放入箱内。

双试验结果允许差不超过 3g/L,求其平均数,即为测定结果。

第九节　千粒重、角质率的测定

一、千粒重的测定

千粒重作为鉴定粮食和油料籽粒(种子)大小、饱满程度的重要标志之一,一般来说,籽粒越大越饱满,其千粒重越大。在大小相同的籽粒中,千粒重越大,说明籽粒营养成分也越充足,相对的皮层含量越低,使用价值越高。此外,在农业生产上根据千粒重可算出每亩的播种量,这样可避免浪费种子或田间作物稀密不匀的现象。因此,籽粒千粒重的测定在实际应用中有着较大的意义。

我国主要粮食千粒重情况:早籼稻谷千粒重平均值 25.1g;中籼稻谷 26.6g;晚籼稻谷 22.4g;粳稻谷 24.7g;籼糯稻谷 26.0g;粳糯稻谷 24.8g。小麦千粒重:平均值为 35.9g,其中宁夏回族自治区最高,为 41.9g,四川省次之,39.2g,以下依次为山东省 38.7g,陕西省 38.2g,湖北省 36.7g,江苏省 34.5g,安徽省 34.0g,黑龙江省最低,为 29.9g。商品玉米百粒重:平均值为 27.2g,其中山西省最高,为 30.7g,以下依次为辽宁省 29.8g,河南省 27.6g,山东省、陕西省 27.4g,云南省 26.6g,吉林省 26.5g,内蒙古自治区 26.3g,四川省、新疆维吾尔自治区 25.1g,黑龙江省最低,为 23.6g。商品大豆百粒重:3 年平均值为 16.4g,其中辽宁省最高,为 19.9g,以下依次为内蒙古自治区 18.9g,黑龙江省、吉林省 18.5g,山西省 16.0g,江苏省、江西省 14.2g,山东省 13.9g,河南省 13.4g,河北省 13.1g,贵州省 13.0g,安徽省 12.7g,

四川省最低，为 11.4g。

1. 原理

对试样中完整粒计数并称重。用粒数去除完整粒的质量，以相应于 1000 粒的质量表示结果。

2. 仪器和用具

① 感量 0.01g 天平。

② 谷粒计数器（如果没有合适的计数器，也可用手工操作）。

③ 分析盘、镊子等。

3. 操作方法

(1) 自然水分千粒重的测定

样品除去杂质后，用分样器或四分法分样，将试样分至大约 500 粒，挑出完整粒，数其粒数，准确称量，折算成 1000 粒的质量。

(2) 干基千粒重的测定

按 GB 5497—85《粮食、油料检验、水分测定法》测定试样水分含量，同时按上述方法测定千粒重。

每份试样要进行两次测定。

4. 结果计算

① 自然水分千粒重按公式（2-28）计算

$$千粒重 = \frac{m_0}{N} \times 1000 \qquad (2\text{-}28)$$

式中：m_0——试样质量，g；

　　　N——试样粒数。

② 干基试样千粒重按公式（2-29）计算

$$干基千粒重 = \frac{千粒重 \times (100 - M)}{100} \qquad (2\text{-}29)$$

式中：M——试样水分含量，%。

③ 如果平行测定结果符合允许差要求时，以其算术平均值作为结果，否则，需重新取样测定，其结果以 g 为单位表示千粒重。

千粒重低于 10g 的，小数点后保留两位数；千粒重等于或大于 10g 但不超过 100g 的，小数点后保留一位数；千粒重大于 100g 的，取整数。

④ 允许差即同时或连续进行的两次测定结果之差，对于千粒重大于 25g 的，应不超过 6%，对其他千粒重应不超过 10%。

5. 注意事项

农作物种子检验规程（GB 3543—83）中"4.7 种子千粒重检验"，样品是用经检验后的好种子均匀混合，随机数取两份试样，大粒种子数 500 粒，中、小粒种子数 1000 粒，然后称重。

二、角质率的测定

大米籽粒透明部分称角质或玻璃质，其占整体部分的百分率称为角质率。角质率是商品外观的重要指标。角质率高的稻米，经加工后有着非常好的光泽，透明度好，外观也比较好看。角质率与大米的蒸煮品质（或称食用品质）有较密切的关系。角质率高的大米，米饭质地柔软，蒸煮品质较好。角质率是鉴别品种特性的依据之一，也是稻米品质鉴定的一个重要项目。

1. 仪器和用具

谷物透视器，镊子，刀片等。

2. 操作方法

在测定出糙米率后的糙米（或大米）中，随机取出整米 100 粒，置于谷物透视器上观察米粒角质（透明）部分占糙米体积的比例，逐粒观察，必要时可用刀片切断米粒帮助判断，也可将糙米碾成白米，再随机拣出整米 100 粒，逐粒直接观察。

角质部分占整米的比例按以下 5 类分别归属计算粒数：①整米全部为角质，其粒数为 A；②角质部分占整米粒的 3/4～1，其粒数为 B；③角质部分占整米粒的 1/2～3/4，其粒数为 C；④角质部分占整米粒的 1/4～1/2，其粒数为 D；⑤角质部分占整米粒的比例小于 1/4，其粒数为 E。

3. 计算结果

角质率按公式（2-30）计算

$$角质率(\%) = 1 \times A + 0.875 \times B + 0.625 \times C + 0.375 \times D + 0.125 \times E$$

$$(2-30)$$

双试验结果允许差不超过 3%，求其平均数，即为测定结果，结果取整数。

第十节　小麦粉加工精度检验

一、粉色麸星概念

小麦粉加工精度的标志是粉色麸星，它是小麦粉的定等基础项目。粉色是指面粉颜色的深浅，麸星是指面粉中所含麸皮的程度。粉色麸星是将待测样品和国家制定的标准样品经过一定的处理，然后对照比较测定，判断样品的精度等级。

小麦粉的粉色主要取决于麸星的含量，麸星含量少，粉色较白，加工精度高，出粉率低；反之，麸星含量多，则粉色加深，加工精度低，出粉率高。此外，小麦粉的粉色与小麦性质有关。通常软质小麦的粉色比硬质小麦粉的粉色稍淡，红皮小麦粉的粉色较白皮小麦粉的粉色深。

二、测定方法

小麦粉加工精度的检测中，特制一等、特制二等和标准粉的加工精度以国家制定的标准样品为准。普通粉的加工精度标准样品由省、自治区、直辖市制定。

小麦粉加工精度检测方法有干法、湿法、湿烫法、干烫法、蒸馒头法 5 种（GB 5504—85），仲裁时以湿烫法对比粉色、干烫法对比麸星。制定标准样品时除按仲裁法外，也可以用蒸馒头法对比粉色麸星。

1. 试剂

酵母液：称取 5g 鲜酵母或 2g 干酵母，加入 100mL 温水（35℃左右），搅拌均匀备用。

2. 仪器和用具

5cm×30cm 搭粉板；粉刀；感量 0.1g 天平；电炉；100mL 烧杯；铝制蒸锅、白瓷碗、玻璃棒等。

3. 操作方法

（1）干法

用洁净粉刀取少量标准样品置于搭粉板上，用粉刀压平，将右边切齐，再取少量试样置于标准样品右侧压平，将左边切齐，用粉刀将试样慢慢向左移动，使试样与标样相连接。再用粉刀把两个粉样紧紧压平（标样与试样不得互混），打成上厚下薄的坡度（上厚约 6mm，下与粉板拉平），切齐各边，刮去标准左上角，对比粉色麸星。

（2）湿法

将干法检验过的粉样连同搭粉板缓缓倾斜插入水中，直至不起气泡为止，取出搭粉板，待粉样表面微干时，对比粉色麸星。

（3）湿烫法

将湿法检验过的粉样，连同搭粉板缓缓倾斜插入加热的沸水中，约经 1min 取出，用粉刀轻轻刮去粉样表面受烫浮起部分，对比粉色麸星。

（4）干烫法

先按干法打好粉板，然后连同搭粉板倾斜插入加热的沸水中，约经 1min 取出，用粉刀轻轻刮去粉样表面受烫浮起部分，对比粉色麸星。

（5）蒸馒头法

标样与试样分别按相同操作做馒头。

第一次发酵：称取试样 30g 置于白瓷碗中，加入 15mL 酵母液和成面团，并揉至无干面、光滑后为止，白瓷碗上盖一块湿布，放在 38℃左右的保温箱内发酵至面团内部略呈蜂窝状即可（约 30min）。

第二次发酵：将已发酵的面团用少许干面揉和至软硬适度后，做成馒头形放入白瓷碗中。用干布盖上，置 38℃左右的保温箱内醒发约 20min，取出放入沸水蒸锅内蒸 15min，取出，对比粉色麸星。

4. 检验结果表示方法

粉色：同于标样，暗于标样或甚暗于标样。

麸量：同于标样，次于标样或好于标样。

在测定粉色麸星时应注意下列几点。

① 影响粉色麸星的因素很多，粉色受小麦品种、皮色、粒质、含杂、加工工艺以及面粉储藏时间等因素的影响。

② 小麦粉的粉色有白色、浅乳脂色、乳脂色、微黄色等，一般来说，软麦比硬麦的粉色稍浅，白麦比红麦粉色较浅。粉色除与小麦品种有关外，同一品种小麦的粉色则取决于粉中麸星的含量，麸星含量低，粉色较白；麸星含量高，粉色必然较深，但是粉色深的，其麸星含量不一定高。麦粉中麸星含量的多少取决于加工精度，加工精度高，麸星含量低，粉色较白；加工精度低，麸星含量高，粉色较深。

③ 注意粉刀、粉板洁净。

④ 打粉样时，粉刀用力要均匀，应压紧。

⑤ 观察时光线要均匀一致，在散射光下观察比较。

第十一节　粉类粗细度的测定

一、概述

粉类粮食粗细度是指按规定的筛层、规定的操作方法进行筛理，留存在规定筛层上的筛上物占试样质量的百分率。小麦粉的粗细度随加工精度的不同而异，一般来说，加工粉路长，精度高，粉粒细；加工粉路短，精度低，粉粒粗。因此，准确测定小麦粉的粗细度对于评定其加工工艺质量和食用品质有着十分重要的作用。

粉类的粗细度反映了粉类粮食的加工精度。例如，小麦粉由于麸皮在加工中难以磨碎，所以通常对高级粉的细度要求高，以减小麸皮的含量；反之，对低级粉的细度要求低，其中混入的麸皮就多。因此，粗细度的高低在评价粉类粮食品质时是一项重要的指标。小麦粉粗细度如果不符合标准，但不低于下一个等级的，降为该等的副号粉，扣价 5%。

各等级的粗细度都采用规定筛号的筛绢筛分，即 CB、CQ 筛绢，其规格有 CB30、CB36、CB42、CQ20、CQ27 5 个筛型。型号中的符号 C 代表筛绢质量是蚕丝，B 代表编织状况是半绞织，Q 代表编织状况是全绞织，数字代表每厘米有多少孔，新旧型号筛绢规格见表 2-13。

表 2-13　新旧型号筛绢规格比较

新型号	孔宽/mm	旧型号	孔宽/mm	新比旧±/mm
CB30	0.198	7XX	0.193	+0.005
CB36	0.160	9XX	0.156	+0.004

续表

新型号	孔宽/mm	旧型号	孔宽/mm	新比旧±/mm
CB42	0.137	10XX	0.137	0
CQ20	0.336	54GG	0.331	+0.005
CQ27	0.242	70GG	0.246	−0.004

各等级小麦粉和专用粉的粗细度规格见表 2-14 和表 2-15。

表 2-14　等级粉粗细度规格

等级粉	粗细度			
	CQ20 筛孔宽 0.336mm	CB30 筛孔宽 0.198mm	CB36 筛孔宽 0.160mm	CB42 筛孔宽 0.137mm
特制一等			全部通过	筛上物≤10.0%
特制二等		全部通过	筛上物≤10.0%	
标准粉	全部通过	筛上物≤10.0%		
普通粉	全部通过			

表 2-15　专用粉粗细度规格

等级粉	粗细度		
	CB30 筛孔宽 0.198mm	CB36 筛孔宽 0.160mm	CB42 筛孔宽 0.137mm
一等高筋粉		全部通过	筛上物≤10.0%
二等高筋粉	全部通过	筛上物≤10.0%	
一等低筋粉		全部通过	筛上物≤10.0%
二等低筋粉	全部通过	筛上物≤10.0%	

二、测定方法

小麦粉粗细度的测定依据 GB5507—85。淀粉细度的测定原理与小麦粉相同，所用的筛层规格为 100 号（GB 12096—89）。

1. 原理

一定量试样在规定筛绢上筛理，颗粒大小不同的粉通过筛绢或留存在筛绢上，称取筛上物的质量，计算其占试样质量的百分率。

2. 仪器和用具

① 电动粉筛：粉筛正方形，内径 23.3cm，高 4.8cm，转速 200r/min。

② 直径 5mm 橡皮球；感量 0.1g 天平；表面皿；取样铲、毛笔、毛刷等。

3. 操作方法

按质量标准中规定的筛层，每层筛内放 5 个橡皮球，从平均样品中称取试样 50g（m），放入上层筛中，然后按大孔筛在上、小孔筛在下、最下层是筛底、最上层是筛盖的顺序安装，拧动蝶形螺丝，压紧各层筛，开动电动机，连续筛动 10min，关闭电动机，拧开蝶形螺丝，取出各层筛，将各层筛倾斜，转折筛框并用毛笔把筛上粉集中到一角，倒入已知质量的表面皿中，称重（m_1，小于 0.1g 时不计重）。

4. 结果计算

粉类粮食粗细度按公式（2-31）计算

$$留存物(\%) = \frac{m_1}{m} \times 100 \qquad (2\text{-}31)$$

式中：m_1——筛上留存粉质量，g；

　　　m——试样质量，g

双试验结果允许差不超过 0.5%，求其平均数，即为测定结果。测定结果取小数点后一位。

第十二节　面筋的测定

一、概述

1. 面筋的组成和性质

小麦粉和水揉搓形成面团，再将面团在水中揉洗，则面团中的淀粉和麸皮等固体物质渐渐脱离面团，悬浮于水中，另一部分可溶性物质溶于水中，最后剩下一块具有弹性、延展性和黏性的物体，就是面筋。

根据化学分析，面筋是一种复杂的蛋白质复合物，其中还含有少量的非蛋白质的物质。湿面筋中含有约 2/3 的水和 1/3 由蛋白质组成的干物质。干面筋中平均含有麦胶蛋白 43.02%、麦谷蛋白 39.10%、其他蛋白质 4.41%、糖类 10%～13%、脂类 2%～8% 和灰分 0.2%～2%。由化学分析可以看出，其主要成分是麦胶蛋白和麦谷蛋白，约各占 40%，两者合并又叫谷胶蛋白。小麦粉和水揉团之所以能形成面筋，就是由于麦胶蛋白和麦谷蛋白体系不溶于水，但吸水力很强，这两种蛋白质迅速吸水膨胀，分子相互连接，并且由于面团在揉和过程中空气也不断地进入面团，产生各种氧化作用，其中最为重要的便是氧化蛋白质内的硫和氢成为分子间的二硫键，形成三维空间的网络状凝胶物质。

$$\begin{array}{ccc}
\mathrm{-C-C-C-C-C-} & & \mathrm{-C-C-C-C-C-} \\
\quad\quad\; | & & \quad\quad\; | \\
\quad\quad\; \mathrm{SH} & \xrightarrow{\text{氧化}} & \quad\quad\; \mathrm{S} \\
\mathrm{-C-C-C-C-C-} & & \quad\quad\; | \\
\quad\quad\; | & & \quad\quad\; \mathrm{S} \\
\quad\quad\; \mathrm{SH} & & \mathrm{-C-C-C-C-C-}
\end{array}$$

网络中包藏着大量水分，这就是"湿面筋"。由于湿面筋具有弹性、延伸性等重要物理性质，因此当面团在发酵过程中产生的二氧化碳气体可为面筋所保持，形成无数的气室，从而使面团膨胀，经蒸制或烘烤、淀粉糊化，将气体保存于气室内，从而得到疏松、柔软可口、富有弹性的馒头和面包。

麦胶蛋白或麦谷蛋白单独存在时都不具有面筋的这种特殊物理性质。小麦在整个成熟期都没有游离状态的麦胶蛋白和麦谷蛋白，小麦籽粒中存在的是麦胶蛋白和麦谷蛋白的复合物，两者只有以一定形式结合时才具有面筋的特性。单独由麦胶蛋白或麦谷蛋白调制的人工合成小麦粉（即由小麦淀粉加上上述蛋白质），并没有表现出正常的面团揉和特性。仅有麦胶蛋白存在时，无面团醒发阶段，制得产物是一种有极大塑性但无弹性的胶黏性物质；当仅有麦谷蛋白存在时，掺水的小麦粉不能醒发，至少在正常的揉和条件下仍然像一种不能伸展的物质。小麦淀粉加上数量相等但其中麦胶蛋白和麦谷蛋白比例不同的蛋白质制成的混合粉，用面团粉质仪测定其各自面团醒发时间所得的测量结果见表 2-16。

表 2-16　按不同麦胶蛋白/麦谷蛋白调制的（淀粉面筋）混合粉的粉质仪峰值醒发时间

麦胶蛋白含量/%	揉和时间/min
100	0.5
70	2.7
45	4.3
40	5.4
30	8.6
20	12.3
10	720.0

注：面筋样品用 0.01mol/L 乙酸抽提，所得的抽提物（麦胶蛋白）和残渣（麦谷蛋白）均冷冻干燥，制备成在混合配比中所用的样品。

从表 2-16 所列结果可以看出，醒发时间的长短主要由麦谷蛋白的数量来决定。麦谷蛋白是高分子蛋白，其多肽链间有二硫键连接，加上许多次级键共同作用，容易产生共价力的聚合作用，形成强有力的聚集状态，它不但起着骨架作用，而且还由于部分剩余蛋白质碎片起了倒向黏结作用，可以抵抗骨架的歪扭并带有一定弹性；至于分子质量较低的麦胶蛋白，具有紧密的三维结构，在面筋的形成中，它只能形成不太牢固的聚合体，从而为面团提供了流动的容易性与延展性。因此，面筋的黏弹性、延伸性是由麦胶蛋白和麦谷蛋白共同赋予的，面筋的性质与麦蛋白组成、麦谷蛋白/麦胶蛋白的数值有关。

2. 面筋含量与食用品质的关系

小麦粉之所以能加工出丰富多彩、品种繁多的食品，就是由于它具有其他禾谷类作物所不具有的独特物质——面筋。因此，评价小麦及其加工制品小麦粉的品质，就要对面筋的含量进行测定和对各等级小麦粉面筋含量提出要求。

我国等级小麦粉质量标准中对各等级小麦粉的面筋含量规定见表 2-17。

表 2-17　各等级小麦粉的面筋含量

	特制一等	特制二等	标准粉	普通粉
湿面筋含量/%	≥26.0	≥25.0	≥24.0	≥22.0

小麦粉可以制成多种食品，如面条、馒头、油条、糕点、饼干及面包等。但是，不同的小麦粉制品对于小麦粉中面筋的含量和质量有着不同的要求。例如，制作面包，要求小麦粉面筋含量高，筋力强。图2-6示出的三只面包，是用同一数量的小麦粉在同一条件下烘烤的，但是其中湿面筋的含量不一。由图2-6可以看出，三只面包之间由于湿面筋含量不同，其体积、状态、形状不同，内部组织也有显著的差异。

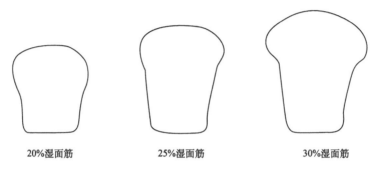

20%湿面筋　　　　　　　25%湿面筋　　　　　　　30%湿面筋

图2-6　不同湿面筋含量烘烤产品对照示意图

但是，制作饼干则要求小麦面筋含量低，筋力弱。若制作苏打饼干或起酥饼干，则要求小麦粉面筋含量高、筋力强；制作面条则要求小麦粉面筋含量中等，筋力中上。由于面筋含量决定着制品的品质，在面团形成过程中起着非常重要的作用，国际上根据湿面筋含量，将小麦粉分为以下4等：高筋粉＞30％，中筋粉26％～30％，中下筋粉20％～25％，低筋粉＜20％。也有根据干面筋含量将小麦粉分为以下3等：高筋粉＞13％，中筋粉10％～13％，低筋粉＜10％。

国内、外根据小麦粉的面筋含量划分制作各种制品的专用粉。例如，我国专用粉中的高筋粉（湿面筋含量≥30.0％）是用于生产面包等高筋食品的小麦粉；生产饼干、糕点等低面筋含量的低筋粉，其湿面筋含量＜24.0％；馒头专用粉湿面筋含量一等≥26.0％，二等≥24.0％；面条专用粉湿面筋含量要求一等≥28.0％，二等≥26.0％。瑞士制通心粉用小麦粉是湿面筋含量为40.0％～42.0％的特别强力粉，而制作点心和饼干用粉是湿面筋含量25％以下的弱力粉。又如日本，湿面筋含量36％～38％的筋力最强的强力粉，用于制作主食面包；湿面筋含量34％～36％的筋力强的准强力粉，用于制作点心面包；湿面筋含量28％～32％的筋力较软的中力粉，用于制作面条、豆馅馒头；湿面筋含量25％以下的筋力弱的薄力粉用于制作饼干、糕点和蛋糕。

3. 干、湿面筋含量与蛋白质含量的关系

小麦及小麦粉中蛋白质含量与干、湿面筋含量之间存在明显的相关性。据周卫等（1985）报道，对我国1982～1984年11个省、自治区、直辖市商品小麦品质的测报结果表明，蛋白质含量与干、湿面筋含量之间存在明显的相关性。蛋白质与干面筋的相关系数$r=0.844$～0.934，蛋白质与湿面筋的相关系数$r=0.754$～0.918，$n=2523$。瑞典种子联合会测试，蛋白质与湿面筋相关系数$r=0.983$，$n=40$。

根据面筋含量可以定量地计算出小麦蛋白质含量，其公式如下：

$$蛋白质=1.31×干面筋\%+2.26（\%）$$

$$蛋白质＝0.407×湿面筋\%＋3.45（\%）$$

由于测定面筋含量操作简便、快速，尤其对于暂时缺乏分析化验条件的基层单位，通过测定面筋含量换算出蛋白质含量具有实际意义。

二、湿面筋测定方法

1. 原理

小麦粉样品先用氯化钠缓冲溶液制成面团，再用氯化钠缓冲液洗涤并分离出面团中淀粉、糖、纤维素及可溶性蛋白等，再除去多余的洗涤液，称量排除多余水后胶状物质的质量，即可测得湿面筋的含量。

2. 手洗法

（1）试剂

① 氯化钠缓冲溶液（pH5.9～6.2）：称取 200g 氯化钠溶于水中，加 7.54g 磷酸二氢钾（KH_2PO_4）和 2.46g 磷酸氢二钠（$Na_2HPO_4 \cdot 2H_2O$），用水稀释至 10L。

② 碘-碘化钾溶液：称取 0.1g 碘和 1.0g 碘化钾，用少量水溶解后再加水至 250mL。

（2）仪器和用具

感量为 0.01g 天平；搪瓷碗；10mL 或 20mL 量筒；脸盆或大玻璃缸；CQ20 筛；离心排水机，带对称筛板，转速 3000r/min，转 2min 自停，或转速 6000r/min，转 1min 自停；挤压板（面筋脱水用）9cm×16cm，厚 3～5mm，周围贴 0.3～0.4mm 胶布（纸）共两块；秒表；毛玻璃板；玻璃棒、牛角匙、金属镊子；带下口的玻璃瓶（盛氯化钠缓冲溶液）5L。

（3）操作方法

1）制备面团

称取小麦粉样品 10g（准确至 0.01g）于搪瓷碗中，加入 4.6～5.2mL 氯化钠缓冲液，用玻璃棒和成面团球，将面团球放到毛玻璃板上，用手将面团滚成 7～8cm 长条，叠拢，再滚成长条，重复 5 次。

2）洗涤

将面团放在手中，从盛氯化钠缓冲溶液的容器中放出氯化钠缓冲溶液滴入面团，以每分钟 50mL 流量，洗涤 8min，洗涤过程中不断用另一只手的手指压挤面团，反复压平，卷叠滚团。洗涤时为防止面团及碎面筋损失，操作应在 CQ20 筛上进行，用氯化钠缓冲溶液洗涤后，再用自来水揉洗 2min 以上（测定全麦粉面筋需适当延长时间），至面筋挤出液用碘液检验呈微蓝色时，洗涤即可结束。

3）排水

将洗出的面筋球分成两半，分别置于离心排水机的两个筛片上，离心脱去多余游离水。如果没有离心机，可用挤压板排水，将洗出的面筋置挤压板上，压上另一挤压板压挤面筋（约 5s），每压一次后取下，将挤压板擦干，再压挤，再擦干，重复压挤 15 次。

4）称重

用镊子取出离心排水机或挤压板上的湿面筋，称量湿面筋质量，精确至 0.01g。

3. 机洗法

（1）洗面筋机结构

洗面筋机由离心机、烘干机、盛放氯化钠缓冲溶液的 10L 容量塑料筒、用作收集洗涤水和淀粉等的 500mL 塑料杯、盛放小麦粉试样的不锈钢筛的面筋洗涤室（黄铜的用于全麦粉样品）等部分组成。主要参数如下：

搅拌头转速度	120r/min	洗涤液流量	50～54mL/min
洗涤小麦粉量	10g	筛网	CB33（33 孔/cm）

洗面筋机结构如图 2-7 所示。

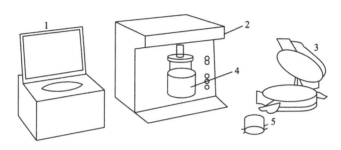

图 2-7　洗面筋机

1-离心机；2-洗面筋机；3-烘干机；4-500mL 塑料杯；5-不锈钢网筛

（2）洗面筋机的安装和调试

1）电源

洗面筋机、离心机和烘干机都用 220V 单相交流电源。

2）水源

用氯化钠缓冲溶液作为揉制面团、洗涤面团用水，将氯化钠缓冲溶液倒入 10L 塑料桶中。

3）安装

将洗面筋机后面伸出的塑料管通过塑料容器的口放入氯化钠缓冲溶液中与过滤器相接，将容器安放在洗面筋机后面的工作台上。

洗面筋机左边的蜡白色突出物是一固定体积的吸量器，它装在洗面筋机中，能够放出一定体积的混合用水并通过一排出口进入洗涤室内，所需体积可用专门旋钮转到需要的位置上，从而分别得到 4.6mL、4.9mL、5.2mL、5.5mL 混合用水。洗涤时，缓慢地拉出活塞到不能拉出为止，然后才能启动，用前必须用水溶液驱赶管中的空气，同时对所得水溶液体积进行校对。面筋制作完毕之后，如果不再制作，须用蒸馏水清洗管路，直至管路和仪器内部的盐分被清洗干净为止。

4）调整顺序控制装置

在洗面筋机的右侧底部有一个时间控制单元，包括面筋制作过程中面团混合和洗涤阶段的时间控制，共有 8 个开关。1～4 为面团混合阶段时间控制开关，5～8 为洗涤阶段时间控制开关。例如，推荐的标准值为：面团混合时间 20s，洗涤时间 5min。这时，把开关 2、6、8 扳到上面即可，表 2-18 表示出了面筋制作过程中面团混合和洗涤阶段的时间需扳动控制开关的号码。

表 2-18　面筋制作过程中面团混合和洗涤阶段的时间需扳动控制开关的号码

面团混合时间/s	开关号码	洗涤时间/min	开关号码
5	4	1	6
10	3	2	7
15	3+4	3	7+8
20	2	4	6
25	2+4	5	6+8
30	2+3	6	6+7
35	2+3+4	7	6+7+8
40	1	8	5
45	1+4	9	5+8
50	1+3	10	5+7
55	1+3+4	11	5+7+8
60	1+2	12	5+6
65	1+2+4	13	5+6+8
70	1+2+3	14	5+6+7
75	1+2+3+4	15	5+6+7+8

（3）操作方法

① 接通电源。

② 在启动洗面筋机之前，放水滴在混合头的有机玻璃体中间的孔内，以便水能够润滑轴。

③ 在面筋洗涤室和底筛之间小心地垫上筛网，将面筋洗涤室放入具有有机玻璃体和室内有管子的工作装置。用装有销钉的连接扣子扣紧，在洗涤室下面放一只空的 500mL 塑料杯。

④ 按下 "ON/OFF" 按钮，检查蓝色控制灯和绿色启动灯是否亮。

⑤ 按绿色启动灯，检查电机是否启动，电机启动则红灯亮；如果电机不能启动，立即关闭洗面筋机，启动开关至 "OFF"，用手转动轴，并再次试验。

⑥ 用少量氯化钠缓冲溶液润湿筛网，使它获得毛细管状水膜桥，以防面粉损失。

⑦ 称样和洗涤。称（10±0.1）g 小麦粉样品转移到洗涤室内，慢慢地抖动洗涤室，使粉样均匀地散开，将吸量管指针转移至所需位置，然后注入所需体积的氯化钠缓冲溶液（4.6～5.2mL）于洗涤室内。将洗涤室用销钉装在工作位置上，放几滴水于润滑轴与有机玻璃体之间，将 500mL 塑料杯放在工作位置下方。按下绿色启动按钮，两红灯亮，混合和洗涤自动进行，混合完成后顶端红灯灭，同时洗涤开始，仪器自动按 50～54mL/min 的流量用氯化钠缓冲溶液洗涤（5min）。洗涤结束，洗面筋机停止工作，绿灯亮（需用溶液 250～280mL），取下洗涤室，从中取出面筋，防止有面筋剩留在钩子

和有机玻璃体等地方。机洗面筋须再用手工自来水洗涤 2min 以上，洗涤后用碘液检查湿面筋的挤出水，呈微蓝色时，洗涤即可结束。

测定全麦粉湿面筋或面筋较差的小麦粉：称样（10±0.1）g 于搪瓷碗中，加入约4.5mL 氯化钠缓冲液，用手洗法制备面团，然后将面团球放入面筋洗涤室，启动仪器进行洗涤。

⑧ 排水。将面筋球分成两块，分别穿刺在离心机的两个筛片的尖销钉上，盖上离心机盖，接绿色启动按钮，离心机启动，转速为 3000r/min，2min 后自停；或转速6000r/min，1min 后自停。

当离心机工作时，黄色信号灯亮。"嘟、嘟"声表示操作程序已经完成。把面筋从离心机中取出来，保证没有面筋留在离心机中。

⑨ 称重。称重湿面筋质量，精确至 0.01g。

（4）结果计算

同手洗法。

（5）重复性

用同一试样进行两次测定，两次测定结果之差不应超过 1.0%。平均值即为测定结果，取小数点后一位数。

4. 结果计算

以每百克含水量为 14% 的小麦粉面筋含量表示。按公式（2-32）计算

$$湿面粉含量(\%) = \frac{m}{10} \times \frac{86}{(100 - m_1)} \times 100 \qquad (2\text{-}32)$$

式中：m——湿面筋质量，g；

　　　m_1——每百克小麦粉含水量，g；

　　　86——换算成 14% 基准水分试样的系数；

　　　10——试样质量，g。

双试验结果允许差不超过 1.0%，求其平均数，即为测定结果，测定结果取小数点后一位。

三、干面筋测定方法

1. 仪器和用具

ϕ9~11cm 滤纸；控温（130±2）℃电烘箱；干燥器；干燥剂一般使用 130~140℃干燥几小时的变色硅胶；感量 0.01g 天平；烘干机（面筋烘干专用设备）：内装有两块涂有聚四氟乙烯涂层的夹板，可控温（150±2）℃。

2. 操作方法

（1）滤纸法

将湿面筋放在已烘干称重（准确至 0.01g）的滤纸上，并摊成薄片状，然后放入（130±2）℃电烘箱内 30min，取出置干燥器内冷却至室温，称量干面筋和滤纸的总量，准确至 0.01g（干面筋质量＝总量－滤纸质量）。

（2）烘干机法

先将烘干机电源接通使其预热（10min），打开烘干机，将湿面筋球放在烘干机的夹板中间，关闭盖子，用强制夹钳住，烘干 4min，打开烘干机，取出干面筋置于干燥器中冷却至室温，称量，准确至 0.01g。

3. 结果计算

干面筋含量以每百克含水量为 14% 的小麦粉含有干面筋的克数表示，%。按公式（2-33）计算

$$干面筋(\%) = \frac{m_干}{10} \times \frac{86}{(100 - m)} \times 100 \tag{2-33}$$

式中：$m_干$——干面筋质量，g；

　　　m——每百克试样含水分数，g；

　　　86——换算成 14% 基准水分试样的系数；

　　　10——试样质量，g。

面筋吸水量以每百克湿面筋含有水分的克数表示，%。按公式（2-34）计算

$$面筋吸水量(\%) = \frac{m_湿 - m_干}{m_湿} \times 100 \tag{2-34}$$

式中：$m_湿$——湿面筋质量，g；

　　　$m_干$——干面筋质量，g。

双试验结果允许差不超过 0.5%，求其平均数，即为测定结果。测定结果取小数点后一位。

4. 注意事项

① 国家标准（GB/T 14607—93）规定将湿面筋摊在滤纸或表面皿上，摊成薄片烘干（105℃，2.5h 左右）；国际标准（ISO 6645—1981）规定将湿面筋球置金属盘或玻璃皿上在 130℃烘 2h，取出剪成 4 块再烘 3h；而美国 AACC 法规定将湿面筋球在 100℃烘 24h，但由于时间过长，不宜采用。现行方法是选用不同面筋含量的小麦粉试样 5 份，对 GB 5506—85 规定的两种方法及 ISO 方法进行了 100 多次测定比较得出的实验结果表明，3 种方法测定干面筋含量在 7.8%～14.1% 的小麦粉样品，测定结果十分一致。测定结果的差值大多小于或等于 0.5%。各种方法测定值的平均相对偏差均在 2.1% 左右。

② 关于烘干温度、时间选择。选用 5 份小麦粉样品进行不同烘干温度及时间的比较试验，结果表明：用 130℃烘干 30min 的结果与用 105℃烘干 2h 的结果十分一致，5 个样品测定结果差均小于 0.1%；130℃烘干 30min 后继续烘干 30～60min，测定结果差均未超过 0.1%。因此，在修订国标时将烘干温度、时间修改为 130℃，烘干 30min。

③ 滤纸法与烘干机法测定结果比较。洗面筋机附有专用烘干面筋的烘干机，烘干温度 150℃，烘干时间 4min，使用简便、快速，是未来发展的方向。

④ 关于结果表示。GB 5506—85 对干面筋含量的结果表示没有考虑到小麦粉试样水分的差异，因此，测定结果的可比性差。根据 ISO 7495（1990）规定，我国修订"干面筋测定"国标时，规定试样的基准水分为 14.0%。实际试样水分高于或低于

14.0%时，其测定结果换算为基准水分14.0%时的含量。

⑤ 方法精密度。干面筋测定误差主要取决于湿面筋的测定误差，以及湿面筋烘干、称量产生的误差。ISO规定双试验差为0.5%。选用10个小麦粉样品（干面筋含量6.5%～11.3%）由几个操作者对同一样品重复测定4～6次，测定结果表明：测定值间差值小于0.2%的占50%，最大差值为0.4%，最大相对偏差为6.1%，平均相对偏差都在1%左右，重复性比较好，全部符合ISO要求。用两种洗面筋方法分别对4个小麦粉干面筋进行测定，结果表明，测定值间差值小于0.2%的占77.8%，最大差值0.4%，最大相对偏差6.1%，平均相对偏差大多在1%左右，两种方法测定结果差值亦为0.4%，平均相对偏差为2.1%，重复性也较好。通过两个实验室验证，对同一样品测定结果差值大多小于0.4%。按照GB 6379—86"测定方法精密度"计算结果，干面筋含量在6.8%～11.3%重复性绝对差值为0.15%～0.43%，再现性绝对差为0.26%～1.21%。因此，GB 5506—85规定的干面筋双试验允许差为0.2%过于严格，修订标准确定干面筋测定双试验允许差为0.5%，符合ISO 6645—1981的规定。

第十三节　粉类含砂量的测定

粉类中含有细砂的百分率称为含砂量。

粉状粮食中含有细砂是难以清除的，当粉状粮食中含有细砂达到0.03%～0.05%时，制品食之就会产生牙碜感觉，不仅降低食用品质，而且也危害人体健康。为了保障人民健康，维护消费者的利益，在制粉加工和储藏过程中应严格控制含砂量，力求降低到最低指标。因此，我国粉类的质量标准中对各等级粉的含砂量都做了严格限制，规定各类、各等级粉含砂量都不允许超过0.02%。

含砂量的测定方法有四氯化碳法和灰化法两种。

一、四氯化碳法

1. 原理

根据砂子和粉类的相对密度不同，将粉类试样放入相对密度介于二者之间的有机试剂——四氯化碳中并搅拌，然后静置，粉类相对密度小，漂浮在上面，砂子相对密度大于四氯化碳，则沉于底部，倾出漂浮的粉类，将沉淀物进行洗涤、烘干、称重，从而测定粉类含砂量。

2. 试剂

四氯化碳

3. 仪器和用具

感量0.001g天平；10mL量筒；坩埚或铝盒；500W电炉；备有变色硅胶的干燥器；细砂分离漏斗；玻璃棒、石棉网、漏斗架等。

4. 操作方法

量取70mL四氯化碳注入细砂分离漏斗内，加入试样10g（m），轻轻搅拌3次（每

5min 搅拌一次，玻璃棒要在漏斗的中上部搅拌），静置 20～30min，将浮在上面的面粉用角勺取出，再将分离漏斗球体中的四氯化碳和泥砂放入已知质量的坩埚（m_0）内，再用四氯化碳冲洗球体和坩埚 2 次，把坩埚内的四氯化碳倒净，放在有石棉网的电炉上烘干后再放入干燥器内，冷却称重（m_1）。

5. 结果计算

粉类含砂量按公式（2-35）计算

$$含砂量(\%) = \frac{m_1 - m_0}{m} \times 100 \qquad (2\text{-}35)$$

式中：m_1——坩埚和细砂质量，g；

m_0——坩埚质量，g；

m——试样质量，g

双试验结果允许差不超过 0.005%，以最高含量的试验结果为测定结果。测定结果取小数点后两位。

二、灰化法

1. 原理

样品经灰化后，用盐酸处理灰分，以除去可溶性部分，然后将不溶解的残余物灼烧并称重，从而测出粉类含砂量。

2. 试剂

① 10% 盐酸。取相对密度为 1.19 的浓盐酸 237mL，注入水中，再移入 1L 容量瓶中并稀释至刻度，充分摇匀。

② 3g/100mL 硝酸银溶液。称取 3g 硝酸银溶解于水中，并加 2 滴浓硝酸，使其酸化，然后用水稀释至 100mL 储于棕色瓶中，充分摇匀。

3. 仪器和用具

电热恒温水浴锅；无灰滤纸；高温电炉；感量 0.001g 分析天平；18～20mL 瓷坩埚；备有变色硅胶的干燥器；长柄和短柄坩埚钳。

4. 操作方法

用已知恒重的坩埚称取试样 5g（m），按 GB 5505—85《粮食、油料检验、灰分测定法》规定的方法进行灰化，将坩埚中的灰分溶解于 10mL 10% 盐酸中，在 80℃ 左右的水浴锅上加热 5min，将溶液用无灰滤纸过滤。坩埚中剩余不溶解的渣滓再用 10mL 盐酸洗 2 次，将溶液连同渣滓用原滤纸过滤，再用水将坩埚及滤纸充分洗净至滤液中不含氯离子为止（加入 3g/100mL 硝酸银溶液后，不产生混浊）。将滤纸及沉淀物烘干后置于已知质量的坩埚（m_0）内进行炭化，炭化用 600℃ 灼烧 30min，冷却，称重，复烘 20min，直至恒重（m_1）。

5. 结果计算

含砂量按公式（2-36）计算

$$含砂量(\%) = \frac{m_1 - m_0}{m} \times 100 \qquad (2\text{-}36)$$

式中：m_1、m_0、m 含义同四氯化碳法。

双试验结果允许差及小数点位数同四氯化碳法。

第十四节　粉类磁性金属物的测定

制粉原料中没有完全除尽的金属杂质经过机器磨制后，常碾成大小不一的颗粒状或刺针状，混存于粉状粮中。金属杂质的危害性很大，当它进入人类消化器官时，可能刺破食道、胃壁或肠壁，损害人体健康，所以粉类磁性金属杂质的测定有重要意义。我国小麦粉、玉米粉国家标准中规定每千克粉中磁性金属物含量不得超过 0.003g。

粉类磁性金属物测定方法有磁性金属物测定器法和磁铁吸引法两种。

一、磁性金属物测定器法

1. 仪器和用具

天平：感量 0.0001g、0.1g；坩埚或铝盒；表面皿、毛刷；磁铁吸力不少于 12kg，马蹄形；磁性金属物测定器，磁性金属物测定器主要是由木质外壳、流量控制板、分流辊、电动机、电磁铁及阶梯式木板和抽斗等组成。

2. 操作方法

从平均样品中称取试样 1kg，倒入测定器上部的容器内，接通电源，将电磁铁通电，开动电动机，调节流量控制板，使试样经淌板流到盛样箱内，试样流完后，切断电源，断磁，刷下磁性金属物放入表面皿中。再将试样按以上方法进行 3 次，将各次磁性金属物合并于已知质量的坩埚（m_0）中，用四氯化碳漂洗数次，直至粉粒除净，然后烘干，冷却，称重（m_1）。

3. 结果计算

磁性金属物含量按公式（2-37）计算

$$磁性金属物(mg/kg) = (m_1 - m_0) \times 1000 \qquad (2\text{-}37)$$

式中：m_0——坩埚质量，g；

　　　m_1——磁性金属物和坩埚质量，g。

双试验以最高含量为测定结果。

二、磁铁吸引法

从平均样品中称取试样 1kg，倒在玻璃板或光滑的平面上，摊成长方形，厚度约 0.5cm，用马蹄形磁铁将两极插入试样中，磁铁前端可略提高，后端与玻璃板接触，先从前向后慢慢顺序移动，然后从左向右移动。当磁铁通过全部试样后，用毛刷轻轻刷去附在磁铁上的非磁性物，将金属物刷入已知质量的坩埚（m_0）中，再将试样混合后，按上述方法进行 3 次，把吸出的磁性金属物一并称重（m_1）。结果计算同磁性金属物测定器法。

磁铁用后，必须用厚约 1cm 的铁片盖在两极上，以保持磁性。

第十五节　食用淀粉物理检验

一、斑点的测定

1. 淀粉斑点

淀粉斑点即在规定条件下，用肉眼观察到的杂色斑点的数量，以样品每平方厘米的斑点个数来表示。淀粉斑点主要来自淀粉原料的皮层碎片。斑点的多少不仅影响使用淀粉的品质，而且影响其商品外观价值。因此，对各种食用淀粉（食用小麦淀粉、食用玉米淀粉和食用马铃薯淀粉）的斑点要求在质量标准中都有明确的规定，如表 2-19 所示。

表 2-19　食用淀粉斑点指标

食用淀粉	指标		
	特级	一级	二级
食用小麦淀粉：每平方厘米内所含的斑点个数不得超过	2	4	6
食用玉米淀粉：每平方厘米内所含的斑点个数不得超过	0.4	1	2
食用马铃薯淀粉：每平方厘米内所含的斑点个数不得超过	3	8	10

2. 测定方法

（1）仪器和用具

① 透明板：刻有 10 个方形格（1cm×1cm）的无色透明板。

② 平板：白色，能均匀分布待测样品。

③ 天平：感量 0.1g。

（2）操作方法

称取混合好的样品 10g，均匀分布在平板上，将透明板盖到已均匀分布的待测样品上，并轻轻压平。在较好的光线下，眼与透明板的距离保持 30cm，用肉眼观察样品中的斑点并进行计数，记下 10 个空格内淀粉中的斑点总数。注意不要重复记数。对同一样品进行两次测定。

3. 结果计算

斑点个数按公式（2-38）计算

$$斑点个数 = \frac{10 \text{个空格内样品斑点的总数}}{10}（个/cm^2） \qquad (2-38)$$

双试验结果允许差不超过 1.0，求其平均数，即为测定结果。测定结果取小数点后一位。

二、细度的测定

1. 淀粉细度

淀粉细度即淀粉的粗细程度，用分样筛筛分淀粉样品，以样品通过分样筛的质量对样品原质量的质量分数来表示。

食用淀粉细度越细品质越好。各种食用淀粉细度的指标见表 2-20。

表 2-20　食用淀粉细度指标（孔径 0.147mm 分样筛通过率）

食用淀粉	指标		
	特级	一级	二级
食用小麦淀粉不得低于/%	99.8	99.5	99.0
食用玉米淀粉不得低于/%	99.9	99.0	98.0
食用马铃薯淀粉不得低于/%	99.5	99.5	90.0

2. 测定方法

（1）仪器

感量 0.1g 天平；孔径 0.147mm 分样筛。

（2）操作方法

称取混合好的样品 50g，倒入分样筛进行筛选，均匀摇动分样筛，直到筛分不下为止。称取筛上物质。对同一样品进行两次测定。

3. 结果计算

细度按公式（2-39）计算

$$细度(\%) = \frac{样品质量 - 筛上物质量}{样品质量} \times 100 \tag{2-39}$$

双试验结果允许差不超过 0.5%，求其平均数，即为测定结果。测定结果取小数点后一位。

三、白度的测定

淀粉白度是指在规定条件下，淀粉样品表面光反射率与标准白板表面光反射率的比值。通过样品对蓝光的反射率与标准白板对蓝光的反射率进行对比，以白度仪测得的样品白度值来表示。

不同原料制作的淀粉，其颜色基调有所差别。但是，同一原料制作的食用淀粉，其白度越高品质越好。各种食用淀粉的白度指标见表 2-21。

表 2-21　食用淀粉的白度指标（452nm 蓝光反射率）

食用淀粉	指标		
	特级	一级	二级
食用小麦淀粉不得低于/%	96	92	88
食用马铃薯淀粉不得低于/%	90	85	80

第十六节　水 分 测 定

　　粮食、油料的水分含量是指粮食、油料试样中水分的质量占试样质量的百分比。

　　目前测定粮食、油料水分含量的方法有：加热干燥法、蒸馏法、电测法、微波法、核磁共振法及近红外分光吸收法等。其中，加热干燥法是多年来适用于粮食、油料水分含量测定的方法，现在也是我国粮食、油料质量标准中测定水分含量的标准方法。

一、粮食水分测定（国标法）

　　我国检验方法标准（GB）中规定有 105℃恒重法、定温定时烘干法、隧道式烘箱法和两次烘干法 4 种方法，其中以 105℃恒重法为仲裁方法。

（一）105℃恒重法（GB/T 5497—85）

1. 仪器和用具

① 电热恒温箱；

② 分析天平：感量 0.001g；

③ 实验室用电动粉碎机或手摇粉碎机；

④ 谷物选筛；

⑤ 备有变色硅胶的干燥器（变色硅胶一经呈现红色就不能继续使用，应在 130～140℃温度下烘至全部呈蓝色后再用）；

⑥ 铝盒：内径 4.5cm、高 2.0cm，带盖。

2. 试样制备

从平均样品中分取一定样品，按表 2-22 中规定的方法制备试样。

表 2-22　试样制备方法

粮种	分样数量/g	制备方法
粒状原粮和成品粮	30～50	除去大样杂质和矿物质，粉碎细度通过 1.5mm 圆孔筛的不少于 90%，装入磨口瓶内备用
大豆	30～50	除去大样杂质和矿物质，粉碎细度通过 2.0mm 圆孔筛的不少于 90%，装入磨口瓶内备用
花生仁、桐仁等	约 50	取净仁用手摇切片机或小刀切成 0.5mm 以下的薄片或剪碎

续表

粮种	分样数量/g	制备方法
花生果、茶籽、桐籽、蓖麻籽、文冠果等	约100	取净果（籽）剥壳，分别称重，计算壳、仁百分率；蓖麻籽、文冠果等将壳磨碎或研碎，将仁切成薄片，装入磨口瓶内备用
棉籽、葵花籽等	约30	取净籽剪碎或用研钵敲碎，装入磨口瓶内备用
油菜籽、芝麻等	约30	除去大样杂质的整粒试样，装入磨口瓶内备用
甘薯片	约100	取净片粉碎，细度同粒状粮，装入磨口瓶内备用
甘薯丝、甘薯条	约100	取净丝、条粉碎，细度同粒状粮，装入磨口瓶内备用

3. 操作方法

① 定温：使烘箱中温度计的水银球距离烘网 2.5cm 左右，调节烘箱温度至（105±2）℃。

② 烘干铝盒：取干净的空铝盒，放在烘箱内温度计水银球下方的烘网上，烘 30min 至 1h 取出，置于干燥器内冷却至室温，取出称重，再烘 30min，烘至前后两次质量差不超过 0.005g，即为恒重。

③ 称取试样：用烘至恒重的铝盒（W_0）称取试样约 3g，对带壳油料可按仁、壳比例称样或将仁壳分别称样（W_1，准确至 0.001g）。

④ 烘干试样：将铝盒盖套在盒底上，放入烘箱内温度计周围的烘网上，在 105℃温度下烘 3h（油料烘 90min）后取出铝盒，加盖，置于干燥器内冷却至室温，取出称重后，再按以上方法进行复烘，每隔 30min 取出冷却称重一次，烘至前后两次质量差不超过 0.005g 为止。如后一次质量高于前一次质量，以前一次质量计算（W_2）。

4. 结果计算

① 粮食、油料含水量按公式（2-40）计算

$$水分（\%）= \frac{W_1 - W_2}{W_1 - W_0} \times 100 \qquad (2-40)$$

式中：W_0——铝盒重，g；

$\quad\quad W_1$——烘前试样和铝盒重，g；

$\quad\quad W_2$——烘后试样和铝盒重，g。

② 对带壳油料按仁、壳分别测定水分，带壳油料含水量按公式（2-41）计算

$$水分（\%）= M_1 \times A + M_2 \times (1 - A) \qquad (2-41)$$

式中：M_1——仁水分百分率，%；

$\quad\quad M_2$——壳水分百分率，%；

$\quad\quad A$——出仁总量百分率，%。

双试验结果允许差不超过 0.2%，求其平均数，即为测定结果。测定结果取小数点后一位。

采取其他方法测定含水量时，其结果与此方法比较不超过 0.5%。

（二）定温定时烘干法（GB/T 5497—85）

1. 仪器和用具

同 105℃恒重法。

2. 试样制备

同 105℃恒重法。

3. 试样用量计算

该法用定量试样先计算铝盒底面积，再按每平方厘米为 0.126g 计算试样用量（底面积×0.126）。如用直径 4.5cm 的铝盒，试样用量为 2g；用直径 5.5cm 的铝盒，试样用量为 3g。

4. 操作方法

用已烘至恒重的铝盒称取定量试样（准确至 0.001g），待烘箱温度升至 135～145℃时，将盛有试样的铝盒送入烘箱内温度计周围的烘网上，在 5min 内，将烘箱温度调到 (130±2)℃，开始计时，烘 40min 后取出放干燥器内冷却，称重。

5. 结果计算

定温定时烘干法的含水量计算与 105℃恒重法同。

（三）隧道式烘箱法

隧道式烘箱法测定禾谷类粮食水分用 (160±2)℃，烘干 20min；测定油料和豆类水分用 (130±2)℃，烘干 30min。

1. 仪器和用具

隧道式烘箱、秒表；试样制备同 105℃恒重法。

2. 操作方法

① 定温：放平仪器，将温度计插入烘干室内，使水银球距烘盒口约 1cm，接通电源进行定温。

② 烘盒称样：将干净的烘盒向烘干室内推进 3 个，10min 后再推进一个，这时先推进的烘盒有一个被推出隧道，将这个烘盒放在烘箱上的称盘内，加 10g 砝码，调整象限秤上的螺丝，使指针指向标尺的零点。取下砝码向烘盒内放入制备的试样，增减试样使指针停于零点为止。再将称好的试样均匀地分布在烘盒内，推入烘干室，关闭左门，同时计时。

③ 烘干试样：采用 160℃烘 20min 方法时，每隔 6min 40s 向烘干室内推进一个盛有试样的烘盒；采用 130℃烘 30min 方法时，每隔 10min 推进一个盛有试样的烘盒。待推进第四个试样盒时，第一个试样盒的烘干时间已到，即被推出到称盘上，拉下天平指针的固定托杆，观察指针所指出的数值，即为测定的水分百分率。双试验结果允许差不超过 0.5%。

（四）两次烘干法 (GB/T 20264—2006)

粮食水分在 18% 以上，大豆、甘薯片水分在 14% 以上，油料水分在 13% 以上时，采取两次烘干法。

1. 第一次烘干

称取整粒试样 20g（W_1，准确至 0.001g），放入直径 10cm 或 15cm、高 2cm 的烘盒中摊平。粮食在 105℃温度下，大豆和油料在 70℃温度下烘 30～40min，取出，自然冷却至恒重（两次称量差不超过 0.005g），此为第一次烘后试样质量（W_1）。

2. 第二次烘干

① 试样制备。将第一次烘干后的试样充分混合均匀，其中粒状原粮和成品粮粉碎试样 30g，粉碎后的试样应全部通过 1.7mm 圆孔筛，留存于 1.0mm 的筛上物少于 10%，穿过 0.5mm 圆孔筛的筛下物多于 50%；其余的试样制备方法同 105℃ 恒重法。将制备完毕的样品立即装入洁净干燥的密闭容器中备用。

② 试样的称量。将制备完毕的试样充分混合均匀，用已知质量的铝盒（直径 5.5mm）称取试样约 5g（W_2，准确至 0.001g），轻摇铝盒使试样分布均匀。对带壳油料可按仁、壳比例称样或将仁、壳分别称样。

③ 试样的测定。粮食可采用下述两种方法烘干测定：以 105℃ 法为标准法，以 130℃ 法为常用法；油料应采用 105℃ 法测定（W_3）。

3. 结果计算

用两次烘干法测定含水量时按公式（2-42）计算

$$水分(\%) = \frac{(W - W_1) \times \dfrac{W_3}{W_2}}{W} \times 100 = \frac{WW_2 - W_1 W_3}{WW_2} \times 100 \qquad (2-42)$$

式中：W——第一次烘前试样质量，g；

$\quad\quad W_1$——第一次烘后试样质量，g；

$\quad\quad W_2$——第二次烘前试样质量，g；

$\quad\quad W_3$——第二次烘后试样质量，g。

双试验结果允许差不超过 0.2%，求其平均数，即为测定结果。测定结果取小数点后一位。

二、粮食水分测定（水分测定仪法）

粮食及其加工过程中水分含量的测控是直接影响粮食加工工艺性能、粮食加工质量及最终粮食成品货价寿命的重要指标。用取样干燥直接法测量粮食水分，其测量周期长，难以满足现代粮食工业对生产速度和生产连续化的要求，而非电量的电测方法是比直接法更高效的水分测量方法，当前应用十分普及。基于间接法的粮食物料的水分测量，可以根据工艺需要采用离线测量、在线取样测量和在线直接测量等不同测量方式。

典型的间接法水分测量仪有微波式、电容式、电阻式、核磁共振式、中子式等。

1. 电阻式水分测定仪

电阻式水分测量法亦称电导法，是利用物料中含水量不同，其电导率不同的原理测量水分的方法。一般来说，粮食及其原料的电阻特性为：在一定的含水率范围内，电阻的对数与含水量关系近似呈线性。电阻式水分测定仪正是利用这一原理来测定粮食水分的。

2. 电容式水分测定仪

物质都有一定的介电常数。粮食中水的介电常数很大（约为 80），而淀粉等物质的介电常数较小（2.5～3.0），样品中水分含量在 10%～20% 变化，是引起介电常数变化的主要原因。水分越高，介电常数越大，电容值越高。电容式粮食水分测定仪就是通过测定与样品中水分变化相对应的电容的变化来测定粮食水分的。

电容式水分测定仪具有取样量大、代表性强、粮食不粉碎、分度值小、粮种和水分测定范围广、温度自动补偿等优点。

电阻式水分测定仪结构比较简单，价格低廉，电容式水分测定仪结构比较复杂，高精度电容式水分测定仪价格要比电阻式水分测定仪贵。

电阻式水分测定仪和电容式水分测定仪在使用前，均应以当地有代表性的粮种，在一定水分范围内校正仪器。电测水分仪一般适用于含水量较少的粮食（含水量低于 20%）。相反，含水量越高，所测结果精度越低，其最大误差已超过允许范围。

三、粮食水分、灰分和硬度测定（近红外分析仪法）

近红外吸收光谱法即反射率的测定法，是用近红外光（波长 1940nm）照射样品时，射入样品层的近红外光与样品相互作用，经往返多次吸收、反射、结合内散时，最后从样品表面射出的光强度不同，这种现象称为漫反射。漫反射光强度与样品成分含量有关，并服从朗伯-比耳定律。测定粮食、油料籽粒中的水分含量，选用 1940nm 近红外光。测定设备上有一灯泡（卤素），此灯泡可向标准光谱带发射近红外线，平行的红外光束穿过旋转机上的滤波器，以选择波长。近似单色的红外光束照射在被测物上，其中部分射线被吸收，其余则向各方向反射，采用一个"积分球面"，收回各方向的辐射光，并聚集成一束，用检测器测出其辐射强度。

近红外吸收光谱法最为突出的优点是：能够同时测定粮油食品中几种组分，如蛋白质、脂肪、淀粉、糖、纤维素、水分等（各组分都有独特的吸收波长）。计算机可将这些组分记忆、存储起来，只需几秒钟便可用方程组分析测出各种所需数据。美国检查谷物的标准法现在已使用近红外吸收光谱法。但目前这种设备价格十分昂贵，不适宜于广大基层应用。

1. 仪器的构造

近红外光谱仪器不管按何种方式设计，一般由光源、分光系统、载样器件、检测器和数据处理及记录仪（或打印机）等几部分构成。

（1）光源

近红外光谱仪器的光源，其基本要求是在所测量光谱区域内发射足够强度的光辐射，并具有良好的稳定性。一般来说，光源的亮度不成问题，要获得稳定的光谱主要是解决光源的稳定性，光源的稳定性主要通过高性能的光源能量监控和可靠电路系统来实现。目前，在近红外光谱仪器中最常见的光源为溴钨灯，在其近红外区域内，各波长下光源所辐射出的能量并非一致。为避免低波长的辐射光对样品吸收近红外光的影响，在光源和分光系统间常加有滤光片，以便将大部分可见光滤掉而不致影响近红外范围的光谱，并可减少杂散光的影响。由于溴钨灯有一定的使用寿命，更换灯时要注意灯的位置和安装角度。

（2）分光系统

分光系统的作用是将多色光转化为单色光，是近红外光谱仪器的核心部件。根据分光原理的不同，近红外光谱仪器的分光器件主要有滤光片、光栅、干涉仪、声光可调滤光器等几种类型。

（3）检样器件

检样器件是指承载样品或与样品作用的器件。由于近红外光及样品近红外光谱的特点，近红外光谱仪器的检样器件随测样方式的不同有较大的差异。就实验室常规分析而言，液体样品根据选定使用的光谱区域可采用不同尺寸的玻璃或石英样品池；固体样品可采用积分球或特定的漫反射载样器件；有时根据样品的具体情况也可以采用一些特殊的载样器件。在定位或在线分析中经常采用光纤载样器件。

（4）检测器

检测器由光敏元件构成，其作用是检测近红外光与样品作用后携带样品信息的光信号，将光信号转变为电信号，并通过模数转换器以数字信号形式输出。检测器有单通道和多通道两种检测方式。前者是经过光谱扫描，逐一接受每个波长下的光信号；后者则是同时接受指定光谱范围内的光信号。例如，北京英贤仪器有限公司生产的 NIR3000、NIR6000 型近红外光谱分析仪都是采用 CCD 多通道的检测方式。它可以避免检测过程中光栅等部件的移动，从而保证仪器的稳定性。

（5）控制及数据处理分析系统

现代近红外光谱仪器的控制及数据处理分析系统是仪器的重要组成部分，一般由仪器控制、采谱和光谱处理分析两个软件系统及相应的硬件设备构成。前者的主要功能是控制仪器各部分的工作状态，设定光谱采集的有关参数，如光谱测量方式、扫描次数、设定光谱的扫描范围等，设定检测器的工作状态并接受检测器的光谱信号。光谱处理分析软件主要对检测器所采集的光谱进行处理，实现定性或定量分析。对特定的样品体系，近红外光谱特征峰的差别并不明显，需要通过光谱的处理减少以至消除各方面因素对光谱信息的干扰，再从差别甚微的光谱信息中提取样品的定性或定量信息，这一切都要通过功能强大的光谱数据处理分析软件来实现。

（6）打印机

记录或打印样品的光谱或定性、定量分析结果。

2. 近红外光谱的测试方式

（1）固态样品

固态样品近红外吸收大都在 1100～2500nm。研磨后的细粉末以至原始的粗颗粒都可以产生近红外吸收，光谱不仅可以穿透粉末样品，还可以穿透固体样品。所以可以让近红外光直接从平滑的玻璃瓶底部穿过去测量里面的样品，因为玻璃对近红外光没有明显的吸收。要注意的是，所需样品应该较多以便能保证把足够的光源反射回检测器。如样品量不够，则需选用较小的样品皿作反射，把已经穿透样品的近红外光谱反射回来进行检测。

对于非均匀的粗粉末和颗粒，可采用连续旋转样品皿或连续反复移动式样品容器做大面积近红外反射扫描，这种方法使样品的非均匀性得到平均化。

测量固态样品时一定要注意样品的装载，有时因样品装载引起的光谱差异甚至比样品的研磨、粉碎不同带来的差异更为明显。所以装载时在装载的深浅、均匀程度、密实程度上一定要一致。另外，为减小样品表面的等角度反射噪声，近红外入射光要与样品表面呈 90°角。

（2）液态样品

液态样品（清晰或以至混浊）比研细的粉末都更加均匀，近红外光可直接透射经过匹配光程的样品池对其盛装的样品进行检测。样品池的尺寸根据样品的具体情况和选择使用的光谱区域来确定。一般情况下，液体样品测量光程在 1～100mm 范围内。如果要提高分析速度，可采用多个样品池交替使用。一定要注意样品池间的差别，特别是使用长光程样品池时更是如此，因为长光程在尺寸上的微小差别对分析光在样品池中的折射效应将产生明显的影响，最终将影响测量的光谱。对一些非均相样品，要注意出现层析的情况，样品的层析将严重影响其光谱。

对于类似牛奶这样透明程度很差的乳状液体系，样品中的乳液颗粒对光产生散射效应，光的走向和光程都不确定，可采用"透-漫射检测"的方式。

另一种方法在近红外光谱分析中称为"透-反射检测"。它是在液体中插入一个反射器，进行双光程（来回行程）透射测量。这种测样方式适合对大容器中的液体进行检测。

思　考　题

1. 感官鉴定的基本方法有哪些？粮食、油料感官检验的指标有哪些？
2. 类型和互混检验的主要依据及测定方法有哪些？
3. 稻谷的质量指标有哪些？
4. 如何评价大米的加工精度？
5. 如何评价小麦粉的加工精度？
6. 影响小麦容重的因素有哪些？
7. 简述角质率的定义及其测定方法。
8. 面筋的测定方法有哪些？

参 考 文 献

蔡花真，毕文庆，楚见妆等. 2001. 玉米容重与水分相关性分析. 郑州工程学院学报，22（3）：70～72.

李里特. 2002. 粮油贮藏加工工艺学. 北京：中国农业出版社.

刘一勋，樊妆，侯永生等. 1991. 小麦水分与容重相关性的研究与应用. 郑州粮食学院学报，3：77～81.

马涛. 2009. 粮油食品检验. 北京：化学工业出版社. 45，49.

孙宝明. 2000. 浅谈粮油感官检验方法的综合运用. 西部粮油科技，25（5）：52.

陶英纯. 1980. 关于容重器确定小麦等级的几个问题的初步探讨. 北京粮油科技，2：1～3.

张丽，董树亭，刘存辉. 2007. 玉米籽粒容重与产量和品质的相关分析. 中国农业科学，40（2）：405～411.

张胜全. 2005. 电阻式粮食水分含量的测定方法. 粮食加工与食品机械，2：66～69.

赵艳妍，袁红斌. 2001. 电容式快速粮食水分测定仪的应用与探讨. 粮油检测与标准，10：41～42.

中华人民共和国国家标准. GB 5494—85. 粮食、油料检验. 杂质、不完善粒检验法.

第三章　植物油脂品质检验

　　本章较为全面地概述了表征食用植物油脂质量的主要物理及化学特性指标，并对油脂各种重要理化指标的检测方法、方法原理、操作程序及注意事项等给予了详细介绍。要求学生掌握鉴别食用植物油脂品质的色泽、气味和滋味、透明度、水分及挥发物、不溶性杂质、酸值、过氧化值、加热试验、含皂量、烟点、冷冻试验和溶剂残留量等 12 项质量指标检测方法的原理、操作程序及注意事项；熟悉食用植物油脂的相对密度、折光指数、不皂化物含量、脂肪酸组成、固体脂肪指数、磷脂含量等项目的基本检验方法；了解鉴别常见食用植物油脂种类和检验油脂掺杂的定性试验手段与方法。

第一节　植物油脂检验

一、概述

　　全球食用植物油主要包括豆油、菜籽油、棉籽油、花生油、葵花油、棕榈油、椰子油、橄榄油、芥籽油和芝麻油等，前 6 种植物油分别占全球油脂总量的 58.39%、11.94%、11.17%、8.00%、6.78% 和 2.70%。其中，豆油和菜籽油在所有植物油脂中占有绝对的比重，合计约为 70%。

　　我国居民主要消费食用油品种为大豆油、菜籽油、花生油、棕榈油和葵花籽油。其中，大豆油、菜籽油、花生油共占实际消费量的 76%。2002 年，我国大豆油消费量超过菜籽油消费量，成为我国居民最大宗食用油消费品种。棕榈油在油脂消费总量中始终占 10% 以上比例，棉籽油消费呈下降趋势，其他植物油（主要为葵花籽油、芝麻油、玉米油等）的消费年度间波动较大，但所占比例较小。

　　目前，我国油籽年加工总量为 6890 万 t，其中大豆总加工量为 3730 万 t，占整个油籽加工量的 54.14%。我国现已开工的大型油脂加工企业 97 家。随着需求的不断增大，为了满足国内市场需求，我国油籽及食用植物油进口量逐年增加。自 1999 年以来，我国食用植物油主要依靠进口，进口量呈逐年增加态势，其中，豆油和棕榈油进口量一直居世界前列。2005~2006 年度（上年 9 月到次年 8 月）我国累计进口植物油籽 2914 万 t，进口植物油及油籽折油 1226 万 t，对外依赖度达到 56.80%。2006~2007 年度我国进口植物油籽 3177 万 t，进口油脂 916.5 万 t，进口油脂油料折油 1500 万 t，对外依赖度已经高达 60.00% 以上。

　　我国居民食用植物油消费量 2007 年人均达 19.28kg，比 10 年前增长了 1 倍多，超过了韩国 16kg 和日本 17kg 的年人均消费水平，已接近世界平均 20kg 的水平。

　　我国食用油消费形式以散装油和小包装食用油为主，在一些经济较发达的大城市，小包装食用植物油已取代散装油成为油脂市场主角，但农村市场仍以散装食用油为主。

长期以来，由于我国食用油行业准入制度不完善，生产标准低，使制油企业纷纷上马，导致食用植物油质量良莠不齐。据统计，我国食用油生产企业中 90％左右是中小型企业和个体作坊式工厂，其生产设备简单，只能生产粗制散装毛油，缺乏必要检测手段和仪器，其油脂产量仅占油脂总量不足 20％，但其质量安全问题发生率较高。我国食用油生产、供应、流通体系相对较为复杂，质量管理、监督难度较大，这是我国粮油食品质量安全的潜在隐患。我国食用油市场目前存在的质量安全问题主要表现为卫生指标（如酸价、过氧化值、溶剂残留量）超标、食用油掺假、泔水油及添加非食用添加剂、工业用油、散装油容器污染等。

2003 年以来，国家标准委员会和国家粮食局及农业部等部门联合组织制定并颁布实施了多项食用油强制性国家标准，内容涉及花生油、大豆油、葵花油、菜籽油、芝麻油、米糠油、茶籽油、玉米油等多种食用植物油。

我国食用植物油的生产工艺存在着两种加工方法：压榨法和浸出法。前者是通过机械压出后精炼而成，后者是通过有机溶剂提取后精炼而成。由于浸出法有产量高的特点，目前为国内多数大型油脂生产企业所采用。因浸出法制取的油脂可能会有少量的溶剂残留，对浸出法生产的油脂规定了溶剂的溶剂残留限量标准，同时，为了使消费者的知情权益得到充分的保障，2005 年实行的标准明确规定，市售植物油脂必须标注是采用何种工艺生产的。

根据新的食用植物油国家标准，将油脂产品分为原油和成品油。原油质量指标中共设 6 个项目，包括气味和滋味、水分及挥发物、不溶性杂质、酸值、过氧化值、溶剂残留。成品植物油按质量分为一、二、三、四级 4 个等级，分别相当于原来的色拉油、烹调油、一级油、二级油，并明确规定了食用植物油的质量指标，其中成品油共设 13 个项目，包括色泽、气味和滋味、透明度、相对密度、水分及挥发物、不溶性杂质、酸值、过氧化值、加热试验、含皂量、烟点、冷冻试验和溶剂残留。

二、透明度、气味、滋味检验

（一）透明度检验

1. 概念

植物油脂透明度（transparency）是指油样在一定温度下，静置一定时间后，目测观察油样的透明度。

品质合格的油脂应是澄清、透明的，但若油脂中含有过高的水分、磷脂、蛋白质、固体脂肪、蜡质或含皂量过多时，油脂会出现混浊，影响其透明度。因此，油脂透明度的鉴定是借助检验者的视觉，初步判断油脂的纯净程度，是一种感官鉴定方法。

我国植物油国家标准规定：各种一、二级植物油脂均应澄清、透明；三级香油透明，四级香油允许微浊；三级普通芝麻油透明，四级普通芝麻油允许微浊；食用亚麻籽油允许微浊；三、四级葵花籽油均应透明；玉米胚油，三级透明，四级允许微浊。

2. 仪器与设备

100mL 比色管，直径 25mm；恒温水浴锅，乳白色灯泡。

3. 操作方法

量取混匀试样 100mL 注入比色管中，在 20℃ 温度下静置 24h（蓖麻籽油静置 48h），然后移置乳白灯泡前（或在比色管后衬以白纸），观察透明程度，记录观察结果。

当油脂样品在常温下为固态或半固态时，根据该油脂熔点溶解样品，但温度不得高于熔点 5℃。待样品熔化后，量取试样 100mL 注入比色管中，设定恒温水浴温度为产品标准中"透明度"规定的温度，将盛有样品的比色管放入恒温水浴中，静置 24h，然后移置乳白灯泡前（或在比色管后衬以白纸），迅速观察透明程度，记录观察结果。

4. 结果表示

观察结果以"透明"、"微浊"、"混浊"表示。

5. 注意事项

观察时，如油样内无絮状悬浮及混浊，即认为透明。棉籽油在比色管的上半部无絮状悬浮物及混浊，也认为透明；如有少量的絮状悬浮物即认为微浊；若有明显的絮状悬浮物即为混浊。

(二) 气味、滋味检验

各种油脂都具有独特的气味（odor）和滋味（flavor）。例如，菜籽油和芥籽油常常带有辣味，而芝麻油则带有令人喜爱的香味等；酸败变质的油脂会产生酸味或哈喇的滋味等。因此，通过油脂气味和滋味的鉴定，可以了解油脂的种类、品质的好次、酸败的程度、能否食用及有无掺杂等。

1. 仪器与设备

100mL 烧杯；0～100℃ 温度计；可调电炉；酒精灯。

2. 操作方法

取少量试样注入烧杯中，加温至 50℃ 后，断开电源，用玻棒边搅拌边嗅气味，同时尝辨滋味。

3. 结果表示

气味表示：

当样品具有油脂固有的气味时，结果用"具有某某油脂固有的气味"表示。

当样品无味、无异味时，结果用"无味"、"无异味"表示。

当样品有异味时，结果用"有异常气味"表示，再具体说明异味为：哈喇味、酸败味、溶剂味、汽油味、柴油味、热煳味、腐臭味等。

滋味表示：

当样品具有油脂固有的滋味时，结果用"具有某某油脂固有的滋味"表示。

当样品无味、无异味时，结果用"无味"、"无异味"表示。

当样品有异味时，结果用"有异常滋味"表示，再具体说明异味为：哈喇味、酸败味、溶剂味、汽油味、柴油味、热煳味、腐臭味、土味、青草味等。

三、色泽检验

色泽（colour）的深浅是植物油脂重要质量指标之一，特别是对于食用植物油，常要求具有较浅的色泽。植物油之所以具有各种不同的颜色，如淡黄色、橙黄色、棕红色及青绿色等，主要是由于油料籽粒中含有的叶黄素、叶绿素、叶红素、类胡萝卜素、棉酚等色素在制油过程中溶于油脂中的缘故。油脂的色泽，除了与油料籽粒的粒色有关外，还与加工工艺及精炼程度有关。此外，油料品质劣变和油脂酸败也会导致油色变深或影响油脂色泽。所以，测定油脂的色泽，可以了解油脂的纯净程度、加工工艺、精炼程度，并可判断其是否变质。

罗维朋比色计法和重铬酸钾溶液比色法是过去常用的两种检验油脂色泽的方法。但重铬酸钾溶液比色法在使用过程中存在着不安全因素，随着近年来罗维朋比色计法的普及，重铬酸钾溶液比色法在所有的油脂产品标准中已不再使用。下面介绍一下罗维朋比色计法。

（1）原理

在同一光源下，由透过已知光程的液态油脂样品的光的颜色与透过标准玻璃色片的光的颜色进行匹配，用罗维朋色值表示其测定结果。

（2）仪器与设备

① 色度计。F（BS684）型和F/C型通用罗维朋比色计均适用。

② 照明室。按照说明书要求，比色计应安置在洁净而卫生的环境中。观察筒由Skan蓝色日光校正滤色片和漫射透镜组成，且有2°的观察视角。观察筒应安置在密闭的照明室内，以便于样品和白色的参比区域以相对法线60°视角进行观察。

③ 色片支架。色片支架应在其底部配备无色补偿片，并包含下列罗维朋标准颜色玻璃片：

红色：0.1～0.9　1.0～9.0　10.0～70.0

黄色：0.1～0.9　1.0～9.0　10.0～70.0

蓝色：0.1～0.9　1.0～9.0　10.0～40.0

中性色：0.1～0.9　1.0～3.0

用棉球蘸含清洁剂的温水清理标准颜色玻璃片，然后用棉纱擦干，使其保持清洁、无油污，但不能使用各种溶剂进行清洁。

④ 比色皿托架。仅E型仪器要求用样品比色皿托架。

⑤ 玻璃比色皿。玻璃比色皿应由高质量光学玻璃制成，并且有良好的加工精度，具有如下光程：

1.6mm（1/16in[①]）；3.2mm（1/8in）；6.4mm（1/4in）；12.7mm（1/2in）；25.4mm（1in）；76.2mm（3in）；133.4mm（5.25in）。

---

① 1in＝25.4mm

（3）操作方法

① 试样制备。按照 GB/T 15687 执行。测定时，油样必须是十分干净、透明的液体。

② 检测应在光线柔和的环境内进行，尤其是色度计不能面向窗口放置或受阳光直射。如果样品在室温下不完全是液体，可将样品加热，使其温度超过熔点 10℃ 左右。玻璃比色皿必须保持洁净和干燥。如有必要，测定前可预热玻璃比色皿，以确保测定过程中样品无结晶析出。

③ 将液体样品倒入比色皿中，使之具有一定的光程以便于颜色的辨认在罗维明标准颜色玻璃片所指定的范围之内。

④ 把装有油样的玻璃比色皿放在照明室内，使其靠近观察筒。

⑤ 关闭照明室的盖子，立刻利用光片支架测定样品的色泽值。为了得到一个近似的匹配，开始使用黄色片与红色片的罗维朋值的比值为 10：1，然后进行校正，测定过程中不必总是保持这个比值，必要时可以使用最小值的蓝色片或中性片（蓝色片和中性片不能同时使用），直至得到精确的颜色匹配。使用中蓝色值不应超过 9.0，中性色值不应超过 3.0。

⑥ 本测定必须有两个训练有素的操作者来完成，并取其平均值作为测定结果。如果两人的测定结果差别太大，必须由第三个操作者进行再次测定，然后取三个测定值中最接近的两个测定值的平均值作为最终测定结果。

（4）结果表示

测定结果采用下列术语表达：

① 红色值、黄色值，若匹配需要还可以使用蓝色值或中性色值；

② 所使用玻璃比色皿的光程。

只能使用标准比色皿的尺寸，不能使用某一尺寸的玻璃比色皿测的数值来计算其他尺寸玻璃比色皿的颜色值。

（5）说明

操作人员要求：所有操作者都要有良好的颜色识别能力，并且在 5 年内需对操作者进行一次颜色识别测试。颜色识别必须由有资质的光学技术人员来进行。

平时佩戴近视或隐形眼镜的操作者可继续佩戴，但不能佩戴有色或光敏的眼镜或隐形眼镜。

四、相对密度检验

油脂在 20℃ 时的质量与同体积纯水在 4℃ 时的质量之比，称为油脂的相对密度（relatively density），用 d_4^{20} 或相对密度（20℃/4℃）表示。

各种纯净、正常的油脂，在一定温度下均有不同的相对密度范围。天然油脂的相对密度均小于 1，其数值为 0.908～0.970。我国植物油国家标准规定植物油特征指标——相对密度（d_4^{20}）：花生油为 0.9110～0.9175、大豆油为 0.9180～0.9250、菜籽油为 0.9090～0.9145、精炼棉籽油为 0.9170～0.9250、芝麻油为 0.9126～0.9287、蓖麻籽油为 0.9515～0.9675、亚麻籽油为 0.9260～0.9365、桐油为 0.9360～0.9395、油茶籽油为 0.9104～0.9205、葵花籽油为 0.9164～0.9214、玉米胚油为 0.9153～0.9234、精炼米糠油为 0.9129～0.9269。

油脂的相对密度与油脂的分子组成有密切关系，组成甘油三酯的脂肪酸相对分子质量越小，不饱和程度越大，羟酸含量越高，则其相对密度越大。例如，酮酸含有 3 个双键，蓖麻酸中含有羟酸基，故蓖麻油和桐油的相对密度较其他植物油的相对密度大，蓖麻油最大，桐油次之。这是因为，脂肪酸中的不饱和键要比饱和碳-碳单键的键长短一些（如碳-碳双键的键长为 1.34Å，共轭双键的键长为 1.37Å，而碳-碳单键的键长为 1.54Å），这样，随着脂肪酸不饱和程度的增高，单位体积内脂肪分子相对密度增大，所以相对密度也随之加大。而脂肪酸相对分子质量越小，说明碳链越短，与相对分子质量大的长碳链的脂肪酸相比，分子中氧所占的比例越大，氧在构成脂肪的各元素中，原子量最大，所以，组成油脂的脂肪酸相对分子质量越小，油脂的相对密度就越大。植物油的相对密度（15℃/15℃）的近似表示方法可用下式表示：

$$d_{15}^{15} = 0.8475 + 0.000\ 30(皂化价) + 0.000\ 14(碘值) \tag{3-1}$$

测定油脂的相对密度，可作为评定油脂纯度、掺杂、品质变化的参考，还可以根据相对密度将储藏与运输油脂的体积换算为质量。

测定油脂相对密度的方法有液体相对密度天平法（比重天平法）、比重瓶（相对密度瓶）法和相对密度计（比重计）法。这里只介绍前两种方法。

1. 液体相对密度天平法（比重天平法）

（1）仪器与设备

液体比重天平；烧杯、吸管等。

（2）试剂

洗涤液；乙醇；乙醚；无二氧化碳的蒸馏水；脱脂棉；滤纸等。

（3）操作方法

① 称量水：按照仪器使用说明，先将仪器校正好，在挂钩上挂 1 号砝码，向量筒内注入蒸馏水达到浮标上的白金丝浸入水中 1cm 为止。将水调节到 20℃时，拧动天平座上的螺丝，使天平达到平衡，再不要移动，倒出量筒内的水，先用乙醇、后用乙醚将浮标、量筒和温度计上的水除净，再用脱脂棉揩干。

② 称试样：将试样注入量筒内，达到浮标上的白金丝浸入试样中 1cm 为止，待试样温度达到 20℃时，在天平刻槽上移加砝码使天平恢复平衡。

砝码的使用方法：先将挂钩上的 1 号砝码移至刻槽 9 上，然后在刻槽上添加 2 号、3 号、4 号砝码，使天平达到平衡。

（4）结果计算

天平达到平衡后，按大小砝码所在的位置计算结果。1 号、2 号、3 号、4 号砝码分别为小数第一位、第二位、第三位和第四位。例如，油温、水温均为 20℃，1 号砝码在 9 处，2 号在 4 处，3 号在 3 处，4 号在 5 处，此时油脂的密度 d_{20}^{20} 为 0.9435。

测出的密度按公式（3-2）换算为标准比重

$$密度(d_4^{20}) = d_{20}^{20} \times d_{20} \qquad (3-2)$$

式中：d_4^{20}——油温 20℃、水温 4℃时油脂试样的密度；

d_{20}^{20}——油温 20℃、水温 20℃时油脂试样的密度；

d_{20}——水在 20℃时的密度。

水温 20℃时水的密度为 0.998 230g/mL。

如试样温度和水温度都需换算时，则按公式（3-3）计算

$$d_4^{20} = [d_{t_2}^{t_1} + 0.000\ 64 \times (t_1 - 20)]d_{t_2} \qquad (3-3)$$

式中：t_1——试样温度，℃；

t_2——水温度，℃；

$d_{t_2}^{t_1}$——试样温度 t_1、水温度 t_2 时测得的密度；

0.000 64——油脂在 10～30℃每差 1℃时的膨胀系数（平均值）。

双试验结果允许差不超过 0.0004，求其平均数，即为测定结果。测定结果取小数点后第四位。

2. 比重瓶法

（1）仪器与设备

比重瓶：25mL 或 50mL（带温度计塞）；电热恒温水浴锅；吸管：25mL；烧杯、试剂瓶、研钵等。

（2）试剂

乙醇、乙醚；无二氧化碳的蒸馏水；滤纸等。

（3）操作方法

① 洗瓶：用洗涤液、水、乙醇、水依次洗净比重瓶。

② 测定水重：用吸管吸取蒸馏水沿瓶口内壁注入比重瓶，插入带温度计的瓶塞（加塞后瓶内不得有气泡存在），将比重瓶置于 20℃恒温水浴中，待瓶内水温达到（20.0±0.2）℃时，取出比重瓶用滤纸吸去排水管溢出的水，盖上瓶帽，揩干瓶外部，约经 30min 后称重。

③ 测定瓶重：倒出瓶内水，用乙醇和乙醚洗净瓶内水分，用干燥空气吹去瓶内残留的乙醚并吹干瓶内外，然后加瓶塞和瓶帽称重（瓶重应减去瓶内空气质量，1cm³ 的干燥空气质量在标准状况下为 0.001 293g≈0.0013g）。

④ 测定试样重：吸取 20℃以下澄清试样，按测定水重法注入瓶内，加塞，用滤纸蘸乙醚揩净外部，置于 20℃恒温水浴中，经 30min 后取出，揩净排水管溢出的试样和瓶外部水分，盖上瓶帽，称重。

（4）结果计算

在试样和水的温度为 20℃条件下测试样重（W_2）和水重（W_1），先按公式（3-4）计算比重 $\left(\dfrac{d_{20}}{d_{20}}\right)$

$$比重\frac{d_{20}}{d_{20}} = \frac{W_2}{W_1} \qquad (3-4)$$

式中：$\dfrac{d_{20}}{d_{20}}$——油温、水温均为 20℃时油脂的比重；

　　　W_1——水重量，g；

　　　W_2——试样重量，g。

换算为水温 4℃的比重，以及试样和水温都需换算时的公式同公式（3-2）和公式（3-3）。

3. 水的密度

一定温度下水的密度见表 3-1。

表 3-1　水的密度表

温度/℃	密度/(g/mL)	温度/℃	密度/(g/mL)
0	0. 999 868	20	0. 998 230
4	1. 000 000	21	0. 998 019
5	0. 999 992	22	0. 997 797
6	0. 999 968	23	0. 997 565
7	0. 999 926	24	0. 997 323
8	0. 999 876	25	0. 997 071
9	0. 999 808	26	0. 996 810
10	0. 999 727	27	0. 996 539
15	0. 999 126	28	0. 996 259
16	0. 998 970	29	0. 995 971
17	0. 998 801	30	0. 995 673
18	0. 998 622	31	0. 995 367
19	0. 998 432	32	0. 995 052

五、折光指数检验

1. 概述

折光指数（refractive index）是指光线由空气中进入油脂中入射角正弦与折射角正弦之比，也称折光率。折光指数是油脂的重要物理参数之一，其数值可作为油脂纯度的标志。它与油脂的分子结构有密切关系。油脂的折光指数与油脂碳链的长短和碳链、糖键的多寡呈正比，尤其是含共轭双键的油脂折光指数特别高，蓖麻酸也具有较高的折光指数。因此，测定油脂的折光指数可以鉴别油脂的种类、纯度以及是否酸败等。

国家标准中食用油脂折光指数范围见表 3-2。

表 3-2　折光指数（20℃）

油脂名称	最低	最高
精炼棉籽油	1.4690	1.4750
花生油	1.4695	1.4720
大豆油	1.4720	1.4770
菜籽油	1.4710	1.4755

2. 试剂

乙醚；乙醇。

3. 仪器与设备

阿贝折射计；小烧杯；玻璃棒：一头烧成圆形；拭镜纸、镊子、脱脂棉等。

4. 操作方法

① 校正仪器：放平仪器，用脱脂棉蘸乙醚揩净上下棱镜，在温度计座处插入温度计。用已知折光指数的物质校正仪器（常用纯水或 α-溴代萘或标准玻片进行校正），如不符合校准物质的折光指数时，用小钥匙拧动目镜下方的小螺丝，把明暗分界线调整正切在十字交叉线的交叉点上。

② 测定：用圆头玻棒取混匀、过滤的试样两滴，滴在棱镜上（玻棒不要触及镜面），转动上棱镜，关紧两块棱镜，约经 3min 待试样温度稳定后，拧动阿米西棱镜手轮和棱镜转动手轮，使视野分成清晰可见的两个明暗部分，其分界线恰好在十字交叉的焦点上，记下标尺读数和温度。

5. 结果计算

标尺读数即为测定温度条件下的折光指数值。如测定温度不在 20℃时，必须按下列公式换算为 20℃时的折光指数（n^{20}）

$$折光指数(n^{20}) = n^t + 0.000\,38 \times (t - 20) \tag{3-5}$$

式中：n^t——油温在 t℃时测得的折光指数；

t——测定折光指数时的油温，℃；

0.000 38——油温为 10～30℃时，每差 1℃时折光指数的校正系数。

六、水分及挥发物检验

油脂水分（moisture）及挥发物（volatile matter）的含量是油脂质量标准中理化指标之一，亦是油脂依质论价的一项依据。

油脂是不溶于水的疏水性物质，在一般情况下，油和水不易混合。但是油脂中含有少量的亲水物质——磷脂、固醇及其他杂质时，能吸收水分形成胶体物质，悬浮于油脂中，所以在制油过程中，油脂虽经脱水处理，仍含有微量的水分。当油脂中水分含量过多时，将有利于解脂酶的活动和微生物的生长、繁殖，从而使油脂的水解作用大大加速，使脂肪酸游离，增加过氧化物的生成，显著降低油脂的品质，严重时油脂酸败变质，从而影响油脂的品质和储藏的稳定性。所以，测定油脂水分的含量，对评定油脂的品质和保证油脂安全储藏都具有重要意义。在油脂质量标准中，水分及挥发物含量是一项重要项目（表 3-3）。

表 3-3　几种主要油脂水分及挥发物含量标准

品种	国家标准		市销标准
	一级	二级	
花生油	不超过 0.1%	不超过 0.2%	最大限度 0.25%

续表

品种	国家标准		市销标准
	一级	二级	
大豆油	不超过 0.1%	不超过 0.2%	最大限度 0.25%
菜籽油	不超过 0.1%	不超过 0.2%	最大限度 0.25%
棉籽油	不超过 0.1%	不超过 0.1%	最大限度 0.2%

测定油脂水分及挥发物含量的方法很多，常用的有电烘箱 103℃恒重法、沙浴或电热板法和真空烘箱法等。由于各种油脂的性质不同，有的是非干性油，有的是半干性油或干性油，半干性和干性油在空气中加热时，易被空气中的氧氧化，引起质量的增加。因此，测定植物油脂的水分及挥发物含量时，为了取得满意的测定结果，必须选择适宜的测定方法。电烘箱 103℃恒重法仅适于酸值低于 4 的非干性油，不适用于月桂酸型油；沙浴或电热板法以及真空烘箱法适于所有油脂。

由于上述方法在加热烘干油脂过程中，不仅油脂中水分受热蒸发，而且油脂中微量的挥发性物质也挥发逸出，因此测定的结果叫做水分及挥发物的含量。测定原理：在 (103 ± 2)℃的条件下，对测试样品进行加热至水分及挥发物完全散尽，测定样品损失的质量。

（一）真空烘箱法（基准法）

1. 仪器与设备

恒温±1℃真空烘箱；减压装置：由真空泵（抽气量 10L/min）、干燥瓶（内装无水氯化钙）、玻璃三通组成；干燥器：直径 300mm（内装无水高氯酸镁）；称样皿：铝盒（直径 50mm，高 20mm）或 100mL 烧杯；感量 0.0001g 分析天平。

2. 操作方法

在已恒重的称样皿中称取摇匀的 5g 试样（m，准确至 0.001g），置于 (75 ± 1)℃的真空烘箱中，靠近温度计水银球，旋紧箱门上的旋钮。开动真空泵，当真空烘箱中的真空压力达到 13.3kPa（100mmHg①）时需再旋紧箱门，然后开始计时，烘干 1h，烘干过程中，真空压力保持 12.0～13.3kPa（90～100mmHg）。真空烘干结束后，旋松真空烘箱门上所有旋钮，小心地旋动玻璃三通，让空气缓缓地通过干燥瓶进入真空烘箱中（约 5min），使箱内真空压力缓慢地恢复到常压。打开箱门，立即盖好称样皿盖，放入干燥器中，冷却至室温（30min 以上），称量，准确到 0.001g。再复烘，每次烘 30min，直到前后两次质量差值小于 0.001g 为止，即为恒重（m_1）。

3. 结果计算

水分及挥发物含量按公式（3-6）计算

$$水分及挥发物 = \frac{m - m_1}{m} \times 100\% \tag{3-6}$$

---

① 1mmHg=1.333 22×10² Pa

式中：m——烘前试样质量，g；

　　　m_1——烘后试样质量，g。

双试验结果允许差不超过 0.05%，求其平均值，即为测定结果。测定结果取小数点后两位。

4. 注意事项

① 真空烘箱一般在圆形干燥室内装有上、下两层隔板。常压下是利用对流、传导、辐射进行干燥室内的加热，真空下利用对流加热极少，主要利用圆筒壁的热传导加热，所以干燥室内的温度分布很不均匀，靠近圆筒壁部分，特别是后面左右两角落温度高。因此，测定时要注意只使用上层隔板，不要使用后面左右两角落。温度计插到距上层隔板 2cm 处。

② 使用小型铝盒或称量皿，烘干后，如果放进空气使烘箱急速恢复常压，试样有时会飞溅。如果用于粮食粉末试样测定时，最好不要把称量皿或铝盒的盖子取下，而是错开一点。

③ 盛试样的铝盒放入烘箱时温度虽下降，但可缓缓回升，不像常压时回升快，如常压下为 100℃，则在真空度 13.3kPa 下，烘箱内温度一般为 90℃左右。这时，不要变动常压下调节的温度调节指示器。真空干燥时，自烘箱降到规定真空度时起计时。

（二）电烘箱 103℃恒重法

1. 仪器与设备

电热恒温箱；备有变色硅胶的干燥器；感量 0.001g 天平；玻璃容器（平底，直径约 50mm，高约 30mm）。

2. 操作方法

用已烘至恒重的称量皿称取混匀试样 5～10g（m，准确至 0.001g），在（103±2）℃下烘 60min，取出冷却（30min 以上），称量。再烘 30min，直至前后两次质量差不超过 2mg 或 4mg 为止。如果后一次质量大于前一次质量，取前一次质量（m_1）。

3. 结果计算

结果计算同真空烘箱法。

（三）沙浴或电热板法（快速法）

1. 仪器与设备

沙浴或电热板；陶瓷或玻璃的平底碟（直径 80～90mm，深约 30mm）；备有变色硅胶的干燥器；200℃温度计；感量 0.001g 分析天平。

2. 操作方法

在预先干燥并与温度计一起称重的碟子中，称取试样约 20g，精确至 0.001g。

将装有试样的碟子在沙浴或电热板上加热至 90℃，升温速率控制在 10℃/min 左右，边加热边用温度计搅拌。

减慢加热速率观察碟子底部气泡的上升，控制温度上升至（103±2）℃，确保不超过 105℃。继续搅拌至碟子底部无气泡产生放出。

为确保水分完全散尽，重复数次加热至（103±2）℃、冷却至90℃的步骤，将碟子和温度计置于干燥器中，冷却至室温，称重，精确至0.001g，重复上述操作，直至两次测定结果不超过2mg。

3. 结果计算

结果计算同真空烘箱法。

七、不溶性杂质检验

油脂中的不溶性杂质（insoluble impurity）是指油脂中不溶于石油醚的残留物，主要包括机械性杂质（土、砂、碎屑等）、矿物质、碳水化合物、含氮物质及某些胶质等。油脂中杂质含量的大小是油脂优劣的重要标志之一。杂质含量大时，不仅降低油脂的品质，而且加速油脂的品质劣变。因此，一般对油脂杂质的含量都规定了一定限制，含量越少越好。所选有机溶剂不同，不溶杂质的成分也有差别。本方法用来测定正己烷或石油醚中不溶解的物质。

1. 原理

用过量正己烷或石油醚溶解试样，对所得试液进行过滤。再用同样的溶剂冲洗残留物和滤纸，在（103±2）℃下干燥至恒重，计算不溶性杂质的质量。

2. 试剂

正己烷或石油醚，馏程30～60℃，溴值小于1。不论哪种溶剂，每100mL完全蒸发后的残留物应不超过0.002g。

3. 仪器与设备

分析天平：感量0.001g；电烘箱：可控制在（103±2）℃；锥形瓶：容量250mL，带有磨口玻璃塞；干燥器：内装有效干燥剂；无灰滤纸或玻璃纤维过滤器：直径120mm，带有金属（最好是铝的）或玻璃的容器，并要有盖；坩埚式过滤器；孔径10～16μm，带抽气瓶。

4. 操作方法

称取混合均匀的植物油样品30～50g（精确到0.01g），置于250mL锥形瓶内，加入等量的正己烷或石油醚（或苯，下同）于水浴上加热，使样品完全溶解于有机溶剂中。然后，干燥至恒重的滤纸过滤，滤纸上的残渣用热的有机溶剂（经水浴加热至50℃以下）多次洗涤，直至洗出溶液完全透明、油脂全部洗净为止。

待滤纸于漏斗上干燥后，取下，放入已知恒重的称量瓶中，置100～105℃干燥箱中干燥1h后，每隔20min称量一次，直至恒重为止。

5. 结果计算

油脂中不溶性杂质含量 Y 由公式（3-7）计算

$$Y(\%) = \frac{m_1 - m_2}{m} \times 100\%$$ （3-7）

式中：Y——油脂中杂质含量，%；

m_1——经过滤、干燥后滤纸质量，g；

m_2——滤纸质量，g；

m——样品质量，g。

6. 说明

① 滤纸应首先浸在石油醚中 15min，然后挥干，再烘至恒重。

② 除正己烷、石油醚外，还可以选用苯、乙醚或者汽油（沸点在 120℃ 以下）作为溶剂。用汽油作为溶剂时，干燥时间应适当延长。

③ 除用滤纸过滤外，还可以用已知恒重的 $G_1 \sim G_2$ 号漏斗，操作步骤同滤纸法。

④ 检查滤纸或漏斗上的油样是否已经洗干净的方法：取洗液一滴放入 10mL 水中，如无油层，视为无油。

⑤ 测定蓖麻油的杂质时以乙醇为溶剂。

⑥ 不适用于黑色的棉籽润滑油或硫化橄榄油中不溶性杂质含量的测定。

八、酸值检验

（一）概述

油脂酸值（acidity of oil）又称油脂酸价，是检验油脂中游离脂肪酸含量多少的一项指标，以中和 1g 油脂中的游离脂肪酸所需氢氧化钾的毫克数表示。

油脂酸值的大小与制取油脂的油料种子有关，成熟的油料种子较不成熟或正发芽、生霉的种子制取油脂酸值要小；油脂在储藏期间，由于水分、温度、光线、脂肪酶等因素的作用，被分解为游离脂肪酸于油中可使酸值增大，储藏稳定性降低。

油脂通过酸值的测定，可以评定油脂食用品质的优劣，为油脂精炼提供所需加碱量的计算依据，判断油脂储藏期间品质变化情况。

我国植物油国家标准规定：一级花生油、大豆油、菜籽油等不得超过 1.0mg KOH/g 油，二级不得超过 4.0mg KOH/g 油；一级香油不得超 3.0mg KOH/g 油，二级不得超过 5.0mg KOH/g 油；一级蓖麻籽油不得超过 2.0mg KOH/g 油，二级不得超过 4.0mg KOH/g 油；工业用一级亚麻籽油不得超过 1.0mg KOH/g 油，二级不得超过 3.0mg KOH/g 油；食用亚麻籽油不得超过 4.0mg KOH/g 油；桐油，一级不得超过 3.0mg KOH/g 油，二级不得超过 5.0mg KOH/g 油，三级不得不超过 7.0mg KOH/g 油；各种色拉油不得超过 0.30mg KOH/g 油；各种高级烹调油不得超过 0.5mg KOH/g 油。国家卫生标准规定各种食用植物油酸值超过 4.0mg KOH/g 油时，不能直接供应市场。

（二）测定方法

1. 原理

用中性乙醇-乙醚混合溶剂溶解油样，再用碱标准溶液滴定其中的游离脂肪酸，根据油样质量和消耗碱液的量计算油脂酸值。

2. 操作方法

称取混匀试样 3~5g（m）注入锥形瓶中，加入混合溶剂 50mL，摇动使试样溶解，再加 3 滴酚酞指示剂，用 0.1mol/L 碱液滴定至出现微红色，在 30s 内不消失，记下消耗的碱液毫升数（V）。

3. 注意事项

① 测定深色油的酸值，可减少试样用量，或适当增加混合溶剂的用量，以酚酞为指示剂，终点变色明显。

② 蓖麻油不溶于乙醚，因此测定蓖麻油的酸值时，只能用中性乙醇作溶剂。

③ 滴定过程中如出现混浊或分层，表明由碱液带进水量过多（水：乙醇超过 1∶4），使肥皂水解所致。此时应补加混合溶剂以消除混浊，或改用碱乙醇溶液进行滴定。

④ 对于深色油滴定，可改变指示剂以便于观察终点，改用 2g/100mL 碱性蓝 6B 乙醇溶液或 1g/100mL 麝香草酚酞乙醇溶液。碱性蓝 6B 指示剂变色范围为 pH9.4～14，酸性显蓝色，中性显紫色，碱性显淡红色；麝香草酚酞变色 pH 为 9.3～10.5，从无色到蓝色即为终点。

⑤ 游离脂肪酸的含量除以酸值表示外，还可用油脂中游离脂肪酸的百分含量（以某种脂肪酸计）来表示。一般油脂的主要脂肪酸组成是硬脂酸、油酸、亚油酸、亚麻酸等十八碳原子的脂肪酸（占一般常见油脂脂肪酸含量的 90％以上），这些脂肪酸的相对分子质量很接近，故常以油酸来计算游离脂肪酸的含量。但当所检验的油脂中含有大量与油酸相对分子质量不同的脂肪酸时，应以油脂所含主要脂肪酸来计算游离脂肪酸的百分含量。例如，对于椰子油和棕榈仁油、棕榈油、蓖麻油、菜籽油，常分别以月桂酸、棕榈酸、蓖麻酸、芥酸来计算游离脂肪酸的含量。

以游离脂肪酸百分含量表示，按公式（3-8）计算

$$游离脂肪酸含量(\%) = \frac{V \times c \times F}{m \times 1000} \times 100 \tag{3-8}$$

式中：F——游离脂肪酸的相对分子质量（油酸为 282、月桂酸为 200、棕榈酸为 256、蓖麻酸为 298、芥酸为 338）；

　　　m——试样质量，g；

　　　V——消耗的碱液毫升数，mL；

　　　C——碱标准溶液的摩尔浓度，mol/L。

酸值和游离脂肪酸百分含量可按公式（3-9）换算

$$游离脂肪酸(以油酸计) = 0.503 \times 酸值 \tag{3-9A}$$

$$游离脂肪酸(以月桂酸计) = 0.503 \times 酸值 \tag{3-9B}$$

$$游离脂肪酸(以棕榈酸计) = 0.456 \times 酸值 \tag{3-9C}$$

$$游离脂肪酸(以蓖麻酸计) = 0.530 \times 酸值 \tag{3-9D}$$

$$游离脂肪酸(以芥酸计) = 0.602 \times 酸值 \tag{3-9E}$$

九、加热试验

油脂加热试验是将油样加热至 280℃后，观察其析出物的多少和油色变化情况，从

而鉴定商品植物油脂中磷脂和其他有机杂质含量多少的感官鉴定方法。

油脂经加热至280℃后，如无析出物或只有微量析出物，且油色不变深，则认为油脂中磷脂含量合格（磷脂含量≤0.10%）；如油脂中磷脂含量较高时（磷脂含量＞0.10%），经加热后则有多量絮状析出物，油色变黑。

1. 原理

纯净的油脂加热到280℃时，仍呈透明状态，如果油脂中有存在磷脂，则在280℃下磷脂会析出或分解，使油色变深、变黑。当磷脂含量较高时，甚至会产生絮状沉淀。

2. 仪器与设备

可调电炉；装有细沙的金属盘（沙浴盘）或石棉网；烧杯（100mL）；温度计（0～300℃）；罗维朋比色计；铁支柱。

3. 操作方法

（1）初始样品色泽测定

水平放置罗维朋比色计，安好观测管和碳酸镁片，检查光源是否完好。将混匀并澄清（或过滤的）的试样注入25.4mm比色槽中，达到距离比色槽上口约5mm处。将比色槽置于比色计中。打开光源，先移动黄色、红色玻片色值调色，直至玻片色与油样色近似相同为止。如果油色有青绿色，需配入蓝色玻片，这时移动红色玻片，使配入蓝色玻片的号码达到最小值为止，记下黄、红或黄、红、蓝玻片的色值的各总数，即为被测初始样品的色值。

（2）样品加热

取混匀样品约50mL于100mL烧杯内，置于带有沙浴盘的电炉上加热，用铁支架悬挂温度计，使水银球卡在试样中心，在16～18min内加热使温度升至280℃（亚麻油升至282℃），取下烧杯，趁热观察有无析出物。

（3）加热后样品色泽测定

加热后的样品冷却到室温，注入25.4mm比色槽中，达到距离比色槽上口约5mm处。将比色槽置于已调好的罗维朋比色计中。按照初始样品的黄值固定黄色玻片色值，打开光源，先移动红色玻片调色，直至玻片色与油样色相近为止。如果油色变浅，移动红色玻片调色，至玻片色与油样色基本相近为止。如果油色有青绿色，需配入蓝色玻片，这时移动红色玻片，使配入蓝色玻片号码达到最小值为止，记下黄、红或黄、红、蓝玻片的色值的各总数，即为被测油样的色值。

4. 结果表示

观察析出物的实验结果，以"无析出物"、"有微量析出物"、"有多量析出物"之中的一个表示。

罗维朋比色值的差值以"黄色不变"、"红色色差值"、"蓝色色差值"表示。

说明：

① 有多量析出物指析出物成串、成片结团。

② 有微量析出物指有析出物悬浮。

十、碘值检验

(一) 概述

植物油脂中含有不饱和脂肪酸与饱和脂肪酸，其中不饱和脂肪酸无论在游离状态或成甘油酯时，在双键处能与卤素起加成反应。由于组成每种油脂的各种脂肪酸的含量都有一定的范围，因此，油脂吸收卤素的能力就成为它的特殊常数之一。油脂吸收卤素的程度常以碘值（iodine value）（亦称碘价）来表示。

碘值是指在一定条件下与100g油脂起加成反应所需碘的克数。

碘值是油脂不饱和程度的特征指标，可以根据其大小鉴定油脂的不饱和程度，不饱和程度大者，碘值大；反之，则小。因此，根据油脂碘价，可以判定油脂的干性程度。例如，碘值大于130的油脂属于干性油类，可用作油漆；碘值小于100的油脂属于不干性油类；碘值为100～130的油脂则为半干性油类。

各种油脂的碘值大小和变化范围是一定的。例如，大豆油碘值为123～142、菜籽油碘值为94～120、花生油碘值为80～106、棉籽油碘值为99～123、葵花籽油碘值为110～143、米糠油碘值为92～115、蓖麻籽油碘值为80～88、玉米胚油碘值为109～133。因此，测定油脂的碘值，还有助于了解它们的组成是否正常、有无掺杂等。

在油脂氢化过程中，根据碘值的大小可以计算氢化油脂所需要的氢量及检查油脂的氢化程度。测定油脂碘值对油脂的选择氢化、改善油脂的储藏稳定性和提高食用品质等均有重要意义。

碘值的测定方法很多，其原理基本相同：把试样溶入惰性溶剂，加入过量的卤素标准溶液，使卤素起加成反应，但不使卤素取代脂肪酸中的氢原子。再加入碘化钾与未起反应的卤素作用，用硫代硫酸钠滴定放出的碘。卤素加成作用的速度和程度与采用何种卤素及反应条件有很大的关系。氯和溴加成得很快，同时还要发生取代作用；碘的反应进行得非常缓慢，但卤素的化合物，如氯化碘（ICl）、溴化碘（IBr）、次碘酸（HIO）等，在一定的反应条件下，能迅速地定量饱和双键而不发生取代反应。因此，在测定碘价时，常不用游离的卤素而是用这些化合物作为试剂。

在一般油脂的检验工作中，常用氯化碘-乙醇溶液法、氯化碘-乙酸溶液法和溴化碘-乙酸溶液法来测定碘值。以下介绍氯化碘-乙酸溶液法（韦氏法），该法的优点是：试剂配好后立即可以使用，浓度的改变很小，而且反应速度快，操作所花时间短，结果较为准确，能符合一般的要求。但所得结果要比理论值略高（1%～2%）。

(二) 韦氏法

1. 原理

在溶剂中溶解试样，加入韦氏（Wijs）试剂反应一定时间后，加入碘化钾和水，用硫代硫酸钠标准溶液滴定游离出的碘。

2. 试剂

除非另有说明，该法中所用试剂均为分析纯。

① 碘化钾溶液：10g/100mL，不含碘酸盐或游离碘。

② 淀粉溶液：将 5g 可溶性淀粉在 30mL 水中混合，加入 1000mL 沸水，并煮沸3min，然后冷却。

③ 硫代硫酸钠（Na₂S₂O₃）标准溶液：0.1mol/L，标定后 7d 内使用。

④ 混合液（溶剂）：环己烷和冰醋酸等体积混合。

⑤ 韦氏试剂：含一氯化碘的乙酸溶液。韦氏试剂中的 I/Cl 之比应该控制在1.10±0.1。

含一氯化碘的乙酸溶液配制方法：可将一氯化碘 25g 溶于 1500mL 冰醋酸中。韦氏试剂稳定性较差，为使测定结果准确，应做空白样的对照试验。

配制韦氏试剂的冰醋酸应符合质量要求，且不得含有还原物质。

3. 仪器与设备

除实验室常规仪器外，还包括下列仪器设备：感量 0.0001g 天平；玻璃称量皿，与试样量适宜并可置于锥形瓶中；500mL 具塞锥形瓶；25mL 大肚吸管。

4. 操作方法

（1）称样及空白样品的制备

试样的质量根据估计的碘价而异，精确到 0.001g。推荐的称样量见表 3-4 所示。

表 3-4　试样称取质量

预估碘值/(g/100g)	试样质量/g	溶剂体积/mL
<1.5	15.00	25
1.5~2.5	10.00	25
2.5~5	3.00	20
5~20	1.00	20
20~50	0.40	20
50~100	0.20	20
100~150	0.13	20
150~200	0.10	20

注：试样的质量必须能保证所加入的韦氏试剂过量 50%～60%，即吸收量的 100%～150%。

（2）试样制备

将称好的试样放入 500mL 锥形瓶中，根据称样量加入表 3-4 所示与之相应的溶剂体积溶解试样，用移液管准确加入 25mL 韦氏试剂，盖好塞子，摇匀后将锥形瓶置于暗处。

同样用溶剂和试剂制备空白溶液。

对碘价低于 150 的样品，锥形瓶应在暗处放置 1h；碘价高于 150 的、已经聚合的、含有共轭脂肪酸的、含有任何一种酮类脂肪酸的及氧化到相当程度的样品，应置于暗处 2h。

（3）测定

反应时间结束后加 20mL 碘化钾溶液和 150mL 水。用硫代硫酸钠标准溶液滴定至碘的黄色接近消失。加几滴淀粉溶液继续滴定，边滴定边用力摇动锥形瓶，直到蓝色刚好消失。也可采用点位滴定法确定终点。

5. 结果计算

油脂碘值按公式（3-10）计算

$$碘值 W(\%) = \frac{(V_2 - V_1) \times c \times 0.1269}{m} \times 100 \tag{3-10}$$

式中：W——每 100g 试样中含碘的质量，g/100g；

V_1——空白试验用去的硫代硫酸钠溶液体积，mL；

V_2——试样用去的硫代硫酸钠溶液体积，mL；

c——硫代硫酸钠溶液的浓度，mol/L；

m——试样质量，g；

0.1269——1/2 I_2 的毫摩尔质量，g/mmol。

测定结果的取值要求见表 3-5。

表 3-5 测定结果的取值要求

试样中含碘的质量/(g/100g)	结果取值到
<20	0.1
20~60	0.5
>60	1

十一、含皂量检验

（一）概述

油脂中的含皂量（soap content in oil），即油脂经过碱炼后，残留在油脂中的皂化物数量（以油酸钠计）。植物油脂含皂量过高时，对油脂的质量与透明度有很大的影响。油脂含皂量是食用植物油质量标准中规定的指标之一，也是衡量油脂碱炼时水化工艺是否达到工艺操作要求的依据。我国植物油国家标准规定：一级花生油、大豆油、菜籽油、葵花籽油、精炼棉籽油含皂量≤0.03％；一、二级普通芝麻油、工业用亚麻籽油、油茶籽油、玉米胚油、精炼米糠油含皂量≤0.03％。

（二）测定方法

1. 原理

油样用有机溶剂溶解后，再加热水使皂化物水解，水解出的碱再以盐酸标准溶液中和，根据盐酸标准溶液消耗的体积换算为油酸钠量作为含皂量。

$$RCOONa + H_2O \rightleftharpoons RCOOH + NaOH$$

$$NaOH + HCl \longrightarrow NaCl + H_2O$$

2. 试剂

除非另有说明，试剂均为分析纯。

0.01mol/L 盐酸标准溶液；0.01mol/L 氢氧化钠溶液；0.1％溴酚蓝溶液。

丙酮水溶液：量取 20mL 水加入到 980mL 丙酮中，摇匀。临分析前，每 100mL 中加入 0.5mL 0.1％溴酚蓝溶液，滴加盐酸溶液或氢氧化钠溶液调节至溶液呈黄色。

3. 仪器与设备

1mL 移液管；250mL 具塞锥形瓶；微量滴定管（分度值 0.02mL）；天平（感量 0.01g）；量筒；烧杯；恒温水浴。

4. 操作方法

称取混匀试样约 40g（精确至 0.01g），注入干燥的锥形瓶中，加入 1mL 水，将锥形瓶置于沸水浴中，充分摇匀。

加入 50mL 丙酮水溶液，在水浴中加热后，充分振摇，静置后分为两层。

加入指示剂，用微量滴定管趁热逐滴加入 0.01mol/L 盐酸标准溶液，每加一滴振摇数次，滴至溶液从蓝色变为黄色。

重新加热、振摇、滴定至上层呈黄色不褪色，记下消耗盐酸标准溶液的总体积。

同时做空白试验。

5. 结果计算

油脂含皂量按公式（3-11）计算

$$含皂量(\%) = \frac{(V - V_0) \times c \times 0.304}{m} \times 100 \qquad (3-11)$$

式中：V——滴定试样溶液消耗的盐酸标准溶液体积，mL；

V_0——滴定空白溶液消耗的盐酸标准溶液体积，mL；

c——$1/2H_2SO_4$ 溶液浓度，mol/L；

m——试样质量，g；

0.304——油酸钠毫摩尔质量，g/mmol。

双试验结果允许差不超过 0.01％，求其平均数，即为测定结果。测定结果取小数点后两位。

说明：

① 该法适用于含皂量不超过 0.05％的油脂样品，如油脂含皂量较高，测定时可以减少试样用量（如 4g）。

② 加入丙酮水溶液分层后，如油脂中含有皂化物，则上层将呈绿色至蓝色。

十二、不皂化物检验

（一）概述

不皂化物（unsaponification matter）是指油脂皂化时，与碱不起作用的、不溶于水但溶于醚的物质。油脂中不皂化物主要成分是甾醇，其次是高分子脂肪醇、碳氢化合物、蜡、色素和维生素等。大部分植物油中约含 1％的不皂化物。

植物油中不皂化物含量的大小是鉴定油脂品质的指标之一。当植物油中掺杂有矿物油、石蜡时，其不皂化物值将增高，因此，测定油脂的不皂化物，可以鉴定油脂的纯度和掺杂情况。此外，在制皂工业上，亦常测定油脂的不皂化值，以决定该油脂是否适宜于制皂，不皂化物含量超过 2%～3% 的油脂不适于制皂。

我国植物油标准规定：大豆色拉油、高级烹调油、花生色拉油、高级烹调油的不皂化物含量≤1%；菜籽色拉油、高级烹调油、棉籽色拉油、高级烹调油、葵花籽油、葵花籽色拉油、高级烹调油的不皂化物含量≤1.5%；米糠色拉油不皂化物含量≤3.0%；米糠高级烹调油不皂化物含量≤4.5%；精炼米糠油不皂化物含量一级≤3.5%，二级≤4.5%。

（二）测定方法

1. 原理

将油脂与氢氧化钾乙醇溶液在煮沸回流条件下进行皂化，用乙醚萃取不皂化物，与肥皂分离，蒸去乙醚并对残留物干燥后，即得不皂化物。

2. 试剂

1.0mol/L KOH 乙醇溶液；0.5mol/L KOH 水溶液；重蒸乙醚；丙酮；酚酞指示溶液（10g/mL 的 95% 乙醇溶液）。

3. 仪器与设备

250mL 圆底烧瓶；冷凝管（与圆底烧瓶配套）；电热恒温水浴锅；500mL 分液漏斗；水浴锅；感量 0.001g 天平；电热恒温烘箱等。

4. 操作方法

称取混匀试样 5g（准确至 0.01g），注入 250mL 圆底烧瓶中，加 1.0mol/L KOH 乙醇溶液 50mL 和一些沸石，连接冷凝管，在水浴锅上煮沸回流约 1h，停止加热，从回流管顶部加入 100mL 并旋转摇动。

冷却后转移皂化液于 500mL 漏斗中，用 100mL 乙醚分几次洗涤烧瓶和沸石，并将洗液倒入分液漏斗，趁温热时猛烈摇动 1min 后，静置分层。将下层皂化液放入另一分液漏斗中，再用同样方法乙醚提取两次，每次 100mL。合并乙醚提取液，装入放有 40mL 水的分液漏斗中，轻轻旋摇，待分层后，放出水层，再用水洗涤两次，每次 40mL，猛烈振摇。

乙醚提取液再用 40mL 5mol/L KOH 水溶液和 40mL 水相继洗涤乙醚溶液后，再用 40mL 5mol/L KOH 水溶液，然后用 40mL 水洗涤至少两次以上。最后用水洗至加酚酞指示剂时不显红色为止。

将乙醚提取液转移至恒重的 250mL 烧瓶中，在水浴上回收乙醚后，加 5mL 丙酮，在沸水浴上将挥发性溶剂完全蒸发。将烧瓶于（103±2）℃烘箱中烘 15min，冷却，称量，精确到 0.1mg。按上述方法间隔 15min 重复干燥，直至两次称量质量相差不超过 1.5mg。如果 3 次干燥后还不恒重，则不皂化物可能被污染，需要重新进行测定。

当需要对残留物中的游离脂肪酸进行校正时，将称量后的残留物溶于 4mL 乙醚中，然后加入 20mL 预先中和到使酚酞指示溶液呈淡粉色的乙醇。用 0.01mol/L 标准的 KOH 醇溶液滴定相同的终点颜色。

5. 结果计算

植物油中不皂化物含量按公式（3-12）计算

$$不皂化物含量(\%) = \frac{(m_1 - m_2 - m_3)}{m_0} \times 100 \qquad (3\text{-}12)$$

式中：m_0——油样质量，g；

　　　m_1——残留物质量，g；

　　　m_2——空白试验的残留物质量，g；

　　　m_3——游离脂肪酸的质量，如果需要等于 $0.28V \times c$，g。

其中：V——滴定所消耗的标准 KOH 乙醇溶液的体积，mL；

　　　c——KOH 乙醇标准溶液的准确浓度，mol/L；

　　　0.28——1mmol/L 油酸的毫摩尔质量，g/mmol。

实验结果允许误差不超过 0.2%，求其平均数，即为测定结果。测定结果取小数点后一位。

6. 注意事项

① 在最初用乙醚提取时，溶液的碱性相当强，可能形成乳浊层，可滴加几滴 1mol/L HCl 使分层清晰。

② 所用的分液漏斗的活塞上，不宜涂凡士林润滑剂。在合并 3 次乙醚提取液时，应从分液漏斗上口倒出，不宜从活塞放出。

③ 在稀的皂液中，常使肥皂水解产生脂肪酸溶于乙醚层中，虽然乙醚层反复用碱液洗涤，使脂肪酸皂化，再用水洗去，但仍有脂肪酸残留。所以，在称量不皂化物后，必须将残留物溶于中性乙醚、乙醇中，测定脂肪酸的质量。在结果计算时从残留物质量中扣去这部分质量。

油脂与碱醇溶液共热皂化后，也可用石油醚萃取，其他操作同乙醚法。

十三、过氧化值检验

1. 原理

油脂中的过氧化物与碘化钾作用能析出游离碘，用硫代硫酸钠标准溶液滴定，根据硫代硫酸钠溶液消耗的体积，计算油脂过氧化值（peroxide value）。其反应为

$$\begin{array}{c}\text{—CH—CH—} + 2KI \longrightarrow K_2O + I_2 + \text{—CH—CH—} \\ \quad | \quad\ \ | \qquad\qquad\qquad\qquad\qquad\qquad \backslash \ \ / \\ \quad O\text{—}O \qquad\qquad\qquad\qquad\qquad\qquad\quad\ O \end{array}$$

$$I_2 + 2Na_2S_2O_3 \longrightarrow Na_2S_4O_6 + 2NaI$$

油脂的过氧化值是以 100g 油脂能氧化析出碘的克数（I_2g/100g）或 1kg 油脂中含过氧化物氧的毫摩尔数（mmol/kg）表示。

2. 试剂

冰醋酸；异辛烷；5g/L 淀粉溶液；$Na_2S_2O_3$ 标准溶液（0.1mol/L 和 0.01mol/L，临用前标定）；饱和碘化钾溶液：取 10g 碘化钾，加 5mL 水，储于棕色瓶中。

3. 仪器与设备

感量 0.001g 分析天平；250mL 具塞锥形瓶；移液管（5mL、10mL、15mL）；100mL 量筒；滴定管（10mL，最小分度值 0.05mL）。所有器皿不得含有氧化性或还原性物质，磨砂玻璃表面不得涂油。

4. 操作方法

（1）称样

用纯净干燥的二氧化碳或氮气冲洗锥形瓶，根据估计的过氧化值，按表 3-6 称样装入锥形瓶。

表 3-6　取样量和称量的精确度

估计的过氧化值/[mmol/kg（meq/kg）]	样品量/g	称量的精确度/g
0~6（0~12）	2~5	±0.01
6~10（12~20）	1.2~2	±0.01
10~15（20~30）	0.8~1.2	±0.01
15~25（30~50）	0.5~0.8	±0.001
25~45（50~90）	0.3~0.5	±0.001

（2）测定

将 50mL 乙酸-异辛烷溶液加入锥形瓶中，盖上塞子摇动至样品完全溶解。

加入 0.5mL 饱和碘化钾溶液，紧密塞好瓶盖使其反应，时间为 1min±1s，在此期间摇动锥形瓶至少 3 次，然后加入至少 30mL 蒸馏水。

用硫代硫酸钠标准滴定溶液滴定，逐渐地、不间断地添加滴定液，同时伴随有力的搅动，直到黄色几乎消失，添加约 0.5mL 淀粉指示液，继续滴定，临近终点时不断摇动使所有的碘从溶剂层释放出来，逐滴添加滴定液，至蓝色消失，即为终点。

测定必须做试剂空白试验，当空白试验消耗 0.01mol/L 硫代硫酸溶液超过 0.1mL 时，应更换试剂重新对样品进行测定。

5. 结果计算

过氧化值按公式（3-13）计算

$$过氧化值(I_2\%)(X) = \frac{1000(V_1 - V_2) \times C}{m} \tag{3-13}$$

$$X_1 = X \times 2$$

式中：X——样品的过氧化值，mmol/kg；

X_1——样品的过氧化值，mmol/kg；

V_1——样品消耗硫代硫酸钠标准滴定溶液体积，mL；

V_2——试剂空白消耗硫代硫酸钠标准滴定溶液体积，mL；

C——硫代硫酸钠标准滴定溶液的浓度，mol/L；

m——试样质量，g；

2——换算因子。

测定结果取算术平均值的两位有效数字；相对偏差≤10%。

6. 注意事项

① 异辛烷漂浮在水相的表面，溶剂和滴定液需要充分的时间混合。当过氧化值 ≥35mmol/L（70meq/kg）时，用淀粉溶液指示终点，会滞后15～30s，为充分释放碘，可加入适量的（浓度为0.5%～1.0%）高效 HLB 乳化剂（如 Tween 60）以缓解反应液的分层和减少碘释放的滞后时间。

② 在用硫代硫酸钠标准溶液滴定被测样品溶液时，必须在接近滴定终点溶液呈淡黄色时，才能加淀粉指示剂，否则淀粉能大量吸附碘而影响结果的准确。

十四、冷冻试验

冷冻试验（freezing test）是用来检验各种色拉油在冬季0℃下，有无结晶析出和不透明的现象。

1. 仪器与设备

－10～15℃温度计；软木塞；石蜡；0℃冰水浴（容积约2L，内装碎冰块的桶）；油样瓶（115mL，洁净、干燥）。

2. 操作方法

将混合均匀的油样（200～300mL）加热至130℃后立即停止加热，并趁热过滤，将过滤油移入油样瓶中，用软木塞塞紧，冷却至25℃，用石蜡封口，然后将油样瓶浸入0℃冰水浴中，用冰水覆盖，使冰水浴保持0℃，随时补充冰块，放置5.5h后取出油样瓶，仔细观察脂肪结晶或絮状物（注意：切勿错误地认为分散在样品中细小的空气泡是脂肪结晶），合格的样品必须澄清透明。

3. 注意事项

① 预先热处理的目的是除去微量的水分，并且破坏可能出现的结晶核，因为两者都会影响试验，会带来絮状物或者过早的结晶。

② 如果需要延长冷冻试验时间，可在5.5h后，将油样瓶继续放入冰水浴中，根据需要时间，再取出观察，观察后油样瓶迅速放回冰水浴，以防止温度上升。

十五、烟点检验

烟点（smoking point）又称发烟点，是油脂接触空气加热时对它的热稳定性的一种量度，是指在避免通风并备有特殊照明的实验装置中，加热时第一次呈现蓝烟时的温度。

油脂中游离脂肪酸、甘油一酸酯、不皂化物等相对分子质量较低的物质比甘油酯容易挥发，都可使烟点降低。例如，玉米油、棉籽油和花生油的游离脂肪酸含量在0.01%时，烟点约为232℃，而游离脂肪酸含量逐渐增高时，烟点则逐渐降低，当游离脂肪酸含量为100%时，其烟点则降至约90℃。因此，烟点可用作植物油精炼程度的指标。精炼好的植物油烟点为205～220℃，未精炼好的植物油如芝麻油等的烟点为160～

170℃。油脂如果长时间加热，烟点会逐渐降低。所以，油脂于高温下煎炸食品时，其烟点与油炸作业性及产品合格率有关。我国植物油标准将烟点作为各种色拉油、高级烹调油质量标准的一项。质量标准见表3-7。

表 3-7　植物油烟点质量标准

植物油	烟点/℃	植物油	烟点/℃
大豆色拉油	≥220	高级大豆烹调油	≥215
菜籽色拉油	≥220	高级菜籽烹调油	≥215
花生色拉油	≥220	花生高级烹调油	≥210
棉籽色拉油	≥220	棉籽高级烹调油	≥210
葵花籽色拉油	≥220	葵花籽高级烹调油	≥210
米糠色拉油	≥220	米糠高级烹调油	≥205

下面介绍两种植物油脂的烟点检验方法。

（一）自动测定仪方法

1. 原理

样品被快速加热到150℃，然后以5～6℃/min的速率继续加热加温，样品中低沸点和热不稳定物质会发出来并产生烟雾，产生的初次蓝烟进入光电烟雾检测器后，对检测器发出的光波（光波范围380～780mm）产生特征吸收时，检测器产生响应并达到预定的检测阈值，检测此时样品的温度即为样品烟点值。

2. 仪器与设备

植物油脂烟点测定仪，样品杯等。

3. 操作方法

（1）仪器预热

打开电源开关，仪器自动进行预热和检查，待加热器和光电烟雾检测器等达到热稳定状态并完成自检，进入样品测定状态。

（2）样品测定

用酒精棉球擦拭清洁样品杯，待酒精挥发干后，取约75mL样品注入样品杯至装样线，装样时不得有油样溅出。

将样品杯置入烟点测定装置，启动测定程序，样品被快速加热至150℃后，以5～6℃/min的速率继续加热升温，当样品产生烟雾时，集烟器自动收集烟雾，并将其自动倒入光电烟雾检测器。光电烟雾检测器对蓝色烟雾产生响应，同时温度传感器检测样品温度，系统控制软件检测、显示和记录测定过程的技术数据和烟点测定结果。

4. 结果表示

双试验测定结果的算术平均值作为样品的烟点测定值，结果保留整数位。如果两次测定结果之差超过2℃，应重复进行3次实验，取最接近的两次测定结果的平均值作为测定结果。

（二）目视测定法

1. 原理

在规定的测定条件下，油脂加热至肉眼能初次看见热分解物连续发蓝烟时的最低温度。

2. 仪器与设备

烟点实验箱；水银温度计（量程：0～300℃）；样品杯；加热板；石棉板，加热装置等。

3. 操作方法

将油脂样品小心地装入样品杯中，使样品液面恰好在装样线上。

调节装置的位置，使照明光束正好通过油样样杯口中心，火苗集中在杯底的中央，将温度计垂直地悬挂在样品杯中央，水银球离杯底 6.35mm。迅速加热样品到发烟点前42℃左右，然后调节热源，使样品升温速率为 5～6℃/min。看见样品有少量、连续带蓝色的烟（油脂中热分解物）冒出时，读取温度计指示的温度即为烟点。

十六、溶剂残留检验

溶剂残留（residual solvent）检验主要是针对浸出油的一种检验项目。浸出油是植物油厂采用浸出工艺生产的油脂。用溶剂浸出法提取植物油可获得较高的油脂产量，并保证较好的油品质量，因而在植物油脂生产中普遍使用溶剂浸出法。油脂加工中使用溶剂为石油的低沸馏出物，是以六碳烷为主要成分的多组分溶剂的混合物，是一种麻醉呼吸中枢的溶剂，有一定的毒性。因此，控制溶剂在油脂中的残留是保证食用油质量和安全的重要措施。从毒理学和工艺水平考虑，我国规定食用油中溶剂残留量不得超过50mg/kg。实验室采用顶空气相色谱法测定油脂中溶剂残留量。

1. 顶空气相色谱法原理

顶空气相色谱分析是根据相平衡原理进行样品预处理的气相色谱分析方法，即某待测样品在密闭体系中，在一定温度下，样品中挥发组分汽化，并进入上部空间。当脱离样品基质，进入上部空间的挥发组分的分子数，与从上部空间返回样品表面的挥发组分的分子数相等时，系统处于动态平衡。因此，从上部空间所取的气体样品进入色谱柱所得到的色谱峰，其面积与组分的蒸汽压呈正比。在测定中，同时分析纯物质（标准系列）及试样，可从标准物质的浓度、标准物质的色谱峰、待测物质的色谱峰面积，求出待测物质的浓度。

2. 试剂

① 无溶剂机榨油。

② 轻汽油，即浸出法生产时使用的溶剂。

③ 标准油样。精确称取 0.5g 轻汽油和 49.5g 机榨油混匀成 1%（质量）标准油样，称取 1%标准油样 0.5g，用机榨油稀释到 50g，每克含 0.1mg 轻汽油（100mg/kg）。

3. 仪器与设备

① 气相色谱。

检测器：氢火焰离子化检测器。

色谱柱：不锈钢柱，内径 4mm，长 2m。

载体：玻璃微珠担体（60～80 目）。

载气：氮气，流速 90mL/min。

氢气流速：50mL/min。

空气流速：900mL/min。

色谱柱温度 85℃。

进样口温度 110℃。

检测器温度 120℃。

② 药瓶。60mL，配有反堵橡胶塞（即输液瓶塞）。

4. 操作方法

① 标准曲线绘制。取 60mL 小药瓶，分别加入机榨油 10g、8g、6g、4g、2g、0g，再补加 100mL/kg 的标准油样到 10g（分别含轻汽油 0mL/kg、20mL/kg、40mL/kg、60mL/kg、80mL/kg 和 100mL/kg）。立即用玻璃纸包好的反堵胶塞塞紧、混匀，于 25℃恒温水浴中放置 30min，并小心地水平振荡 3min，注意勿使油样触及胶塞。用注射器抽取 1mL 气体注入气相色谱，并注射 1mL 空气进入小药瓶，25℃保温后重复进样。以峰高或峰面积为纵坐标、含量为横坐标绘制标准曲线。

② 样品分析。称取 10g 油样于 60mL 小药瓶中，用玻璃纸包好的反堵胶塞塞紧。之后的操作与标准曲线绘制时的操作相同。按峰高或峰面积值查标准曲线，即得油样中残留溶剂的含量。

5. 注意事项

① 影响顶空气相色谱分析的主要因素，首先是样品的平衡温度，再是待测组分的活度系数（可以通过加入某些电解质或非电解质来调节）。此外，药瓶上部空间的体积要适中，小一点可以增大灵敏度，但太小则不易达到相平衡，且取样不易均匀。

② 标准油样的配制以无溶剂的机榨油为基质，机榨油以新榨制的为好，当然无明显变质的机榨油也可以采用，但预先应在色谱上进样观察有无干扰峰。

③ 加热温度和时间的选择要从两个方面加以考虑：一是要有足够的溶剂从试样中挥发出来，并达到稳定的动态平衡；二是和待测成分一起逸出的其他挥发物质，不得对轻汽油测定有干扰。一般加热温度越高干扰越多，尤其是当油脂有酸败现象时，这种干扰尤为明显。

④ 用注射器抽取气体试样时，易出现进样体积误差，因此，取样不能像抽取液体试样那样快，应慢慢抽取，并且在取样之前用少许蒸馏水将注射器内壁湿润，使内壁与芯杆更加密合。取样后应尽快进样。

十七、脂肪酸组成检验

植物油脂的主要组分是甘油三脂肪酸酯，简称甘油三酯，其中脂肪酸占 94%～96%。脂肪酸对甘油三酯的物理和化学性质有较大影响。由于食用植物油的植物来源不同，所含脂肪酸的种类及含量也各不相同。植物油中主要含有油酸和亚油酸，这是人体所必需的不饱和脂肪酸。但研究表明，人体对油脂中饱和类、单烯类、多烯类脂肪酸需保持合理的比例，单一的天然动、植物油都不可能满足人体需要。分离、分析脂肪酸组成的方法很多，包括气相色谱法、气相色谱-质谱联用法、毛细管电泳法等，目前最常用的脂肪酸组成分析方法是气相色谱法。

1. 气相色谱法测定脂肪酸组成原理

一般先将油脂或脂肪酸甲酯化，降低油脂或脂肪酸沸点，保证在较低的温度时（<250℃）就可以汽化，利用色谱柱将脂肪酸甲酯按碳原子数或不饱和键的数量多少来进行分离和测定。

2. 仪器

气相色谱仪；$10\mu L$ 微量进样器（最小刻度 $0.1\mu L$）。

3. 试剂

载气：惰性气体如 N_2、He、Ar 等，氧含量不大于 $10mg/kg$。

氢气：纯度大于 99.9%，不含有机杂质、空气或氧气。

标准样品：某些已知脂肪酸甲酯的混合物或某已知组成油脂的脂肪酸的甲酯。

4. 操作方法

① 测定脂肪酸组分分析效率及分辨率：取一种其硬脂肪酸及油酸含量基本相同的油脂（如可可脂），甲酯化后，进行气相色谱分析。调整分析条件（进样量、柱温、载气流速），以保证硬脂肪酸酯的出峰时间迟于溶剂峰约 15min，峰高占全程的 3/4 左右。

理论塔板数

$$n = 16 \times \frac{d_{R1}}{W_1} \times 2 \qquad (3\text{-}14)$$

式中：d_{R1}——从进样到硬脂肪酸最大峰高处的水平距离，mm；

　　　W_1——硬脂肪酸的峰宽度，mm。

分辨率

$$K = \frac{2\Delta}{W_1 + W_2} \qquad (3\text{-}15)$$

式中：W_2——油酸酯的峰宽度，mm；

　　　Δ——两峰间距离，mm。

调整色谱条件，使对于硬脂酸而言，其理论塔板数大约为 2000，分辨率大于 1.25，就可以使待分析样品中 $C_{18:3}$、$C_{20:0}$、$C_{20:1}$ 分开。

② 脂肪酸甲酯的分析条件：

检测器　　　　　　　　　　FID

色谱柱	内径 3mm，长 3m 玻璃柱
固定液	10%DEGS
粗体	Chromosorb 80~100 目
柱温	170℃
汽化温度	200℃
载气	800mL/min

③ 用微量进样器取上述脂肪酸甲酯溶液 2~5μL（根据所含溶剂多少而定），注入色谱仪进样口，进行脂肪酸分析。

5. 脂肪酸的定性和定量分析

（1）定性分析（组分分析）

根据各种脂肪酸标样的保留时间和未知样比较，来确定脂肪酸的组分。

（2）定量分析

根据峰面积以归一化法计算各种脂肪酸的含量。

① 若待测样品中不含 C_8 以下的脂肪酸，可用公式（3-16）计算

$$\text{某脂肪酸甲酯组分 } i \text{ 的含量（质量分数）} = \frac{A_i}{\sum A_i} \times 100\% \qquad (3\text{-}16)$$

式中：A_i——组分 i 对应的峰面积；

$\sum A_i$ ——所有峰面积之和（不包括溶剂峰）。

② 若待测样品中含有 C_8 以下的脂肪酸，并以热导检测器进行气相色谱分析，那么，校正因子应由峰面积变为质量之比，由参照样品色谱图测定校正因子。对于参照混合物而言

$$\text{组分 } i \text{ 的含量（质量分数）} = \frac{m_i}{\sum m_i} \times 100\% \qquad (3\text{-}17)$$

式中：m_i——组分 i 的质量，mg；

$\sum m_i$ ——所有参照组分的质量之和，mg。

$$\text{组分 } i \text{ 的峰面积含量} = \frac{B_i}{\sum B_i} \times 100\% \qquad (3\text{-}18)$$

式中：B_i——组分 i 的峰面积；

$\sum B_i$ ——所有峰面积之和（不包括溶剂峰）。

因此计算出校正因子

$$K_i = \frac{m_i \sum B_i}{B_i \sum m_i} \qquad (3\text{-}19)$$

一般校正因子均以相对于棕榈酸的校正因子（K_{16}）的相对校正因子计算

$$K_i' = K_i / K_{16} \qquad (3\text{-}20)$$

因此，对于待测样品中各组分（脂肪酸甲酯）含量为

$$\text{组分} i \text{含量(质量分数,以甲酯计)} = \frac{K'_i A_i}{\sum K'_i A_i} \times 100\% \qquad (3\text{-}21)$$

③ 在特殊情况下,如测定 C_4 及 C_6 脂肪酸的含量或者待测组分的脂肪酸不能全部上峰时,可用内标法。一般用 C_5 及 C_{15} 或 C_{17} 酸作为内标,同时必须测定内标的校正因子。

$$\text{组分} i \text{含量(质量分数,以甲酯计)} = \frac{m_0 K'_i A_i}{m K'_s A_s} \times 100\% \qquad (3\text{-}22)$$

式中：m_0——内标的质量,mg;

　　　m ——样品的质量,mg;

　　　K'_s——内标校正因子;

　　　K'_i——组分 i 的校正因子;

　　　A_s——内标对应的峰面积;

　　　A_i——组分 i 对应的峰面积。

6. 结果表示

含量大于 10% 的,保留三位有效数字;含量在 1%～10% 的,保留两位有效数字;含量小于 1% 的,保留一位有效数字。

7. 重复性

对于同一个样品、同一个操作者,在同一天、同一仪器上所测定的结果应有较好的重复性。

若组分含量大于 5%,其两次测定结果的绝对差应小于 1%,而相对偏差则应小于 3%;若组分含量小于 5% 时,随着含量的降低,重复性差些。

8. 重现性

同一样品在两个不同的实验室进行测定时,若组分含量大于 5%,则其绝对偏差应小于 3%,而相对偏差则小于 10%;组分含量小于 5% 时,随着含量的降低,重现性差些。

说明：

① 使用气相色谱分析脂肪酸组成时,也可采用热电导检测器,条件如下:

柱子　　　　　　长 2～4m,内径 4mm

粗体　　　　　　过 160～200μm 筛

固定相　　　　　15%～25%

载气　　　　　　He(也可使用含氧量很低的 H_2)

进样口温度　　　高于柱温 40～60℃

柱温　　　　　　180～200℃

载气流速　　　　60～80mL/min

进样量　　　　　0.5～2.0μL

定量分析时应用校正因子计算。

② 若待测样品中含有 3 个以上双键的不饱和脂肪酸时,在不锈钢柱中会发生分解。

十八、固体脂肪指数检验

塑性脂肪的塑性取决于所含固液两相比例、固态甘油三酯的结构、结晶形态、晶体大小及液体油的黏度，其中以固液两相比例最为重要。

利用塑性脂肪膨胀原理测定固体脂肪含量，除美国油脂化学家协会（AOCS）规定固体脂肪指数（solid fat index，SFI）方法外，还有国际纯粹与应用化学联合会（IUPAC）规定的膨胀值（D）的方法，两种方法原理相同、处理方法不同。目前测定 SFI 的简便方法是核磁共振法。

从 SFI 值得到的固体脂肪百分率与实际含量十分近似，但核磁共振法适用于在 10℃时 SFI 不大于 50 的油脂，如人造奶油及起酥油等，而不适用于固体脂肪含量高的油脂，如可可脂等。

膨胀值法对试样处理要求特别高，对 β 结晶的油脂（如可可脂）在 26℃需熟成 40h 后才能测定。该法可测定固体脂肪含量 0～94％的试样。以下内容重点介绍 SFI 法及核磁共振法测定固体脂肪。

（一）SFI 法

1. 原理

测定塑性脂肪在不同温度下固液两相比例的方法称为 SFI 法，其方法是根据固液两相的比容不同而设计的。固相转为液相，体积有很大膨胀，这种膨胀称为熔化膨胀。另外固相与液相在升高温度不变相的情况也要膨胀，此膨胀称为热膨胀。固相的热膨胀很小，仅为液相的 1/3，而熔化膨胀大于热膨胀千余倍，在某一温度上的总膨胀为熔化膨胀与热膨胀之和，总膨胀减去热膨胀即为熔化膨胀。直接测定某一温度下的熔化膨胀是不太可能的，测定在 60℃下全液态的体积减去在某温度下固液两态的总体积之差，间接得到该温度下还未熔化固体的体积是可能的，这种测定在某温度下残存固相的熔化膨胀的方法称为 SFI 法，即固体脂肪指数法，通常以 mL/kg 或 μL/g 表示。该方法适用于人造黄油、起酥油和其他 10℃下固体脂肪指数为 50 或 50 以下的脂肪。

2. 试剂

约含 1％重铬酸钾指示剂的水溶液、高真空脂（聚硅氧烷类）、石油醚、蒸馏过的汞。

3. 仪器与设备

① Pyrex 膨胀计，其结构如图 3-1 所示。由精密孔径的毛细管制成的管柱，管上 0～1.400mL 每 0.005mL 分刻度，准确度至少达到±0.005mL。标尺 0～1400μL 每隔 50μL 标明数值。各管柱和塞子统一号码。

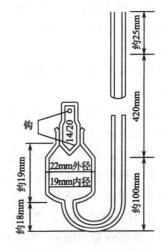

图 3-1 Pyrex 膨胀计结构

② 固定膨胀计塞子的弹簧。

③ 使膨胀计固定在恒温浴中的温度计夹子。

④ 具备充分循环精度为±0.05℃的恒温水浴。一般用 10℃、21.1℃、26.7℃、33.3℃下的固态脂肪指数来表征起酥油和人造黄油。因此，所需的恒温水浴为0℃、10℃、21.1℃、26.7℃、33.3℃、37.8℃和60℃。

⑤ 能使压力降到 0.267kPa 以下的真空泵。

⑥ Pyrex 毛细双向活塞，内径 2mm，带有尖管嘴。

⑦ Fisher Pyseal 黏合剂或与之相当的黏合剂。

4. 操作方法

① 校准所有新的膨胀计的准确度检验。彻底清洁和干燥膨胀计。把膨胀计倒置夹牢。把毛细活塞塞在膨胀计管柱的一端并用黏合剂密封。黏合剂固结之后，把活塞的尖端插入清洁的室温下的汞槽中。利用真空把汞抽进膨胀计的管柱直到刻度部分充满。逐次取回 0.200mL 的汞放入称量过的 50mL 烧杯并记下质量。按公式（3-23）计算每一测得刻度间隔所包含的真正体积（mL）

$$真正体积 = \frac{汞的质量}{后刻度读数 - 前刻度读数} \times 汞在 T_a 温度下的比体积 \times 1000 \qquad (3\text{-}23)$$

式中：T_a—— 温度，℃；

　　　1000 ——mL 相当于刻度读数中的 1000。

② 膨胀计的充填。将 50mL 指示剂溶液倒入 250mL 的圆底烧瓶中，在稍高于溶液蒸气压的压力和除气温度下进行除气 3min（25℃下水的蒸气压为 32kPa）。指示剂的除气也可以采用在大气压力下猛沸 15min 的方法，将塞子塞紧后冷却到室温，备用。

把样品加热到 80℃，然后在 250mL 圆底烧瓶中以 267Pa 的压力进行除气，直到不见气泡出现，但至少需 2min。样品必须保持液态并且在除气过程中要猛烈摇动。

转移 2mL 指示剂到膨胀计球状器中，用聚硅氧烷使塞子稍微润滑，将组合的膨胀计放在扭力天平上称准到 0.01g。

小心倒入已脱过气的待测的熔化油样，铺盖指示剂直到样品满溢。插入塞子使它被密封时指示剂溶液上升到 600～700（在 60℃下的读数应是 1200±100；如果不是则重新测定）。

用石油醚清洗膨胀计外表面的脂肪，系上备用弹簧，当溶剂已经蒸发时再次称量膨胀计。

③ 热膨胀的测量。把膨胀计置入 60℃的水浴中浸至 300 刻度，15min 后记下读数，以后每隔 5min 读取数值，直到 5min 内的变化小于 2 个单位。测定终了，再次核对的60℃读数应该和 60℃参考读数基本一致。如果差别太大，则应重新装填、重新操作。

把膨胀计移入 37.8℃的水浴，浸至 300 刻度，每隔 5min 读数直到 5min 内的变化小于 2 个单位，记下所有读数。

④ 样品状态调整。把膨胀计转入 0℃冰水浴中，浸至 300 刻度，维持 15min；移入26.7℃水浴保持 30min；再转回到 0℃冰水浴保持 15min。冰水浴恒温时应采取措施使之充分对流。

⑤ 测量膨胀。把膨胀计从 0℃ 冰水浴转移到 5℃ 水浴中，浸至 300 刻度，恒温 30min 记录读数。然后将膨胀计转入 0℃ 冰水浴中，保持 15min 后，再置于 10℃ 水浴中，恒温 30min，并记录 10℃ 下的读数。如此重复测量 15℃、20℃、25℃、30℃、35℃、40℃、45℃、50℃、55℃、60℃ 下膨胀计的读数。

5. 计算方法

① 在温度（T）下的固体脂肪指数（SFI）由公式（3-24）计算

$$\text{SFI} = (\text{总膨胀}) - [\text{热膨胀} \times (60 - T)] \tag{3-24}$$

式中：T——观察到的温度，℃。

② 样品每度（℃）升高的热膨胀（mL/kg）由公式（3-25）计算

$$\frac{R(60) - R(37.8) - V_c(37.8)}{m \times (60 - 37.8)} \tag{3-25}$$

式中：$V_c(T)$——T 温度下玻璃和水膨胀的体积校正（表 3-8）；

$R(T)$——T 温度下膨胀计的读数；

m——样品的质量，kg。

表 3-8　体积校正

浴温/℃	60℃ 读数				
	1000	1100	1200	1300	1400
0	22.0	20.3	18.6	16.9	15.2
5	22.2	20.5	18.7	17.0	15.3
10	21.8	20.1	18.4	16.7	15.1
15	21.0	19.5	17.8	16.2	14.6
20	19.8	18.4	16.8	15.3	13.8
25	18.4	17.0	15.6	14.1	12.7
30	16.6	15.3	14.0	12.7	11.4
35	14.4	13.3	12.2	11.1	10.0
40	12.0	11.0	10.2	9.2	8.3
45	9.4	8.7	8.0	7.2	6.5
50	6.6	6.1	5.6	5.1	4.5
55	3.2	3.0	2.8	2.5	2.3
60	0	0	0	0	0

③ T 与 60℃ 之间的总膨胀（mL/kg）由公式（3-26）计算

$$\frac{R(60) - R(T) - V_c(T)}{W} \tag{3-26}$$

式中：W——样品质量，kg。

6. 重现性

美国油化学家协会 Smalley Edible 脂肪系列的数据表明可以达到下面的重现性：在一个实验室或实验室之间的数据中，固体样品百分含量的独立测定的标准偏差应是 ±1。在所列举的温度下的标准偏差见表 3-9。

表 3-9 标准偏差

浴温/℃	人造黄油类	起酥油类	浴温/℃	人造黄油类	起酥油类
10	±0.64	±0.87	33.3	±0.32	±0.46
21.1	±0.49	±0.57	37.8	±0.25	±0.69
26.7	±0.38	±0.69			

7. 注意事项

① 在上面的温度（而不是其他特殊温度）条件下，进行上述基本操作步骤，需要利用所列的偏差，这些依赖于脂肪的组成和性质。然而，人们期待着在工业中可能建立一个在一定范围内连续变化的温度值域。

② 为满足在特别温度下应用此方法，膨胀计标尺从 $0\sim1.400\mu L$ 必须有准确到 0.005mL 或更小的分刻度；对于不合乎规格的膨胀计，必须根据校准数据画出校正曲线，从而利用校正过的读数来计算固态脂肪指数。

③ 除气后的指示剂和样品要尽快使用，不能放置太长时间。

④ 样品在较低的温度下必须完全熔化。如果出现结晶或混浊，则在 60℃ 水浴中重熔，然后置于另一水浴中升温。如果改变参考浴温度，则在计算式中作适当代换。

⑤ 表 3-8 中表示玻璃和水的膨胀的总校正，它只适用于 Pyrex 玻璃。如果膨胀计不是由 Pyrex 玻璃制成的，则必须重新测定校正值。

⑥ 液体的热膨胀（值）是计算固态脂肪指数的基础，必须准确。

经多次分析表明，普通棉籽油、大豆油、猪油及牛脂的数值为 0.83～0.85mL/kg。月桂酸油类（如椰子油）的数值为 0.86～0.87mL/kg。若测得值反常，则要重新分析。标准热膨胀（值）可应用于常规测定中，常规测定中的结果在某个机构内应用，并通过实际测量定性核对。

（二）低分辨核磁共振法

1. 原理

膨胀法测定固体脂肪指数或 D 值费力、费时，且是一种经验型方法。现代化的分析仪器核磁共振仪（nuclear magnetic resonance spectroscopy，NMR）可直接测定一定温度下的固体脂肪含量（solid fat content，SFC），方法准确、简便快速。

SFC 为固态甘油三酯氢核所引起的自由衰减，信号强度为固-液状态的甘油三酯氢核所引起的自由衰减信号强度之比的 100 倍，其测定原理为：一定温度下，利用 P-NMR 仪测定在 $10\sim70\mu s$ 时，固体甘油三酯氢核的弛豫信号及固-液混合的甘油三酯氢核弛豫信号，从而计算 SFC。

2. 试剂

四氯化碳（分析纯）；液态油（指橄榄油）；校正样品（固体含量 35% 和 70%）。

3. 仪器与设备

① 热处理用仪器。2mL 测量管、带孔铝板（其中孔径比测量管外径大 0.4mm 左右，孔深度应高于测量管油面 10mm）、金属架（应保证油面在水平面 5mm 以下）、水

浴（80℃、60℃及 26℃）、可调水浴（5～60℃和 5～75℃）、水浴［0℃（无结冻，0.1℃），配有搅拌装置、温度计（0.05℃）及铝板支架］。

② SFC 测定用仪器。低分辨 NMR 仪：标准样品磁化的半周期不少于 1000μs，空载时间小于 10μs，制动时间可调，磁化头与测量管配套。

测定时间 6s。

玻璃测量管：外径（10.0±0.25)mm；壁厚（0.9±0.5)mm；长度 150mm。

4. 操作方法

（1）样品的热处理

① 80℃熔化样品 2mL，若有必要可过滤、混匀装入测量管。

② 置样品测量管于 60℃水浴中的金属架上，放置 5min，再置样品于 0℃水浴中的金属架上，放置（60±2)min。

③ 从 0℃水浴中一个接一个地取出测量管，快速揩干外表，置入调至不同温度的铝板孔中。

④ 30min 后，取出试样管，放入 NMR 仪试样夹，以测定 SFC。

（2）仪器的校正

预调节：仪器应按厂方的说明书进行调节，磁场中放一空测量管，保证在 10μs 和 70μs 时数字显示器无明显的指示。磁场中放置一装有 2mL 液体油（橄榄油）的测量管，调节输出信号的强度，使不大于最大值的 75%；若测定是在 10μs 和 70μs 后单独进行的，应为最大值的 85%～90%。

响应线性的校正：分别移 2.5mL、5mL 和 7.5mL 橄榄油于 3 只 10mL 容量瓶中，加四氯化碳至刻度；移 2mL 第一溶液于测量管，测定 10μs 和 70μs 后的仪器响应，连续读 5 次；测出测量管中溶液的响应。洗涤、烘干；用同一测量管、同一方法测定另外两种溶液和纯橄榄油的响应。其中，在 10μs 和 70μs 时系列测量平均值分别为 $R_{0.25}$、$R_{0.50}$、$R_{0.75}$ 和 R_1。以 R 值及浓度为坐标作图，所作直线应通过原点，否则应检查仪器的校正情况。

计算机的调节（仅对配有计算机的 NMR）：分别交替置两校正样品中的一个于磁场中，改变可调电位计的位置，以获得一系列并尽可能接近估计固体含量的读数；连续进行上述操作直至每个校正样品的 25 个读数与估计值之差不超过 0.3 时为止，锁定电位计。

校正系数的测定（仅对没配计算机的 NMR）：分别测定两个校正样品，每个样在 10μs 和 70μs 时，分别连续读数 25 次（每次读数时间为 2s）。共获 4 组测量值，分别由公式（3-27）计算 4 组值的平均值（4 组值中最大值或最小值与其平均值之间差不超过 0.5）

$$校正值(F) = \frac{SL_{10}}{(100S)(L_{10} - L_{70})} \tag{3-27}$$

式中：S——固体脂含量，%；

$\quad\quad L_{10}$——10μs 时的平均响应值；

$\quad\quad L_{70}$——70μs 时的平均响应值。

取两校正样品 F 值的平均值（平均值为 1～2）。

（3）NMR 测定

样品制备：称 2mL 熔化的、已过滤的待测样品于测量管，并在所选热处理条件下进行热处理。

NMR 测定方法：每个测量管热处理足够时间后，尽快移试样管于 NMR 的试样夹上；若使用了计算机，读数 1 次，时间为 6s；若未使用计算机，分别在 $10\mu s$ 和 $70\mu s$ 时连续读 3 次（$25\mu s$/次）。

5. 结果计算

① 采用计算机时，每个样品在测定温度时的固体脂肪含量可由显示器上直接读出。进行两次平行试验，结果取平均值。

② 采用 $10\mu s$ 和 $70\mu s$ 的读数每个测定温度下的固脂含量由公式（3-28）计算

$$S = \frac{(E_{10} - E_{70})F}{E_{70} + (E_{10} - E_{70})F} \times 100\% \qquad (3\text{-}28)$$

式中：F——校正值；

$\quad\quad S$——固体脂含量，%；

$\quad\quad E_{10}$——仪器 $10\mu s$ 后的响应；

$\quad\quad E_{70}$——仪器 $70\mu s$ 后的响应。

十九、磷脂检验

（一）概述

磷脂（phosphatide）是一种含磷的类脂化合物。它是由一个分子甘油、两分子脂肪酸、一分子磷酸和一分子氨基醇残基所组成的复杂的化合物。

磷脂易溶于氯仿、乙醚等有机溶剂，但不溶于水和丙酮。磷脂具有亲水性和疏水性，是一种乳化剂。磷脂能吸水膨胀，形成黏滞的类似胶水的物质，同时在油脂中的溶解度大为降低。

在油脂储藏中，由于磷脂具有亲水性，能促使油脂水解，降低储藏稳定性。磷脂在高温（200℃以上）时，易炭化生成大量黑色沉淀，甚至成凝胶。磷脂具有乳化性，在烹饪加热时会产生大量泡沫，因而磷脂的存在也降低了油脂的食用品质。

磷脂能溶解在含水很少的油脂中，在制油时，磷脂会转移至油脂中。由于磷脂会影响油脂品质，因此磷脂含量也是油脂的指标之一。在制油工艺中，毛油中的磷脂含量是确定油脂水化过程中加水量的依据。

磷脂的营养价值较高，在制油工艺中应重视精炼工序，最大限度地提取磷脂，既能增加经济效益，又可提高油脂的食用品质。

植物油国家标准中对各等级油脂中磷脂含量作了规定：280℃加热试验油色不得变深；无析出物。

（二）方法

1. 加热试验

油脂加热试验是将油样加热至 280℃后，观察其析出物的多少和油色变化情况，从而鉴定商品植物油脂中磷脂和其他有机杂质含量多少的感官鉴定方法。

油脂经加热至 280℃后，如无析出物或只有微量析出物，且油色不变深，则认为油脂中磷脂含量合格（磷脂含量≤0.10%）；如油脂中磷脂含量较高时（磷脂含量＞0.10%），经加热后则有多量絮状析出物，油色变黑。

（1）原理

油脂中磷脂或有机杂质含量多时，经 280℃加热后则产生絮状沉淀物，继而炭化为黑色。同时，油脂酸败时，经加热油色也可能变深甚至变黑。

（2）仪器与设备

电炉：装有细砂的金属盘（砂浴盘）或石棉网；100mL 烧杯；300～350℃温度计；铁支柱等。

（3）操作方法

取混匀试样约 50mL 注入 100mL 烧杯内，置于带有砂浴盘（或石棉网）的电炉上加热，用铁支柱悬挂温度计，使水银球卡在试样中心，加热，在 16～18min 内使试样温度升至 280℃（亚麻籽油加热至 289℃），取下烧杯，趁热观察析出物多少和油色深浅情况。待冷却至室温后，再观察一次。

（4）试验结果

植物油脂加热试验仅是鉴别油脂中磷脂含量的简易方法，不是定量分析。因此试验结果以"油色不变"、"油色变深"、"油色变黑"、"无析出物"、"有微量析出物"、"多量析出物"及"有刺激性异味"等表示。

微量析出物：油温加至 280℃时趁热观察，有析出物悬浮。

多量析出物：析出物成串、成片结团。

2. 甲醇＋冰醋酸萃取法

该法是一种能替代 280℃加热试验的快速、准确、简便易行的定量测定油脂磷脂含量的方法。

（1）原理

用甲醇＋冰醋酸萃取油脂中磷脂，与无机磷分离，然后用硫酸-过氧化氢消化提取液，使磷脂中的磷转化为磷酸，再在酸性条件下与显色剂作用，生成钼蓝，于波长 680nm 处测定其吸光度，与标准系列比较定量。

（2）仪器与设备

10mL 具塞离心试管；25mL 具塞消化-比色管；3000r/min 离心机；1000W 电热套或可调电炉；感量 0.01g 天平；721 型分光光度计。

（3）试剂

甲醇；冰醋酸；浓硫酸；30%过氧化氢；10mol/L 硫酸溶剂；4g/100mL 钼酸铵溶液；0.05g/100mL 硫酸肼溶液。

磷标准储备液：称取无水磷酸二氢钾 0.4391g，溶于水中并准确稀释至 1000mL，混匀。此溶液含磷 0.1mg/mL。

磷标准应用液：取上述磷标准储备液 10mL，加水准确稀释至 100mL，混匀。此溶液含磷 10μg/mL。

（4）操作方法

称取油样 1g（准确至 0.01g）于 10mL 具塞离心试管中，加入 3.0mL 甲醇＋冰醋酸（2＋1）溶液，塞好塞子，用力振摇 2min，3000r/min 下离心 2min，移取上层甲醇：冰醋酸提取液 1.0mL 于 25mL 消化-比色管中，加入 0.7mL 浓硫酸、1.0mL 过氧化氢，置于电热套中消化，待消化液出现棕色，补加过氧化氢，消化至溶液澄清无色，产生白烟（注意：应彻底赶净消化液中的过氧化氢），取出消化管，冷却至室温，加水至 10mL 刻度处混匀，同时做一份空白对照。

吸取 0mL、1.0mL、2.0mL、4.0mL、6.0mL、8.0mL 磷标准应用液（相当于 0μg、10μg、20μg、40μg、60μg、80μg 磷），分别置于 25mL 消化-比色管中，加入 2.0mL 硫酸溶液 $[(1/2\ H_2SO_4)=10mol/L]$，加水至 10mL 刻度处，混匀。

于样品溶液、空白溶液及标准溶液中各加 1.0mL 4g/100mL 钼酸铵溶液、2.0mL 0.05g/100mL 硫酸肼溶液，摇匀，置于沸水浴中 10min，取出冷却，加水至 25mL 刻度处，摇匀。用 1cm 比色皿以"0"管调节零点，于波长 680nm 处测吸光度，绘制标准曲线，与标准比较定量。

（5）结果计算

磷脂含量按公式（3-29）计算

$$磷脂(\%) = \frac{(A_1 - A_0) \times 26.31}{m \times \dfrac{V_2}{V_1} \times 10^4} \tag{3-29}$$

式中：A_1——测定用样品消化液中磷的含量，μg；

　　　A_0——试剂空白液中磷的含量，μg；

　　　26.31——每微克磷相当磷脂的微克数；

　　　V_1——样品消化液的总体积，mL；

　　　V_2——测定用样品消化液的体积，mL；

　　　m——试样质量，g。

（6）注意事项

① 如样品是大豆油，所用甲醇：冰醋酸溶液应为 20：1。

② 消化时浓硫酸用量的影响：显色操作中酸的浓度太大或太小对显色都有很大的影响，显色时适宜的酸浓度应为 1.38～1.93mol/L（1/2 H_2SO_4）。因此，消化时加入浓硫酸的量应既能使油样迅速消解，又要使消化液显色时酸的浓度适宜。试验证明，加入 0.7mL 浓硫酸可以使油样消化在 15min 内完成，并且可满足显色时酸的浓度要求。

③ 过氧化氢对显色的影响：消化后消化液中如残存过氧化氢，显色时会导致溶液颜色变浅，吸光度下降，严重时甚至不显色。因此，消化完成后，必须将过氧化氢赶净。

④ 与 280℃加热试验的相关性：对 397 份菜籽油、大豆油、花生油和棉籽油样品磷脂含量进行测定，并与 280℃加热试验对照，试验结果表明，4 种植物油脂具有一定规律，即磷脂含量＞0.1％时，加热试验有多量析出物，或油色变黑；磷脂含量≤0.1％时，加热试验无析出物，或有微量析出物，符合率达 95％以上。

⑤ 该法对磷脂最低检出量为 0.005％。

3. 钼蓝比色法

（1）原理

植物油中的磷脂灼烧成为五氧化二磷，被热盐酸变成磷酸，遇钼酸钠生成磷钼酸钠，用硫酸联氨还原成蓝色的络合物钼蓝。用分光光度计在波长 650nm 处测定钼蓝的吸光度，与标准比较，计算其含量。

其主要反应为

$$
\begin{array}{l}
CH_2-OCOR_1 \\
CH-OCOR_2 \\
\quad\quad\quad O \\
CH_2-O\overset{\|}{P}-O-CH_2CH_2NH_2 \\
\quad\quad OH
\end{array}
+ZnO \xrightarrow{\text{燃烧}} Zn_3(PO_4)_2+CO_2\uparrow+NO_2\uparrow+H_2O\uparrow
$$

$$Zn_3(PO_4)_2+24Na_2MoO_4+24H_2SO_4 \longrightarrow 2(Na_3PO_4\cdot12MoO_3)+21Na_2SO_4+3ZnSO_4+24H_2O$$

$$Na_3PO_4\cdot12MoO_3 \xrightarrow{\text{硫酸联氨}} (MoO_2\cdot4MoO_3)\cdot H_3PO_4\cdot4H_2O（钼蓝）$$

（2）仪器与设备

表面皿、烧杯、量筒；瓷坩埚或石英坩埚；电炉；高温炉；干燥器；分析天平（感量 0.0001g）；移液管（1mL、2mL、5mL、10mL）；比色管（50mL）；容量瓶（100mL、500mL、1000mL）；恒温水浴锅；分光光度计；漏斗、试剂瓶等。

（3）试剂

盐酸（1.19g/mL）、浓硫酸、氧化锌、滤纸、50g/100mL 氢氧化钾；0.015g/100mL 硫酸联氨溶液。

2.5％钼酸钠稀硫酸溶液：量取 140mL 浓硫酸注入 300mL 水中，摇匀，冷却至室温，加入 12.5g 钼酸钠，溶解后加水至 500mL，摇匀，静置 24h 备用。

磷酸盐标准储备液：称取无水磷酸二氢钾 0.4387g，用水溶解并稀释定容至 1000mL，此溶液含磷 0.1mg/mL。

标准曲线用磷酸盐标准溶液：用移液管吸取标准储备液 10～100mL 容量瓶中，加水稀释并定容，此溶液含磷 0.01mg/mL。

（4）操作方法

① 绘制标准曲线。取 6 只 50mL 比色管，编成 0、1、2、4、6、8 共 6 个号码，依次注入磷酸标准溶液 0mL、1mL、2mL、4mL、6mL、8mL，再按顺序分别加水 10mL、9mL、8mL、6mL、4mL、2mL。接着向 6 支管内各加入 0.015g/100mL 硫酸联氨溶液 8.0mL，再各加钼酸钠稀硫酸溶液 2mL，加塞，振摇 3 或 4 次，去塞，将 6 只管置于沸腾的水浴中加热 10min，取出冷却至室温。用水稀释至 50mL，充分摇匀，静置 10min。

移取该溶液至干燥、洁净的比色皿中，用分光光度计在波长为 650nm 下，用试剂空白调整零点，分别测量吸光度。以吸光度为纵坐标，含磷量（0.01mg、0.02mg、0.04mg、0.06mg、0.08mg）为横坐标绘制标准曲线。

② 制备试液。用坩埚称取试样约 10g（准确至 0.001g），加氧化锌 0.5g，先在万用电炉上加热炭化，然后送入 550～600℃的高温炉中灼烧至灰分呈白色，约需 2h，取出坩埚于干燥器中冷却至室温，用热盐酸（1+1）10mL 溶解灰分，并加热微沸 5min，冷却后将溶解液滤入 100mL 容量瓶中，每次大约用 5mL 热水冲洗坩埚和滤纸共 3 或 4次，将滤液冷却至室温后，用 50g/100mL 氢氧化钾溶液中和至出现混浊，缓缓滴加盐酸使氧化锌沉淀全部溶解后，再滴 2 滴，最后用水稀释至刻度，摇匀。制备被测液时同时制备一份样品空白。

③ 比色。用移液管吸取被测液 10mL 注入 50mL 比色管中，加入 0.015g/100mL 硫酸联氨 8.0mL，加 2mL 钼酸钠稀硫酸溶液，加塞，振摇 3 或 4 次，去塞，将比色管置于正在沸腾的水浴中加热 10min，取出冷却至室温，用水稀至 50mL，充分摇匀，经10min 后，移取该溶液至干燥、洁净的比色皿中，用分光光度计在波长为 650nm 下，用试样空白调整零点，测定其吸光度。

（5）结果计算

试样中磷脂含量按公式（3-30）计算磷脂含量

$$X = \frac{P}{m} \times \frac{V_1}{V_2} \times 26.31 \qquad (3\text{-}30)$$

式中：X——磷脂含量，mg/g；

　　　P——标准曲线查得的磷量，mg；

　　　V_2——样品灰化后稀释的体积，mL；

　　　V_1——比色时所吸取的被测液体积，mL；

　　　m——试样质量，g；

　　　26.31——毫克磷相当于磷脂的毫克数。

双试验结果的精密度符合要求（两次测定结果的绝对差值不得超过算术平均值的10%）时，取其算术平均值作为结果。测定结果保留小数点后三位。

注意：当被测液的吸光度大于 0.8 时，需适当减少被测液的体积，以保证被测液的吸光度在 0.8 以下。

4. 重量法

（1）原理

植物油中的磷脂吸水膨胀，密度增大，在油脂中的溶解度降低，使其由絮状悬浮物变为沉淀物。将油样水化后，用丙酮反复洗涤过滤，由于磷脂不溶于丙酮，油溶于丙酮，从而可使磷脂与油得到分离。称量磷脂的质量，计算其含量。该方法得到的沉淀过滤物不完全是磷脂，还有其他不溶于丙酮的类脂物质。

（2）仪器与试剂

烧杯；过滤装置；离心机；分析天平（感量 0.0001g）；恒温烘干箱；丙酮。

（3）操作方法

取混匀试样约 100mL 于锥形瓶中，加热约 90℃时进行过滤，用烧杯称取试样 25g（m_0），加热至 80℃，加水 2.0～2.5mL，充分摇匀，使之水化，在室温下静置过夜，或进行离心沉淀。倾出上层清液，用已知恒量的滤纸（m_1）（或抽滤）进行过滤，待滤液全部滤出后，用冷丙酮将烧杯内残留的沉淀全部冲洗入滤纸中，继续用丙酮洗涤滤纸和沉淀，再洗至无油迹为止。待沉淀和滤纸上的丙酮挥尽后，送入 105℃烘箱中烘至恒重（m_2）。

（4）结果计算

重量法测定磷脂含量按公式（3-31）计算

$$磷脂(Y\%) = \frac{m_2 - m_1}{m_0} \times 1000 \tag{3-31}$$

式中：Y——磷脂含量，mg/kg；

m_2——沉淀物和滤纸的质量，g；

m_1——试纸质量，g；

m_0——试样质量，g。

双试验结果的精密度符合要求（两次测定结果的绝对差值不得超过算术平均值的 10%）时，取其算术平均值作为结果。测定结果保留小数点后三位。

注：为防止丙酮微量溶解磷脂，可将丙酮预先用磷脂饱和，取上清液用。

第二节　油脂定性试验

鉴别油脂的种类和检验油脂中是否掺杂有其他油脂的试验称为定性试验。

一般油脂中若掺杂有其他油脂，至少会影响其纯度。但是，当食用油脂中掺杂了桐油、矿物油或蓖麻油等非食用油脂时，将会引起食物中毒等严重后果。所以，定性试验对于判断油脂纯度，保证油脂质量是非常重要的。

各种油脂都具有一定的特性，如固有的色泽、气味、滋味、特定的化学成分或脂肪酸组成等。因此，油脂的种类除可用感官鉴定外，还可用特定的化学反应来加以鉴别。

一、大豆油（soybean oil）定性试验

1. 仪器与试剂

试管；量筒；三氯甲烷；2%硝酸钾溶液。

2. 操作方法

取油样 5mL 于试管中，加 2mL 三氯甲烷及 3mL 硝酸钾溶液。猛烈摇动试管，使溶液成乳状。如乳状液呈柠檬黄色，即表示有豆油存在。若花生油、芝麻油或玉米胚油掺杂时，则呈乳白色或微黄色，但均不及掺有豆油时所呈现的颜色明显。

二、棉籽油（cotton-seed oil）定性试验

1. 仪器与试剂
试管；恒温水浴锅；1g/100mL 硫磺粉二硫化碳溶液；吡啶；饱和食盐水。

2. 操作方法
取油样约 5mL 于试管中，加入等量的 1g/100mL 硫磺粉二硫化碳溶液使之溶解。加吡啶 1～2 滴，摇匀。将试管置于饱和食盐水浴中，缓缓加热至盐水开始沸腾，40min 后取出观察。如果样品呈红色或橘红色，表示有棉籽油存在。

3. 结果分析
① 试验时所呈颜色的深浅，在一定范围内与所含棉籽油的数量呈正比，所以，与已知棉籽油含量的样品作对照试验，可大致判别出棉籽油的含量。
② 经氢化或高温加热后的油脂，此试验的呈色反应减弱或不起呈色反应。
③ 吡啶可用戊醇代替，但加热时间需延长至 1h 以上。

4. 注意事项
① 此试验须在通风橱内进行，注意防止二硫化碳爆燃。起始温度勿过高。
② 棉籽油含量在 0.2% 以上的，均可用此法检出。

三、芝麻油（sesame-seed oil）定性试验

1. 原理
芝麻油中含微量芝麻油醛，经盐酸水解生成芝麻油酚后，与糠醛作用产生血红色反应。

2. 仪器与试剂
比色管；量筒；浓盐酸；2% 糠醛乙醇溶液（取纯糠醛 2mL，用 95% 乙醇稀释到 100mL。做空白试验时不呈紫色即为合格）。

3. 操作方法
量取混匀过滤的油样和浓盐酸各 5mL 于比色管中，摇匀后加入 1～2 滴 2% 糠醛乙醇溶液，猛烈摇动 0.5min，静置 10min 至溶液分为两层后，观察其颜色。如溶液无色，即表示无芝麻油存在；如底层呈洋红色，则加 10mL 水后再摇动，若红色消失，表示仍无芝麻油存在，否则，就表示有芝麻油存在。

4. 结果分析
① 试验时观察颜色应越快越好，否则会显出不是芝麻油特性的颜色反应。
② 芝麻油含量在 0.25% 以上，均可用该法检出。
③ 油样色深时，可用碱漂白，并将油中的碱和水除净后再进行实验。
④ 该法对陈油或 250℃ 加热 30min 的油、加氢处理的油呈色减弱或不呈色。

四、花生油（peanut oil）定性试验

1. 原理

花生油中含有花生酸等高分子饱和脂肪酸，根据其在某些溶剂（如乙醇）中的相对不溶性的特点而加以检出。

2. 仪器与试剂

150mL 锥形瓶；恒温水浴锅；空气冷凝管；移液管；温度计；量筒；1.5mol/L 氢氧化钾乙醇溶液，70％乙醇，盐酸（相对密度 1.16，量取浓盐酸 83mL，加水至 100mL）。

3. 操作方法

准确吸取混匀油样 1mL 于锥形瓶中，加入 1.5mol/L 氢氧化钾乙醇溶液 5mL，连接空气冷凝管，在沸水浴中皂化 5min，加 50mL 70％乙醇和 0.8mL 盐酸，将出现的沉淀加热溶解后，置于低温水浴中，用温度计不断搅拌，使降温速度达到每分钟约 1℃，随时观察发生混浊时的温度：橄榄油低于 90℃，菜籽油低于 22.5℃，芝麻油低于 15℃，棉籽油、米糠油和豆油低于 13℃发生混浊，均表明有花生油存在。

4. 注意事项

① 试样发生混浊是由于花生酸的结晶所致。

② 纯花生油的混浊温度为 39～40℃，如在 13℃以前发生混浊，就表示有其他油类掺杂。

必要时可用 90％乙醇洗涤花生酸测定熔点。花生酸的熔点为 75.3℃。

油在成酸后出现的少量乳白色不是混浊点。如出现混浊时，再重复降温观察一次，以第二次的混浊程度为准。

五、菜籽油（colza oil）定性试验

1. 原理

菜籽油中含有一般油脂中所没有的芥酸。芥酸是一种不饱和的"固体脂肪酸"。它的金属盐与一般不饱和脂肪酸的金属盐不同，仅微溶于有机溶剂，这一点与饱和脂肪酸的金属盐性质相近。当以金属盐的分离方法分离油脂中的脂肪酸时，如有芥酸存在，它的金属盐则与饱和脂肪酸的金属盐混在一起分离出来，因此由"固体脂肪酸"的碘值（称为芥酸值）可以判定芥酸的存在情况，以及芥酸的大约含量。

2. 试剂

70％乙醇溶液；0.5g/100mL 淀粉溶液；0.1mol/L 的 $Na_2S_2O_3$ 标准溶液。

氢氧化钾乙醇溶液：25％氢氧化钾溶液（相对密度 1.24）80mL，加 95％乙醇稀释到 1000mL。

乙酸铅溶液：50g 乙酸铅加 5mL 90％乙酸混合，用 80％乙醇稀释到 1000mL。

乙醇乙酸混合液：1 份 95％乙醇与 1 份 96％乙酸混合。

0.2mol/L 碘乙醇溶液：5.07g 升华碘溶解于 200mL 95％乙醇中，临用时现配。

3. 仪器与设备

150mL 锥形瓶；恒温水浴锅；冷凝管；抽气泵；抽气瓶；3 号砂芯漏斗；1000mL 容量瓶；250mL 碘价瓶；感量 0.001g 分析天平；量筒；滴定管；试剂瓶等。

4. 操作方法

用分析天平精确称取混匀油样 0.500～0.510g 于 150mL 锥形瓶中，加入 50mL 氢氧化钾乙醇溶液，连接冷凝管，在水浴上加热皂化 1h，对已皂化的溶液加入 20mL 乙酸铅溶液和 1mL 90％乙酸，继续加热至铅盐溶解为止。取下锥形瓶，待溶液稍冷后加水 3mL，摇匀，于 20℃温度下静置 14h。然后将沉淀转入砂芯漏斗中，用 20℃的 70％乙醇 12mL 分数次洗涤锥形瓶和沉淀。移砂芯漏斗于碘价瓶上，用 20mL 热的乙醇乙酸混合液将砂芯漏斗中的沉淀溶入碘价瓶中，再用 10mL 热的乙醇乙酸混合液洗涤砂芯漏斗。吸取 20mL 0.2mol/L 碘乙醇溶液注入碘价瓶中，摇匀，立即加水 200mL，再摇匀，在暗处静置 1h。到时用 0.1mol/L $Na_2S_2O_3$ 标准溶液滴定至溶液呈浅黄色，加入 1mL 淀粉指示剂，摇匀后继续滴定至蓝色消失为止。

同时，用 30mL 乙醇乙酸混合液作空白试验。

5. 结果计算

芥酸含量按公式（3-32）计算

$$芥酸含量（\%）= \frac{(V_1 - V_2) \times c \times 0.169}{m} \times 100 \qquad (3-32)$$

式中：V_1——测定试样用去的硫代硫酸钠溶液的体积，mL；

　　　V_2——空白试验用去的硫代硫酸钠溶液的体积，mL；

　　　c——硫代硫酸钠溶液的浓度，mol/L；

　　　0.169——每毫升 0.1mol/L 硫代硫酸钠溶液相当于芥酸的毫克数；

　　　m——试样质量，g。

双试验结果允许差不超过 0.2％，求其平均数，即为测定结果。测定结果取小数点后一位。

6. 注意事项

① 因菜籽油和芥籽油均含特有的芥酸，所以，按芥酸含量在 4.0％以上，表示有菜籽油或芥籽油存在。

② 加水 200mL 后，摇动时间不能太长，否则会影响检验结果。

③ 在滴定过程中，切勿猛烈振荡，以免游离碘吸附于铅皂中而使滴定终点的观察发生困难，影响检验结果。

六、茶油（tea oil）定性试验

1. 仪器与试剂

试管（管外径 20mm，管长 180mm）；移液管（0.2mL、2mL、10mL）；吸管；乙酸酐；二氯甲烷；浓硫酸；无水乙醚。

2. 操作方法

准确吸取 0.8mL 乙酸酐、1.5mL 二氯甲烷和 0.2mL 浓硫酸于试管中，混合后自然冷却至室温。加 7～8 滴油样，混匀、冷却，如溶液出现云浊状，则滴加乙酸酐，边滴边振摇，滴至溶液突然澄清为止。静置 5min 后，加 10mL 无水乙醚，立即倒转一次使之混合，观察颜色变化。1min 内，茶油将产生棕色，后变深红色，在几分钟内慢慢褪色。橄榄油加入无水乙醚后，初为绿色，慢慢变为棕灰色，有时中间还出现浅红色过程。

橄榄油与茶油的混合油呈茶油的显色反应，颜色深度与茶油含量呈正比。

如需比色定量时，可在上法静置 5min 后，将试管置于冰水浴中 1min，注入经过冰水冷却的无水乙醚 10mL，混合后仍置于冰水浴中 1～5min，颜色深度可达最高峰。用已知茶油含量的试样与被检试样对照，选用最深的红色进行比色定量。

3. 结果判定

若在 1min 内产生棕色，后变深红色，在几分钟内慢慢褪色，则有茶油存在。

七、亚麻油（flaxseed oil）定性试验

1. 仪器与试剂

20mL 具塞比色管；量筒；乙醚；溴液（在四氯化碳中加足量的溴，使体积增加 1 倍）。

2. 操作方法

取混匀过滤的油样 0.5mL 于比色管中，加 10mL 乙醚和 3mL 溴液，溶解后加塞，反转混合，温度保持 25℃，观察 2min 内的现象。如有亚麻油存在，2min 内就会呈现混浊。

注：试验中取正常试样作对照试验。

八、桐油（Chinese wood oil）定性试验

1. 三氯化锑三氯甲烷溶液法

（1）仪器与试剂

量筒；试管；恒温水浴锅。

三氯化锑三氯甲烷溶液：溶解 1g 三氯化锑于 100mL 三氯甲烷中，搅拌至完全溶解（如有白色沉淀析出，可稍加热），滤入有磨口的玻璃瓶中，置暗处备用。

（2）操作方法

量取混匀油样 1mL 于试管中，然后沿管口内壁加入 1g/100mL 三氯化锑三氯甲烷溶液 1mL，使试管内溶液分为两层，在 40℃水浴中加热约 10min。如有桐油存在，在两层溶液的分界面上会出现紫红色至深咖啡色的环。

为了避免错误，以上方法应作对照试验。

（3）注意事项

① 该法适用于检出花生油、菜籽油或茶油等食用油中掺杂的桐油（0.5%的掺杂即可检出），但不适用于深色油。

② 该法用于检出棉籽油、豆油中掺杂的桐油时，颜色也不显著。

③ 该法检验结果与加热时间有关，随着加热时间延长，颜色加深。

2. 亚硝酸钠法

（1）仪器与试剂

量筒；试管；石油醚；亚硝酸钠；硫酸溶液（取一定体积的浓硫酸缓缓倒入等体积水中，混匀，冷却，备用）。

（2）操作方法

取混匀油样 5~10 滴于试管中，加石油醚 2mL 溶解油样（必要时过滤）。在溶解液中加入亚硝酸钠 3~4 粒，并加入 1mL 硫酸溶液摇匀后静置，在 5~10min 内，观察石油醚层（上层）。如有桐油存在，溶液呈现混浊；如桐油稍多，还会有絮状物出现，初为白色，放置后变为黄色；若油样中未混入桐油，则只产生红褐色氧化氮气体，油样仍澄清透明。

（3）注意事项

该法适用于豆油、棉籽油及深色油中混有桐油的检出，检出限 0.5%，不适用于梓油和芝麻油。

3. 硫酸法

（1）仪器与试剂

白色点滴板；浓硫酸。

（2）检验方法

取油样数滴于白瓷板上，加浓硫酸 1~2 滴，不要搅动，立即观察。如有桐油存在，则会出现深红色凝块，且表面皱缩，颜色逐渐加深，最后变成炭黑色。

（3）注意事项

油样中滴入浓硫酸后要立即进行观察，否则，时间过久使产生的凝块再溶解，难以鉴别桐油的存在。菜油、花生油、豆油、芝麻油或茶油与浓硫酸接触部分呈橙红色及褐色（有时微带绿色）。

九、矿物油（mineral oil）定性试验

1. 皂化法

（1）仪器与试剂

锥形瓶；冷凝管；量筒；无水乙醇；氢氧化钾溶液（15g 氢氧化钾溶于 10mL 水中）。

（2）操作方法

取 1mL 混匀油样于锥形瓶中，加入 1mL 氢氧化钾溶液和 25mL 无水乙醇。接空气冷凝管，回流皂化约 5min（经常振摇），直至皂化完成为止。然后加 25mL 沸水，摇

匀。如呈混浊或有油状物析出，表明有矿物油或松香存在。

该法不适用于米糠原油和沙棘油。

2. 苦味酸法

（1）仪器与试剂

试管；10mL 量筒；苦味酸；苯。

（2）操作方法

称取 0.1g 苦味酸于试管中，加 10mL 苯，摇动，待其溶解后加少量油样，摇匀后观察。如有矿物油存在，则溶液呈红色。

十、梓油（Chinese tallowtree seed oil）定性试验

1. 仪器与试剂

50mL、100mL 烧杯；试管；50mL 量筒；滴管；乙醚；溴液（同"七、亚麻油定性试验"）。

2. 操作方法

取油样 1mL 于试管中，加 20mL 乙醚，充分混合使油样溶解。将试管置于盛有冷水的烧杯中，用滴管向试管内慢慢滴加溴液，直至溶液出现鲜明的红色（即表示有过量的溴液）为止。取出试管，充分摇动，再于冷水中静置 15min，观察。如有梓油存在，则有溴化物沉淀；否则，溶液仍完全澄清。

十一、蓖麻油（castor oil）定性试验

1. 标准法

（1）仪器与试剂

镍蒸发皿；试管；漏斗；锥形瓶；氢氧化钾；氯化镁；盐酸。

（2）操作方法

取少量混匀试样注入镍蒸发皿中，加氢氧化钾一小块，慢慢加热使其熔融，嗅其气味。如有辛醇气味，表明有蓖麻油存在。

或将上述熔融物加水溶解，然后加入过量的氯化镁溶液，使脂肪酸沉淀，过滤，用稀盐酸将滤液调成酸性，观察现象。如有结晶析出，表明有蓖麻油存在。

2. 推荐法

（1）原理

利用蓖麻油能与无水乙醇以任何比例混合，而其他常见的植物油却不易溶于无水乙醇中的性质，以离心法鉴别。

（2）仪器与试剂

离心管（刻有 0.1mL 刻度）；离心机（5000r/min）；无水乙醇。

（3）操作方法

取油样滴入离心管中恰至 5mL 刻度，加无水乙醇 5mL，塞紧塞子，剧烈振荡

2min。去塞后置于离心机中，以 5000r/min 转速离心 5min。然后取出离心管，静置 0.5h，读取离心管下部油层的毫升数。如小于 5.0mL，即表明有蓖麻油存在，混有蓖麻油越多，管下部油层的毫升数越小。

思 考 题

1. 哪些理化指标可以表明油脂的特点？它们表明了油脂哪方面的特点？

2. 请用物理指标来描述正常品质大豆油、花生油和菜籽油的基本特征。

3. 油脂中游离脂肪酸与酸价有何关系？测定酸价时加入乙醇有何目的？

4. 在油脂的酸值、碘值和过氧化值检验中用了哪几种滴定法？它们各有什么特点？影响检验结果准确度和精密度有哪些因素？

5. 油脂检验中，测定油脂中的水分及挥发物和不溶性杂质有何意义？

6. 何谓油脂碘值？油脂碘值检测方法的基本原理是什么？韦氏法测定碘值的优点有哪些？

7. 简述测定油脂含皂量方法的基本原理。

8. 过氧化值测定中硫代硫酸钠的作用是什么？硫代硫酸钠滴定过程中需要注意什么问题？

9. 油脂的冷冻试验和烟点检验的目的何在？

10. 试述顶空气相色谱法检验油脂溶剂残留的基本原理。

参 考 文 献

陈敏，王世平. 2007. 食品掺伪检验技术. 北京：化学工业出版社. 36～48.

苟勇. 2008. 对我国食用植物油安全问题的思考. 粮食问题研究，5：15～24.

李书国，李雪梅，陈辉. 2005. 我国食用油质量安全现状、存在问题及对策研究. 粮食与油脂，12：3～6.

卢艳杰. 2004. 油脂检测技术. 北京：化学工业出版社. 157～160.

王江蓉，周建平，刘荣等. 2007. 毛细管气相色谱法测定植物油脂肪酸组成初探. 现代食品科技，23 (9)：84～87.

王耀忠. 1992. 粮油品质分析与检验. 长春：吉林科技出版社. 290～341.

王肇慈. 2001. 粮油食品卫生检测. 北京：中国轻工业出版社. 516～518.

中华人民共和国国家标准. GB/T 5535.1—2008. 动植物油脂. 不皂化物测定. 乙醚提取法.

中华人民共和国国家标准. GB/T 5532—2008. 动植物油脂. 碘值的测定.

中华人民共和国国家标准. GB/T 5538—2005. 动植物油脂. 过氧化值测定.

中华人民共和国国家标准. GB/T 5528—2008. 动植物油脂. 水分及挥发物含量测定.

中华人民共和国国家标准. GB/T 5530—2005. 动植物油脂. 酸价和酸度测定.

中华人民共和国国家标准. GB/T 15688—2000. 动植物油脂中不溶性杂质含量的测定.

中华人民共和国国家标准. GB/T 5533—2008. 粮油检验. 植物油脂含皂量的测定.

中华人民共和国国家标准. GB/T 5531—2008. 粮油检验. 植物油脂加热试验.

中华人民共和国国家标准. GB/T 5537—2008. 粮油检验. 磷脂测定法.

中华人民共和国国家标准. GB/T 5539—2008. 粮油检验. 油脂定性试验.

中华人民共和国国家标准. GB/T 5527—85. 植物油脂检验. 折光指数测定法.

中华人民共和国国家标准. GB/T 5526—85. 植物油脂检验. 比重测定法.

中华人民共和国国家标准. GB/T 20795—2006. 植物油脂烟点测定.

中华人民共和国国家标准. GB/T 5525—2008. 植物油脂检验. 透明度、气味、滋味鉴定法.

中华人民共和国国家标准. GB/T 22460—2008. 动植物油脂. 罗维朋色泽的测定.

第四章 粮油储存品质评价

本章介绍了粮油储存品质控制指标及储存品质的判定规则，还介绍了原料扦样方法、发芽率与发芽势的测定、粮食新与陈测定、粮食脂肪酸值的测定、粮食酸度的测定、黏度的测定等种子活力测定方法，以及粮食品尝评分值测定等粮油储存品质测定方法。

第一节 粮油储存品质判定规则

为确保粮油储存安全和质量良好，指导粮油合理轮换，由国家粮食局标准质量中心、国家粮食局科学研究院、河南工业大学等单位起草的《稻谷储存品质判定规则》GB/T20569—2006、《玉米储存品质判定规则》GB/T20570—2006、《小麦储存品质判定规则》GB/T20571—2006 三个国家标准已于 2006 年 11 月 2 日颁布，于 2006 年 12 月 1 日起实施。这三个国家标准的术语、定义及储存品质判定指标较以前《粮油储存品质判定规则》（试行 国粮〔1999〕148 号）发生了较重大的变化，标准中取消了陈化概念；将不宜存细分为轻度、重度不宜存两个指标。原《粮油储存品质判定规则》（国粮发〔2000〕143 号）和《稻谷和玉米储存品质判定规则》（国粮发〔2004〕43 号）中对稻谷、玉米、小麦储存品质判定的相关规定即行废止，大豆、食油的储存品质判定仍按《粮油储存品质判定规则》（国粮发〔2000〕143 号）的规定执行，待新的《大豆、食油储存品质判定规则》国家标准发布实施后，原《粮油储存品质判定规则》的相关规定亦同时废止。

一、定义

1. 宜存粮油
符合判定为"宜存"规定的、储存品质良好的粮油。
2. 轻度不宜存粮油
符合判定为"轻度不宜存"规定的、储存品质明显下降的粮油。
3. 重度不宜存粮油
符合判定为"重度不宜存"规定的、储存品质严重下降的粮油。

二、储存品质控制指标

1. 稻谷、玉米、小麦和大豆储存品质控制指标
（1）稻谷储存品质控制指标
稻谷储存品质控制指标见表 4-1。

表 4-1　稻谷储存品质控制指标

项 目	籼稻谷			粳稻谷		
	宜存	轻度不宜存	重度不宜存	宜存	轻度不宜存	重度不宜存
色泽、气味	正常	正常	基本正常	正常	正常	基本正常
脂肪酸值（KOH/干基）/（mg/100g）	≤30.0	≤37.0	＞37.0	≤25.0	≤35.0	＞35.0
品尝评分值/分	≥70	≥60	＜60	≥70	≥60	＜60

注：其他类型稻谷的类型归属，由省、自治区、直辖市粮食行政管理部门规定，其中省间贸易的按原产地规定执行。

（2）玉米储存品质控制指标

玉米储存品质控制指标见表 4-2。

表 4-2　玉米储存品质控制指标

项　目	宜存	轻度不宜存	重度不宜存
色泽、气味	正常	正常	基本正常
脂肪酸值（KOH/干基）/（mg/100g）	≤50.0	≤78.0	＞78.0
品尝评分值 / 分	≥70	≥60	＜60

（3）小麦储存品质控制指标

小麦储存品质控制指标见表 4-3。

表 4-3　小麦储存品质控制指标

项　目	宜存	轻度不宜存	重度不宜存
色泽、气味	正常	正常	基本正常
面筋吸水量/%	≥180	＜180	—
品尝评分值/分	≥70	≥60，＜70	＜60

（4）大豆储存品质控制指标

大豆储存品质控制指标见表 4-4。

表 4-4　大豆储存品质控制指标

项　　目	大 豆		
	宜存	不宜存	陈化
粗脂肪酸价/（mg KOH/g 油）	≤3.5	＞3.5，≤5	＞5
蛋白质溶解比率/%	≥75	＜75，≥60	＜60
色泽	正常	正常	不正常
气味	正常	正常	有异味

2. 花生油、大豆油、菜籽油、葵花籽油储存品质控制指标

花生油、大豆油、菜籽油、葵花籽油储存品质控制指标见表 4-5。

表 4-5　花生油、大豆油、菜籽油、葵花籽油储存品质控制指标

项 目	大豆油、菜籽油		花生油、葵花籽油	
	宜存	不宜存	宜存	不宜存
过氧化值/(meq/kg)	≤8	>8，≤12	≤12	>12，≤20
酸价/(mg KOH/g)	≤3.5	>3.5，≤4	≤3.5	>3.5，≤4

三、储存品质控制指标的使用与储存的判定

1. 储存品质控制指标

储存品质控制指标适用于安全水分条件下正常储存的无污染的粮油。

2. 储存品质控制指标的划分

储存品质控制指标分为两部分：品尝指标部分和理化指标部分。

3. 储存品质检验

① 入库前，应逐批次抽取样品进行检验，并出具检验报告，作为入库的技术依据；入仓时，应随机抽取样品进行检验，并出具检验报告，取平均值作为该仓（垛、囤、货位）建立质量档案的原始技术依据。

② 储存中，应定期、逐仓（垛、囤、货位）取样进行检验，并出具检验报告，作为质量档案记录和出库的技术依据。

4. 宜存、轻度不宜存、重度不宜存的判定

① 稻谷、玉米。色泽、气味、脂肪酸值、品尝评分值均符合"宜存"规定的，判定为宜存稻谷、玉米，适宜继续储存；色泽、气味、脂肪酸值、品尝评分值均符合"轻度不宜存"规定的，判定为轻度不宜存稻谷、玉米，应尽快安排出库；色泽、气味、脂肪酸值、品尝评分值有一项符合"重度不宜存"规定的，判定为重度不宜存稻谷、玉米，应立即安排出库，因色泽、气味判定为重度不宜存的，还应报告脂肪酸值、品尝评分值检验结果。

② 小麦。色泽、气味、面筋吸水量、品尝评分值均符合"宜存"标准的，判定为宜存小麦，适宜继续储存；色泽、气味正常，面筋吸水量和品尝评分值有一项符合"轻度不宜存"标准的，判定为轻度不宜存小麦，应尽快轮换处理；色泽、气味和品尝评分值有一项符合"重度不宜存"标准的，判定为重度不宜存小麦，应立即安排出库，因色泽、气味判定为重度不宜存的，还应报告品尝评分值检验结果。

③ 大豆。有一项储存品质控制指标符合"轻度不宜存"规定的，即判定为轻度不宜存大豆；有一项储存品质控制指标符合"重度不宜存"规定的，即判定为重度不宜存大豆。

④ 食油。有一项储存品质控制指标符合"轻度不宜存"规定的，即判定为轻度不宜存食油；有一项储存品质控制指标符合"重度不宜存"规定的，即判定为重度不宜存食油。

⑤ 每年除两次常规性的检测储存品质控制指标外，还应根据储存过程中粮油的具

体情况，随时采样检测其品质，以便及时发现问题及时处理，减少粮油损失。

第二节　粮油储存品质测定

一、原料扦样方法

1. 正确取样的意义

从一批受检的粮油及其加工成品、半成品和副产品中，按规定采取少量具有代表性的样品，供分析、检验用，称作取样。

为了使采取的样品具有代表性，取样前应了解受检粮油食品的来源、批次组成，以及加工、储存和运输等情况，然后按照操作程序采取具有代表性的样品。

2. 样品的分类

按照采样、分样和检验过程，将粮油食品样品分为原始样品、平均样品和试验样品三类。

① 原始样品。从一批受检的粮油食品中最初采取的样品，称为原始样品或称总样品。原始样品的数量，是根据一批粮油食品的数量和质量检验的要求而定的。粮食、油料的原始样品一般不少于 2kg。油脂的原始样品不少于 1kg。零星收付的粮油样品可酌情减少。油料饼粕的总样品，粉、块状饼粕基本批<100t 时，为 2~10kg；100t<基本批<500t 时，为 10~50kg；油饼基本批<500t 时，总样品为 5 个饼。

② 平均样品。原始样品按照规定连续混合，平均均匀地分出一部分，作为该批的待检样品，称为平均样品，或称缩分样品。平均样品一般不少于 1kg。

③ 试验样品。平均样品经过连续混合分样，根据需要，从中分取一部分供分析、检验用的样品，称为试验样品或称供试样品，简称试样。

对于调拨、出口的粮油，要保存不少于 1kg 的原始样品作为保存样品，保存样品经登记、密封、加盖公章和经手人签字后置于干燥、低温（水分超过安全水分标准者应保存于 15℃以下，油脂样品要避光）处妥善保存 1 个月，以备复验。

（一）粮食和油料的扦样方法

从一批粮油中平均采取原始样品的过程叫做采样。

1. 采样设备

（1）采样器

从一批粮食和油料中采取原始样品的器具称为采样器，又称探子。采样器分为包装采样器和散装采样器两种。

① 包装采样器：包装采样器是用金属管切割而成，分为大粒粮采样器、中小粒粮采样器和粉状粮采样器三种。

② 散装采样器：散装采样器分为细套管采样器、粗套管采样器和电动吸式采样器三种。

③ 流动粮食、油料的取样或倒包取样，器具为取样铲。

（2）容器

用于盛装粮食、油料样品的容器应具备以下条件：密闭性能良好，清洁无虫，不漏，无污染，其容量约 1kg 为宜。常用的样品容器有：样品筒（由马口铁制成圆筒形，具密闭的盖和提手）、样品瓶（具磨口塞的广口瓶）、样品袋等。

（3）样品登记簿

为了掌握样品来源的基本情况，准备品质检验和作为下一次采样时的参考，采取的样品必须登记，登记的项目包括：采样日期，样品编号，粮油名称，代表数量，产地，生产年度，采样处所（车、船、仓库、堆垛号码），包装或散装，采样员姓名。

2. 单位代表数量

采样时以同种类、同批次、同等级、同货位、同车船（舱）为一个检验单位。一个检验单位的代表数量：中、小粒粮食、油料一般不超过 200t；特大粒粮食、油料一般不超过 50t。

3. 采样方法

粮食、油料的采样方法，因储藏方式不同而有所不同，可以分为：散装采样法，包装采样法，流动粮食、油料采样法，零星收付粮食、油料取样法。

（1）散装采样法

① 仓库采样。散装的粮食、油料，根据堆形和面积大小分区设点，根据粮堆高度分层采样。采样步骤及方法如下。

分区设点：每区面积不超过 50cm² 时，各区设中心、四角 5 个点。区数在 2 个和 2 个以上的，两区界线上的两个点为共同点（2 个区共 8 个点，3 个区共 11 个点，依此类推）。粮堆边缘的点设在距边缘约 50cm 处。

分层：堆高在 2m 以下，分上、下两层；堆高在 2~3m，分上、中、下三层。上层在粮面下 10~20cm 处；中层在粮堆中间，下层在距底部 20cm 处。堆高如在 3~5m 时，应分 4 层；堆高在 5m 以上时酌情增加层次。

② 圆仓（囤）采样。按圆仓（囤）的高度分层（同仓房采样分居原则），每层按圆仓（囤）的直径分为内（中心）、中（半径的一半处）、外三圈。圆仓（囤）直径在 8m 以下的，每层按内、中、外分别设 1、2、4 个点，共 7 个点；直径在 8m 以上的，每层按内、中、外分别设 1、4、8 个点，共 13 个点，按层、按点采样。

（2）包装采样法

① 中、小粒粮食、油料采样包数不少于总包数的 5%；小麦粉和其他粉类采样包数不少于总包数的 3%。采样的包点要分布均匀。

采样方法：将包装采样器槽口向下，从包的一端斜对角插入包的另一端，然后槽口向上取出。每包采样次数一致。

② 特大粒粮食、油料（如花生果、仁、葵花籽、蓖麻籽、大蚕豆、甘薯片等）取样包数：200 包以下的取样不少于 10 包；200 包以上的每增加 100 包增取 1 包。

取样方法：采取倒包和拆包相结合的方法。取样比例：倒包占按规定取样包数的 20%；拆包占按规定取样包数的 80%。

（3）流动粮食、油料采样法

机械输送粮食、油料的取样，先按受检粮食、油料的数量和传送时间，定出取样次数和每次应取的数量，然后定时从粮流的终点横断接取样品。

（4）零星收付粮食、油料取样法

零星收付（包括征购）粮食、油料的采样，可参照以上方法，结合具体情况，灵活掌握，务必使采取样品具有代表性。

（二）油脂扦样方法

1. 采样设备

（1）采样器

由于油脂盛装方式的不同，所使用的采样器也不同，分为桶装采样器和散装采样器两种。

① 桶装采样器。桶装采样器是一根内径 1.5～2.5cm、长约 120cm 的玻璃管。这种采样器既可用来采取油样，又可在现场用来检查桶装油脂的油色、有无明水和明杂等情况。

② 散装采样器。

a. 采样筒：用圆柱形铝筒制成，容量约 0.5L，由圆筒、盖、底和活塞等部分组成。

b. 样品瓶：磨口瓶，容量 1～4kg。

（2）搅拌器

搅拌器是搅和桶装油脂用的，使油脂充分混合，以便采样。

（3）样品容器

具磨口塞的细口瓶，容量 1～4kg。

（4）样品登记簿

同粮食、油料的样品登记簿。

2. 采样方法

油脂的采样方法按不同的储藏方式，可分为桶装采样法和散装采样法两种。

（1）桶装采样法

根据一批桶装油总件数确定采样桶数。桶装油 7 桶以下，逐桶采样；10 桶以下，不少于 7 桶；11～50 桶，不少于 10 桶；51～100 桶，不少于 15 桶。采样的桶点要分布均匀。

采样方法：油脂中存在一定数量的水分和杂质，这些杂质和水分随着静置的时间长短不同，而会出现不同的分离和沉淀现象。因此，在采样前需先将油脂搅拌均匀（桶装油可采用滚桶方式），再将采样管缓缓地由桶口斜插至桶底，然后用拇指堵压上口，提出采样管，将油样注入样品瓶。如采取某一部位油样时，先用拇指堵压上口，将采样管缓慢地插至要采取的部位，松开拇指，待油样进入管中后，再用拇指堵压上孔提出，将油样注入样品瓶中。如采取样品的数量不足 1kg 时，可增加采样桶数，每桶采样的数量应一致。

（2）散装油采样法

① 检验单位。散装油以一个油池、一个油罐、一个车槽为一个检验单位。

② 采样数量。散装油脂 500t 以下，不少 1.5kg；501～1000t，不少于 2.0kg；1000t 以上，不少于 4.0kg，

③ 采样规则。按散装油高度，等距离分为上、中、下三层，上层距油面约 40cm，中层在油层中间，下层距油池底部 40cm 处。三层采样数量比例为 1∶3∶1（卧式油池、车槽为 1∶8∶1）。

④ 采样。关闭采样筒活塞，将采样筒沉入采样部位后，提动筒塞上的细绳。打开活塞，让油进入筒内，提取采样筒，将采样筒内油样注入样品瓶内。

（3）输油管流动油脂取样

根据油脂的数量和流量，计算流动时间，用定时、定量法用油勺在管出口处取样。

（三）油料饼粕扦样方法

1. 采样设备

油厂主要副产品有油饼和油粕。由于副产品的自然状态不同，因此饼粕采样器分为包装采样器和散装采样器。

① 包装采样器，包括取样叉、分隔式圆柱形取样器、分隔式取样叉和取样铲。

② 散装采样器，包括分隔式圆柱形取样器、分隔式取样叉、取样叉、取样铲、机械取样器，以及其他在油料饼粕流动过程中周期性的采样器。

2. 分样工具

分样工具包括分样器、铲和分样板。

3. 样品容器

油料饼粕样品容器是用稠密的纺织布、聚乙烯塑料或金属材料制成的容器。但测定水分或易挥发物的样品，应装在气密和防潮的容器中。要测定挥发类烃类物质的含量，不宜使用塑料容器包装。

4. 采样规则

批要分成若干基本批，每个基本批一般不超过 500t。从每个基本批采取原始样品，并混合成总样品。各个总样品经过分样得到各个供试样品，供试样品应具有该基本批质量的代表性；采样时应使用清洁干燥的采样工具和容器；要尽可能缩短采样时间，以避免样品变化。

5. 采样方法

粉、块状饼粕：10 个基本批以下，每包均采样；11～100 批，采 10 包；大于 100 批，约取总数的平方根。

油饼的采样：不得少于基本批总数的 2%。散装的油饼应从每 500t 里随机取 5 个有代表性的块状饼。

（四）样品的分样法

将原始样品充分混合均匀，进而缩分分取平均样品或试样的过程称为分样。粮、油

的分样可用四分法或分样器法；油脂样品要经充分摇匀后分出 1kg 作为平均样品备用；粉、块状饼粕用分样器、铲或分样板进行，对块状饼粕要先行粉碎。

二、发芽率与发芽势的测定

1. 发芽率

发芽率是指发芽终期在规定日期内的全部正常发芽籽粒粒数占供检籽粒粒数的百分率。测定结果以每百粒粮粒可发芽的粒数表示。

2. 发芽势

发芽势是指发芽试验初期在规定的日期内，正常发芽种子数的百分率。

3. 测定方法

（1）仪器与设备

培养皿、滤纸、镊子、发芽箱或电热恒温箱。

（2）发芽试验技术规定

发芽试验技术规定见表 4-6。

表 4-6　发芽试验技术规定

种子名称	发芽床	温度/℃		发芽势天数/d	发芽率天数/d
		恒温	变温**		
籼稻*	滤纸或沙	30		3	10
粳稻*	滤纸或沙	30		5	10
小麦	滤纸或沙	20		3	7
大麦	沙	20		3	7
玉米	沙	30	20～30	3	7
谷子	滤纸	30	20～30	3	7
大豆	沙	20		4	7
油菜	滤纸	20		2	7
花生	沙	25	20～30	4	10
棉籽*	沙	30	20～30	3	9
黄麻	滤纸	30		3	7

* 水稻先用 30℃水浸种 24h；棉籽种子先用 60℃水浸种 3～4h；

** 变温方法：每昼夜在 20℃保持 16h，在 30℃保持 8h。

（3）发芽床的制备

按技术规定，选用适当的发芽床，在培养皿或碟子内铺放 1cm 厚经过水洗的细沙或两层滤纸，注入清水，达到饱和为止。

发芽试验用的一切用具和发芽床，均需经过蒸汽或水煮沸消毒。

（4）操作方法

① 制备试样。从检验过净度的好种子中，随机数取 4 组试样。大粒种子如花生、大豆、玉米和豌豆等，以 50 粒为一组（50×4）；中、小粒种子如稻谷、麦类、粟、菜

籽等,以 100 粒为一组(4×100)。

② 摆放种子。把种子按组分别摆放在发芽床上,种子间距离按粒长的 1～2 倍摆放。摆完后(采用沙床时可将种子轻轻压入沙内,种子与细沙压平),加盖,但不要妨碍空气流通。

③ 标记后送入发芽箱。在发芽皿上贴标签,注明试样号数、品种名称、试验开始日期,或只注明发芽床编号,另立发芽试验记录。最后把发芽床送入发芽箱或恒温箱内,按技术规定的温度和天数进行发芽试验。

④ 检查。在发芽试验开始后,除保持发芽所需的水分和温度外,每天检查一次发芽情况,按规定发芽势和发芽率的截止日期,及时检查正常与不正常的发芽种子,做好记录。

正常发芽种子。禾谷类长粒种子的幼根达种子长,幼芽至少达粒长的 1/2。单子叶圆粒种子的幼根和幼芽达种子直径长;双子叶圆粒种子幼根达种子直径长。豆类种子有正常的幼根,并至少有 1 个子叶与幼根相连或两片子叶保留 2/3 以上。禾谷类种子虽无主根,但侧根发育正常。

不正常发芽种子。禾谷类种子幼根或幼芽残缺、畸形或腐烂。幼根显著萎缩,中间呈纤维状幼根,幼芽水肿状且无根毛。豆类种子两片子叶全部脱落或损伤 1/3 以上;豆类中的硬实粒,一般以 1/2 列入发芽种子数中计算。

测定粮食品质陈化程度鉴别发芽时,以新鲜幼芽突破籽粒种皮(俗称露白),即为正常发芽粒。

(5)结果计算

种子发芽试验以发芽势和发芽率表示,种子发芽势和种子发芽率分别按公式(4-1)和公式(4-2)计算

$$种子发芽势(\%) = \frac{M_1}{M} \times 100 \qquad (4\text{-}1)$$

$$种子发芽率(\%) = \frac{M_2}{M} \times 100 \qquad (4\text{-}2)$$

式中:M_1——发芽势天数内的正常发芽粒数;

M_2——全部正常发芽粒数;

M——供试种子粒数。

发芽率的最大值与最小值的允许差及发芽率平均值见表 4-7。

如果 4 份平行结果最大值与最小值差小于表中给定范围,说明平均值是可靠的,可以作为该样品的发芽率。如果超过给定范围,平均值是不可靠的,应进行第二次试验。

第二次试验的平均值也用相同的方法进行可靠性检查。如果是可靠的,则采用第二次结果作为样品发芽率。如果第二次平均值仍不可靠,可用第一次和第二次的平均值加以比较。

表 4-7　发芽率的最大值与最小值的允许差及发芽率平均值

发芽率平均值/%	发芽率平均值/%	最大值与最小值允许差/%	发芽率平均值/%	发芽率平均值/%	最大值与最小值允许差/%
99	2	5	81～83	18～20	15
98	3	6	78～80	21～23	16
97	4	7	77	24	17
96	5	8	73～76	25～28	
95	6	9	71～72	29～30	18
93～94	7～8	10	67～70	31～34	18
91～92	9～10	11	64～66	35～37	19
89～90	11～12	12	56～63	38～45	19
87～88	13～14	13	51～55	46～50	20
84～86	15～17	14			

如果其差异不超过表 4-8 所给定的数值,可以加以平均,作为样品的发芽率如果超出所给定的数值,则应进行第三次试验,另行计算。

表 4-8　样品发芽率平均值与允许差

发芽率平均值/%		允许差/%	发芽率平均值/%		允许差/%
98～99	2～3	2	77～84	17～24	6
95～97	4～6	3	60～76	25～41	7
91～94	7～10	4	51～59	41～50	8
85～90	11～16	5			

三、粮食新与陈的测定

1. 愈创木酚反应法

方法一:取粮食试样 50～100 粒置于试管内,加入 1% 愈创木酚溶液(将原液用水稀释 100 倍)2mL 振动后,再加 3% 过氧化氢溶液 1～3 滴,振动后放置片刻,粮粒和溶液便显色。同时作对照试验比较,显色越深,表示酶的活动越强,说明粮食新鲜程度较大。

方法二:取大米约 5g 置于试管中,加 1% 愈创木酚溶液 10mL,振动 20 次左右,将愈创木酚溶液移入另一试管中。静置后,加入 1% 过氧化氢溶液 3 滴,在静置状态下,观察愈创木酚溶液显色程度。如是新米,经过 1～3min,白浊的愈创木酚溶液从上部开始呈浓赤褐色,陈米则完全不着色;如是新、陈米混合,新米所占比例大,则呈色反应快,而且呈浓赤褐色;如陈米所占比例大,则呈色反应慢,而且呈淡赤褐色。

2. 愈创木酚与对苯二胺并用法

取试样 50～100 粒置于试管内,加入 1% 愈创木酚溶液 4mL,振摇后静置 2min 左右,再加入 3% 过氧化氢溶液 3～4 滴,振动后,加入 2% 对苯二胺溶液 3mL,振摇,静置后倒掉试管中溶液，用水冲洗试样进行观察。新粮，酶活性强，显色深；陈粮，酶活性弱，着色慢而浅。

3. 酸度指示剂法

（1）原液配制

取甲基红 0.1g、溴百里酚蓝 0.3g 溶于 150mL 乙醇中，加水稀释至 200mL，作为原液。

（2）判断全部试样的新、陈

将原液与水按 1:5 混合作为使用液。取试样 5g 加 10mL 使用液，振摇后观察溶液显色情况。米粒越新越绿，陈米的溶液由黄色变为橙色。

（3）判断新陈米混合比率

将原液与水按 1:4 混合，用碱液滴定，由红色调整至黄色（残留黄色变为绿色的不行），作为使用液，取试样 20～100 粒，加入 10mL 使用液，振动后，待米粒着色后立即用水冲洗，根据着色情况判断新陈。

随氧化情况呈现绿色—黄色—橙色。

（4）注意事项

① 指示剂的混合比例和原液稀释比例不是绝对的，可根据试样氧化程度酌情改变。

② 该法是根据大米在储存中化学成分分解必然引起酸碱度变化的机理，利用其浸液中加入稀碱液能明显拉开新陈米 pH 的差距。用原液对全部试样进行新陈度判断，新米为绿色，陈米为黄色。

③ 用使用液进行新陈混合比检查，新米粒为蓝绿色，陈米为黄色。

④ 因使用液中含有稀 NaOH，放久后与空气中的 CO_2 作用，对检验结果有一定影响，因此最好是现配现用。

⑤ 该法对新陈混合样的检出率可达 100%，方法可靠、准确、简便、快速、效率高，适于广大基层采用。

四、粮食脂肪酸值的测定

（一）脂肪酸值的概念

粮食脂肪酸值是以中和 100g 干物质所需氢氧化钾毫克数来表示。

（二）测定方法

1. 原理

在室温下用无水乙醇提取稻谷中的脂肪酸，用氢氧化钾标准溶液滴定，计算脂肪酸值。

2. 试剂

① 无水乙醇。

② 酚酞指示剂。称取 1.0g 酚酞溶于 100mL 体积分数为 95% 的乙醇中。

③ 不含二氧化碳的蒸馏水。将蒸馏水煮沸 10min 左右，加盖冷却。

④ 氢氧化钾标准滴定液。

a. 浓度约为 0.5mol/L 的氢氧化钾标准储备液的配制：称取 28g 氢氧化钾置于聚乙烯塑料瓶中，先加入少量（约 20mL）不含二氧化碳的蒸馏水溶解，再用体积分数为 95％的乙醇稀释至 1000mL，密闭放置 24h。吸取上层清液至另一聚乙烯塑料瓶中保存。

b. 氢氧化钾标准储备液的标定：称取在 105℃条件下烘 2h 并在干燥器中冷却后的基准邻苯二钾酸氢钾 2.04g，精确到 0.0001g，置于 150mL 锥形瓶中，加入 50mL 不含二氧化碳的蒸馏水溶解，滴加酚酞指示剂 3～5 滴，用配制的氢氧化钾标准储备液滴定至微红色，以 30s 不褪色为终点，记下所耗氢氧化钾标准储备液的毫升数 (V_1)，同时做空白试验，记下所耗氢氧化钾标准储备液毫升数 (V_0)，按公式（4-3）计算氢氧化钾标准储备液浓度

$$c(KOH) = \frac{1000 \times m}{(V_1 - V_0) \times 204.22} \tag{4-3}$$

式中：c（KOH）——氢氧化钾标准储备液浓度，mol/L；

      1000——换算系数；

      m——称取基准邻苯二甲酸氢钾的质量，g；

      V_1——滴定邻苯二甲酸氢钾溶液所耗氢氧化钾标准储备液体积，mL；

      V_0——滴定空白溶液所耗氢氧化钾标准储备液体积，mL；

      204.22——邻苯二钾酸氢钾的摩尔质量，g/mol。

注：氢氧化钾标准储备液必要时应重新标定。氢氧化钾标准储备液在常温（15～25℃）下保存时间一般不超过 2 个月。当溶液出现混浊、沉淀、颜色变化等现象时，应重新制备。

c. 氢氧化钾标准滴定溶液的配制：准确移取 20.0mL 已经标定好的氢氧化钾标准储备液于 1000mL 容量瓶中，用体积分数为 95％的乙醇稀释定容至 1000mL，存放于聚乙烯塑料瓶中。临用前稀释配制。

注：稀释用乙醇应事先调整为中性。具体方法为：量取 20mL 体积分数为 95％的乙醇，滴加酚酞指示剂 3～5 滴，用氢氧化钾标准滴定液滴定至微红色，以 30s 不褪色为终点，记下所耗氢氧化钾标准滴定溶液的毫升数 (V_a)；量取 1000mL 体积分数为 95％的乙醇，准确加入 V_b（$V_b = 50 \times V_a$）氢氧化钾标准滴定溶液混合均匀即可。

3. 操作方法

① 试样制备。从平均样品中分取样品约 80g，粉碎，粉碎后的样品一次通过 CQ16（相当于 40 目）筛的应达 95％以上。

② 试样处理。称取制备好的试样约 10g，精确到 0.01g，置于 250mL 具塞磨口锥形瓶中，用移液管加入 50.0mL 无水乙醇，置往返式振荡器上振摇 30min，振荡频率为 100 次/min。静置 1～2min，在玻璃漏斗中放入折叠式的滤纸过滤。弃去最初几滴滤液，收集滤液 25mL 以上。

③ 测定。用移液管移取 25mL 滤液于 150mL 锥形瓶中，加 50mL 不含二氧化碳的蒸馏水，滴加 3～4 滴酚酞指示剂后，用氢氧化钾标准滴定溶液滴定至呈微红色，30s 不消褪为止。记下耗用的氢氧化钾标准滴定溶液体积 (V_1)。

注：样品提取后应及时滴定，滴定应在散射日光或日光型日光灯下对着光源方向进行。滴定终点不易判定时，可用一个已加入提取液、去二氧化碳蒸馏水、尚未滴定的锥形瓶作参照，当被滴定液颜色与参照相比有色差时，即可视为已到滴定终点。

④ 空白试验。用移液管移取25mL无水乙醇于150mL锥形瓶中，加50mL不含二氧化碳的蒸馏水，滴加3～4滴酚酞指示剂后，氢氧化钾标准滴定溶液滴定至呈微红色，30s不消褪为止。记下耗用的氢氧化钾标准滴定溶液体积（V_0）。

4. 结果的计算和表示

（1）结果计算

结果按公式（4-4）计算

$$s = (V_1 - V_0) \times c \times 56.1 \times \frac{50}{25} \times \frac{100}{m(100 - \omega)} \times 100 \qquad (4\text{-}4)$$

式中：s——脂肪酸值，mg/100g；

V_1——滴定试样液所耗氢氧化钾标准滴定溶液体积，mL；

V_0——滴定空白液所耗氢氧化钾标准滴定溶液体积，mL；

c——氢氧化钾标准滴定溶液的浓度，mol/L；

50——试样提取用无水乙醇的体积，mL；

25——用于滴定的试样提取液的体积，mL；

100——换算为100g干试样的质量，g；

m——试样的质量，g；

ω——试样水分质量分数，即每100g试样中含水分的质量，g。

（2）结果表示

每份试样取两个平行样进行测定，两个测定结果之差的绝对值符合重复性要求时，以其平均值为测定结果；不符合重复性要求时，应再取两个平行样进行测定。若4个结果的极差不大于$n=4$的重复性临界极差［CrR95（4）］，则取4个结果的平均值作为最终测试结果；若4个结果的极差大于$n=4$的重复性临界极差，则取4个结果的中位数作为最终测试结果，计算结果保留三位有效数字。

5. 重复性

同一分析者对同一试样同时进行两次测定，脂肪酸值结果的差值应不超过2mg/100g。

五、粮食酸度的测定

1. 粮食酸度的概念

粮食中含有磷酸、酸性磷酸盐、脂肪酸、乳酸、乙酸等酸性物质的数量总称为酸度。因为酸度是用滴定法测定的，所以又叫做滴定酸度。粮食酸度以中和10g粮食试样的酸性物质所需0.1mol/L碱液的毫升数来表示。

2. 方法

测定粮食酸度的方法很多，下面介绍3种常用的方法。

（1）水溶性酸测定法

① 原理：用水浸出试样中水溶性酸性物质（如磷酸及其酸性盐、乳酸、乙酸等），然后用碱液滴定，从而求得水溶性酸度。

② 试剂：0.01mol/L 氢氧化钾或氢氧化钠溶液；甲苯；氯仿；1g/100mL 酚酞乙醇溶液；不含 CO_2 的蒸馏水（将蒸馏水加热煮沸 15min，逐出 CO_2）。

③ 仪器：锥形瓶 100mL 和 250mL；量筒 250mL；玻璃漏斗；移液管 10mL 和 20mL；感量 0.01g 天平。

④ 操作方法：称取粉碎试样 15g（准确至 0.01g，粉碎试样通过 0.45mm 孔径筛，磨后立即测定），置于 250mL 锥形瓶中，加入不含 CO_2 蒸馏水 150mL（先用少量水调和试样成稀糊状，再将水全部加入），滴入甲苯和氯仿各 5 滴，以防止微生物滋生。摇匀后加塞，在室温下放置 2h（每隔 15min 摇动 1 次），用干燥滤纸过滤，再用移液管移取滤液 10mL，注入 100mL 锥形瓶中，加入 20mL 蒸馏水和 1g/100mL 酚酞乙醇溶液 3 滴，用 0.01mol/L KOH 标准溶液滴定至微红色，0.5min 内不消失为止，记下所消耗碱液毫升数。

另用 30mL 蒸馏水作空白试验，记下所消耗的碱液毫升数。

⑤ 结果按公式（4-5）计算。水溶性酸度是以中和 10g 试样中水溶性酸性物质所需 0.1mol/L KOH 的体积（毫升）来表示

$$水溶性酸度（碱液 mL/10g 粮食）= (V_1 - V_2) \times \frac{c}{0.1} \times \frac{V_3}{V_4} \times \frac{10}{m} \qquad (4\text{-}5)$$

式中：V_1——试样滤液消耗的碱液体积，mL；

　　　V_2——空白试验消耗的碱液体积，mL；

　　　V_3——浸泡试样加水体积，mL；

　　　V_4——用于滴定的滤液体积，mL；

　　　c——KOH 标准溶液浓度，mol/L；

　　　m——试样质量，g。

双试验结果允许差不超过 0.5（每 10g 粮食消耗 0.1mol/L KOH 的体积，mL），求其平均数，即为测定结果。测定结果取小数点后一位。

（2）乙醇溶性和水溶性酸测定法

① 原理：利用 80% 乙醇溶液提取试样中醇溶性和水溶性的酸性物质，然后用碱标准溶液滴定，从而求得粮食酸度。

该法的优点是测得结果既包括醇溶性酸，也包括水溶性酸，而且滴定终点容易确定，缺点是费时。

② 试剂：80% 乙醇溶液；1g/100mL 酚酞乙醇溶液；0.1mol/LKOH 或 NaOH 标准溶液。

③ 仪器：锥形瓶 250mL；移液管；量筒 100mL；烧杯 400mL；滴定管 25mL 或 50mL；漏斗；感量 0.01g 天平。

④ 操作方法：称取粉碎试样 15g（准确至 0.01g，粉碎试样通过孔径 0.45mm

筛，磨后立即测定），置于 250mL 锥形瓶中，加入 75mL 80％乙醇溶液，摇匀，加塞，在室温下放置 16h 或 24h，并经常振荡，到时过滤。用移液管移取 25mL 滤液注入另一 250mL 锥形瓶中，加入不含 CO_2 蒸馏水 100mL，滴加 1g/100mL 酚酞乙醇溶液 3 滴，以 0.1mol/L KOH 或 NaOH 标准溶液滴定至呈现微红色，0.5min 内不消失为止，记下所耗 KOH 或 NaOH 溶液毫升数。同时做空白试验，记下消耗碱液的毫升数。

⑤ 结果计算：同水溶性酸结果计算

（3）样品与水混合液测定酸度

① 原理：所有的酸性物质均存在于样品与水的混合液中，用碱液滴定至终点求其酸度。

该法的优点是所有酸性物质均可被碱中和，测得的是总酸度；缺点是终点不易判断。

② 试剂：0.1mol/L KOH 或 NaOH 标准溶液；1g/100mL 酚酞乙醇溶液。

③ 仪器：烧杯 400mL；量筒 100mL；滴定管 50mL；感量 0.01g 天平；洗瓶等。

④ 操作方法：称取粉碎试样 5g（准确至 0.01g，粉碎试样通过 0.45mm 孔径筛，磨后立即测定），放入 400mL 烧杯中，加入不含 CO_2 蒸馏水 30～40mL，用玻棒搅拌，使其混合均匀，没有粉块存在，附在烧杯壁上试样用洗瓶注水洗下。然后加入 3～5 滴酚酞乙醇溶液，用 0.1mol/L 氢氧化钾或氢氧化钠标准溶液滴定至呈现微红色，0.5min 内不消失为止。因为淀粉能吸附酚酞的颜色，在接近终点时，再补加数滴酚酞乙醇溶液。如果发生红晕时，证明已达到终点，记下所耗氢氧化钾或氢氧化钠标准溶液毫升数。

⑤ 结果按公式（4-6）计算

$$酸度（0.1mol/L 碱液 mL/10g 粮食）= V_1 \times \frac{10}{5} \qquad (4-6)$$

式中：酸度——每 10g 粮食所耗 0.1mol/L 的碱液的体积，mL；

　　　　V_1——滴定试样所用去 0.1mol/L 氢氧化钾或氢氧化钠标准溶液的体积，mL；

　　　　5——试样质量，g；

　　　　10——换算为 10g 试样质量，g。

六、黏度的测定

黏度是液体在外力作用下，发生流动时液体分子间所产生的内摩擦。液体间内摩擦力的大小与接触面积 A 呈正比，与速度梯度 dv/dz 呈正比，即 $F = \eta A\ (dv/dz)$。η 称为动力黏度系数，简称动力黏度。动力黏度的单位为 $Pa \cdot s$，在相同温度下液体的动力黏度与其密度的比值，称为运动黏度，其单位为 m^2/s。

谷类黏度的大小，由其胶体粒子形成的胶体体系所决定，这种胶体体系主要取决于淀粉及其性质。因为米类的化学成分中淀粉含量最多，由直链淀粉形成的胶体体系，黏度较小，由支链淀粉形成的胶体体系，黏度较大。黏度随浓度的增大而增大，胶体体系分子间的支链距离随浓度增大而逐渐缩短，及至形成网络状结构。网间的介质不能变动时，黏度则渐增，进而变成凝胶。凝胶的网架变粗后则出现陈化或离浆。黏度还随压力、温度和时间的不同而变化。黏度较大的米类，米饭的黏性也较大。从米类黏度的大小可以评定其黏性大小，黏度又可以作为研究储粮品质变化的参考数据。

黏度可用黏度计测量。黏度计按工作原理可分为旋转黏度计、毛细管黏度计、落体式黏度计、振动式黏度计等多种，每种又有不同的类型。因为黏度与浓度、温度、粒径等密切相关，不同测量方法的测量精度及测量单位是不同的，不能相互换算。奥氏毛细管黏度计主要用于一定温度下试样黏度的测量，测出特性黏度再按 $\eta = K \overline{M} \alpha$ 公式求出淀粉相对平均分子质量。旋转黏度计结构简单、操作方便，所以在淀粉黏度测定中应用较多，但计量精度较低，并且不能连续测量淀粉糊化过程中的黏度变化曲线，所以要得到黏度曲线，目前常用布拉班德黏度仪和快速黏度分析仪。

(一) 奥氏毛细管黏度计

奥氏毛细管黏度计是靠液体自重，即测量时靠液体位差使液体在毛细管内流动。应用毛细管黏度计测定糊液的黏度时，由于涉及的参数较多，在测量的过程中很难满足所有条件，操作困难较多，因而所引起的误差也较大。所以，在实际测量中，一般都是测定粮食糊液（牛顿液体）的相对黏度，也就是测定试样的黏度与标准液体黏度的比值。此外，在测定时因为要将粮食做成牛顿液体，所以粮食试样要经粉碎、糊化，使淀粉分子全部分散成小分子，这一点非常重要。糊液用孔径 0.147mm 铜丝筛过滤等处理，便可进行测定。

1. 仪器与设备

(1) 奥氏毛细管黏度计

奥氏毛细管黏度计的构造如图 4-1 所示。在毛细管的上部有 2 个球形泡，在下泡的上、下球处刻有标线。这 2 条标线是为了在测定时使流动的位差一定而设的标记。

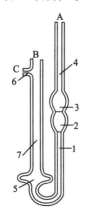

图 4-1　奥氏毛细管黏度计
1-毛细管；2、3、5-球形泡；
4、7-管身；6-支管；
A、B、C 为 3 个接口

常用的毛细管孔径有 0.8mm、1.0mm、1.2mm、1.5mm 4 种，毛细管孔径的选择，以测定糊化液经毛细管黏度计上、下刻度的时间在 150~200s 为宜，不要超过 300s 和低于 60s。出厂时附有黏度计常数检定证书，如购置的毛细管黏度计没有标定常数或需校正时，可按下法进行标定或校正（最好由厂方或有关科研、鉴定单位协作进行）。标定方法：取纯净的 20 号或 30 号机器润滑油，用已知常数的毛细管黏度计在 (50±0.1)℃的水浴中测定其运动黏度（5 次测定结果的标差应少于 0.05cSt），再用该批机油测定未标定毛细管黏度计常数的流速，测定 5 次，求平均值，计算毛细管黏度计的常数。毛细管黏度计常数按公式（4-7）计算

$$毛细管黏度计常数(c) = \frac{\upsilon}{\tau_1} \qquad (4-7)$$

式中：υ——机油运动黏度，cSt；

　　　　τ_1——机油流出时间，s。

黏度计常数亦可直接用已知黏度的标准油进行标定。

（2）恒温水浴

由玻璃缸（直径约 35cm，高约 40cm）、25W 电动搅拌器、控温用电子继电器（触点容量不低于 5A）、1kW "U" 形电热管及管架板、电接点温度计（20～50℃ 或 100℃）、精密温度计（刻度 0.1℃）及铁架、铁夹等组成，控温精度可达 0.1℃。

（3）糊化装置

由电热套（2kW、体积为 500mL）、直管冷凝管、500mL 锥形瓶及铁架、铁夹等组成。

（4）其他用具

水银温度计（分度为 0.1℃）、秒表、粉碎机、标准铜丝筛（孔径 0.450mm、0.246mm、0.175mm、0.147mm 筛及筛底）、天平（感量 0.01g）、电吹风机、电烘箱、洗耳球和乳胶管等。

2. 操作步骤

（1）样品制备

分取粮食试样约 100g，稻谷试样预先脱壳并碾成标二或标一白米。用粉碎机粉碎，过筛，筛上物再反复粉碎（或用研钵研磨）至 90％ 以上试样通过孔径 0.246mm 筛（玉米通过孔径 0.45mm 筛）。

（2）糊化液的制取

试样先测定含水量，再用感量 0.01g 天平称取相当于 7.00g 干物质的大米粉、小麦粉或 8.00g 干物质的玉米粉。实际粉样质量为：7.00（或 8.00）÷（100－M）×100（M 为 100g 试样中含水量的克数）。

将样品放入 500mL 锥形瓶中，加入预热至 40～50℃ 的水 200mL，装上冷凝管置于已预先开启的电热套中加热，使样品液在 5min 左右开始沸腾并立即计时。注意随时调节锥形瓶（连同冷凝管）距离电热套的高度，严格控制保持样品液均匀微沸，勿使样品冲入冷凝管中。30min 后，取下锥形瓶，迅速将全部样品液倒入洁净、干燥的孔径为 0.147mm 的铜丝筛上过滤，均匀转动筛子收集滤液 100mL 左右，即为糊化测定液。

（3）黏度测定

将糊化液迅速吸入或倒入洁净、干燥的毛细管黏度计中（吸入方法：在如图 4-1 的黏度计 C 口接上乳胶管后，倒置黏度计，将 A 口插入糊化测定液中，均匀摇荡糊化液，然后用手指堵住 B 口并用洗耳球自 C 口的乳胶管吸气，使糊化液缓慢吸入毛细管黏度计中，至糊化液上升至蓄液球 5 为止）。立即将黏度计垂直于（50±0.1）℃ 恒温水浴中，并使黏度计带上、下刻度的球形泡全部浸入水面下，把乳胶管自 C 口移接在 A 口上，恒温 10～12min 后用洗耳球自 A 口将糊化液吸起吹下搅匀。然后吸起糊化液使之充满黏度计上球，再让糊化液自由落下，15min 时开始测定。测定时将糊化液吸起充满上球（不能有气泡），停止吸气，待糊化液自由流下至两球间的上刻度时，按下秒表开始计时。待糊化液继续流至下刻度时，再按下秒表停止计时，记录糊化液经上、下刻度的时间（s）。然后同上操作连续测定2或3次，流速测定结果取其平均值。

3. 结果计算

运动黏度按公式（4-8）计算

$$运动黏度(\upsilon) = \tau_t \times c \tag{4-8}$$

式中：υ——运动黏度，cSt；

　　　τ_t——试样流出时间，s；

　　　c——黏度计常数，cSt/s。

双试验结果（2次糊化测定结果）允许差：

动度平均值在3.0cSt以下，允许差不超过±0.2cSt；

弹度平均值在3.1~6.0cSt，允许差不超过±0.5cSt；

前度平均值在6.1~10.0cSt，允许差不超过±0.5cSt；

前度平均值在10.1cSt以上，允许差不超过±1.0cSt。

如不符合上述要求，应再测定2份糊化液，将符合上述要求的测定结果加以平均。平均值取小数点后一位。

（二）旋转黏度计

1. 原理

旋转黏度计一般由转子、游丝、刻度圆盘和同步电机组成（图4-2）。同步电机以

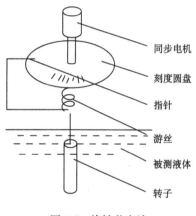

图 4-2　旋转黏度计

（图中标注：同步电机、刻度圆盘、指针、游丝、被测液体、转子）

稳定速度旋转，连接刻度圆盘，再通过游丝、转轴带动转子以一定速度旋转。如果转子未受到液体的阻力，则游丝、指针与刻度圆盘同速旋转，指针在刻度盘上指出的读数为"0"。当转子受到液体的黏滞阻力，则游丝产生阻矩，与黏滞阻力抗衡最后达到平衡。这时转子的旋转拖迟一个相应的角度，与游丝连接的指针在刻度圆盘上指示一定的读数（游丝的旋转角），因为此拖后的角度与液体的黏度成比例，将读数乘上特定的系数即为液体的黏度。

常用的旋转黏度计有 NDJ-1 型和 NDJ-79 型。用 NDJ-1 型黏度计测定黏度时，备有 5 种转子，且有 4 种转速，分别为 6r/min、12r/min、30r/min、60r/min，黏度以厘泊（cP[①]）为单位，测定黏度范围为 0.1~105mPa·s，可根据需要选择不同的单元。国外生产的 Brook field 黏度计也属于旋转式黏度计。

2. 操作方法

称取样品 6.0g（干基质量），倒入烧杯，用水调制成浓度为 6g/100mL 的淀粉乳

————————————

① 1cP=10^{-3}Pa·s

液。按黏度计所规定的操作方法进行校正调零，并将仪器测定筒与保温装置相连。将淀粉乳液定量移入装在保温装置内的烧瓶中，烧瓶上装有搅拌器和冷凝器，并且密闭。打开保温装置、搅拌器和冷凝器，将测定筒和淀粉乳液的温度通过保温装置分别同时控制在 45℃、55℃、65℃、75℃、85℃、92.5℃。

在保温装置到达上述每个温度时，从装有淀粉乳的烧瓶中吸去淀粉乳液，加入到黏度计的测量筒内，测定黏度，读下各温度时的黏度值。以黏度值为纵坐标、温度变化为横坐标，根据所得数据作出黏度值与温度变化曲线。从曲线图中找出最高黏度值及当时温度值即为样品的黏度。

在实际应用中，由于使用对象的差异，对黏度要求不一，测量方法、测定仪器、固体含量、测定温度及转子的转速也不相同。

（三）布拉班德黏度仪

1. 原理

布拉班德黏度仪（Brabender amylograph，BA）是连续追踪淀粉糊化过程中黏度变化最常用的仪器，它是一种与同心双层圆筒旋转黏度计相近似的仪器。这种仪器由测量钵、测量探头、测量箱、温度控制系统、调速装置、时间控制器及记录器组成。测量钵是不锈钢的圆筒，容纳待测的淀粉样的悬浮液，测量探头插入测量钵内，当测量钵由齿轮减速马达驱动，以 75r/min 的速率匀速旋转时，测量探头的运转受待测样品所产生的阻力影响，并将这个阻力传送到测量箱，而测量箱同记录器相连接。测定过程中温度受程序控制，可以按恒定的速率上升或下降，实际测定中多以 1.5℃/min 的速率升降温度。加热和冷却时间由时间控制器调整。由于这种仪器能连续追踪淀粉糊化过程的黏度变化，可作出黏度-时间（温度）变化曲线，又称布拉班德黏度曲线。曲线中是以 BU（Brabender unit）为黏度单位。

2. 操作方法

按规定的操作规程检查布拉班德黏度仪。称取一定量的淀粉样品，加入 450mL 蒸馏水，使淀粉乳的浓度为 3%～8%（按干基计），具体浓度视淀粉样品的黏度大小而定。将配好的淀粉乳倒入布拉班德黏度仪的黏度杯中，按规定装好仪器。

在 30℃开始升温，升温速率是 1.5℃/min，待温度升到 95℃后保温 0.5h，然后开始冷却，冷却速率是 1.5℃/min，待冷却至 50℃，再保温 0.5h 即可得到布拉班德黏度曲线（图 4-3）。

通过测定以上数据可以判断淀粉的来源，或区分淀粉的种类和糊的黏度稳定性。

（四）快速黏度分析仪

快速黏度分析仪（rapid visco analyser，RVA）是一种由计算机控制，装有专用软件的现代化旋转式黏度测试仪。它是根据操作简便、能快速升温/冷却、能准确调节与控制温度和搅拌器的转速，同时保证试样温度均匀一致的要求而设计制造的一种新型仪器。其优点是试样用量相当少（通常仅为 3～4g）、仪器操作简单、测定过程短（全过程测定时间为 13min），功能与布拉班德黏度仪相似。

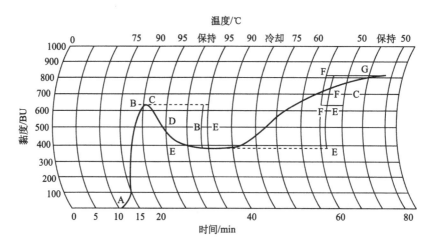

图 4-3 布拉班德黏度曲线特征值

在布拉班德黏度曲线图谱上通常截取下列特征值：A. 起始糊化温度，一般定义为糊黏度达到 20 单位时的温度，℃；B. 峰值黏度，糊化开始后出现的最高黏度，BU；C. 峰值温度，淀粉糊处于峰值黏度时的温度，即糊化终止温度，℃；D. 升温至 95℃ 时糊的黏度，BU；E. 95℃ 保温 30min 后的黏度，BU；F. 糊从 95℃ 降至 50℃ 时的黏度，BU；G. 50℃ 保温 30min 后的黏度，BU。根据黏度曲线上的特征值，可以有：B、E 称为降落值，或称破损值，表示黏度的热稳定性，降落值越小，热稳定性越好；F-E 称为稠度，F-E/E 值表示冷却过程中淀粉形成凝胶性的强弱；F、G 称为回值，表示糊冷黏度稳定值；F、B/B 值表示淀粉糊凝沉性强弱

RVA 测试结果中的黏度数据通常以 RVU 单位表示，但也可以厘泊单位表示，因而有利于对使用不同仪器所得的结果进行比较。

其测定方法为：准确称取 3g 淀粉（含水量以 14％计），加入 25mL 蒸馏水，混合于 RVA 专用铝盒内，调成一定浓度的淀粉乳，采用升温-降温循环：保持 50℃ 1min；3.75min 内加热到 95℃；保持在 95℃ 2.5min，在 3.75min 内降到 50℃；然后保持在 50℃ 2min。测得淀粉糊黏度曲线（图 4-4）。

七、种子生活力的测定

种子生活力是指种子发芽的潜在能力，或种胚所具有的生活能力。处于休眠状态的种子是具有生命力的，通过休眠期后，遇到适宜的环境条件就能发芽生长，凡在休眠期间的种子，发芽一般偏低，不能以发芽试验的方法来测定种子的发芽率，必须应用测定种子生活力的方法来判断种子发芽的潜在能力，作为种子品质的主要依据。

种子生活力测定一般有物理机械法、生物化学法、感官鉴定法三种方法，这里只介绍生物化学法。

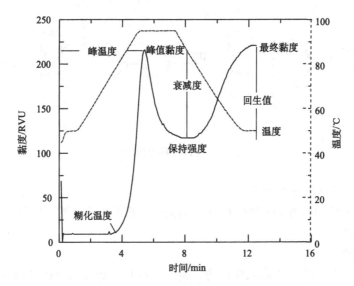

图 4-4　RVA 糊化曲线示意图

糊化温度：试样加热至某一温度时，试样的黏度迅速增加，表明试样开始糊化；峰值黏度：当试样温度达到或接近 95℃时其黏度也将达到最大值，即为峰值黏度；保持强度：在糊化特性曲线中表现的一个峰和一个谷，谷底的黏度就是保持黏度；最终黏度：在测试的尾端，试样表现黏度增加到某一个相对的稳定值，定义为最终黏度；衰减度：定义峰值黏度和保持黏度的差值为衰减度；回生值：最终黏度和保持黏度的差值为回生值

（一）红四唑染色法

1. 红四唑的性状与染色原理

红四唑又称四氮唑，全称为 2，3，5-三苯基四唑化氯（TTC），为粉状结晶，呈白色或黄白色，遇到直射光线，被还原成红色。红四唑药品应储存在棕色瓶中放于暗处。红四唑溶于水，其水溶液是无色液体。

粮食种子在呼吸过程中，由于脱氢酶的作用释放出氢原子，与红四唑分子发生反应。红四唑试剂接受氢原子后，被还原成三苯基甲腊，为红色，这样，种胚有生活力的部分被染成红色，而种胚丧失生活力的部分就不着色，反应式见图 4-5。

2. 仪器

染色缸；称量瓶；表面皿；单面刀片；镊子；250mL 烧杯。

3. 试剂及配制

① 红四唑。

② 红四唑溶液配制：

a. 1％红四唑溶液配制：1g 红四唑药粉溶解于 100mL 水中。1％浓度的溶液用于不切开胚的种子染色。

b. 0.1％红四唑溶液配制：将 1 份 1％的红四唑溶液与 9 份水混合即成。也可将 1g

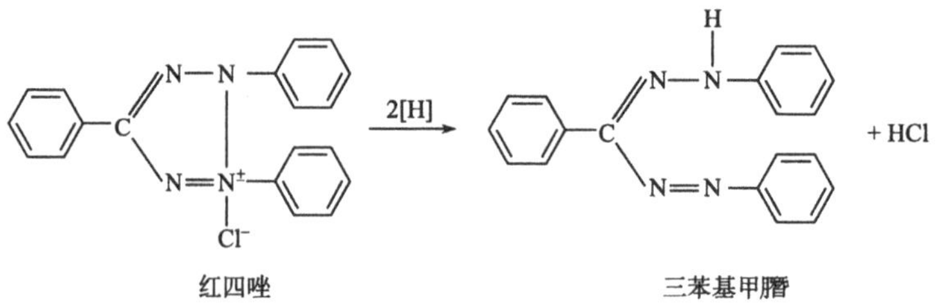

图 4-5　红四唑还原反应式

红四唑药粉溶解于 1000mL 水中。

注意：配成后的溶液 pH 调至 6～8，如果 pH 低于 4 或更低，这种高酸度的溶液不能使种子适当地染色。

4. 染色步骤

从纯净的试样中随机数取试样两份，每份 100 粒，放在 250mL 烧杯内。加入清水使其浸没样品，室温下浸 6～18h（也可 30℃水浸 3～4h），然后用单面刀片将种子（有颖壳的种子应先剥去颖壳）纵向切开，使种子胚部全部露出。取出所切种一半供测定用，立即将其切好的种子移入染色缸中，倒入 0.1％浓度的染色液，使其完全淹没种子为宜。将染色缸放于恒温箱中，用黑布盖好，经一定时间取出。染色时间的长短随温度而定，温度 30℃，染色时间为 40min；温度 40℃，染色时间为 20min。染色时间随温度的升高而缩短，但温度不能超过 45℃，取出后将染液倒掉，并用清水冲洗 2 或 3 次。此时要加倍小心，不要使水冲掉种子，然后移入滤纸或表面皿上，用扩大镜观察鉴定，凡胚根、胚芽、胚轴、子叶被染成红色的则为具有生活力的种子，胚部不着色的则是无生活力的种子。种子生活力的计算按公式（4-9）

$$种子生活力 \% = \frac{红色种子数}{受试种子数} \times 100\% \tag{4-9}$$

测定种子生活力时，两份试样检验结果平均计算，两份试样间允许误差见表 4-9。

表 4-9　测定种子生活力两份试样间允许误差

种子生活力平均/%	两份试样间允许误差/%
95 以上	±4.0
95～90	±6.0
90～80	±7.0
80～70	±8.0
70～60	±9.0
60～40	±10

（二）二硝基苯测定法（顾列维奇法）

1. 原理

该法适用于测定谷物作物种子的生活力，其原理就是根据种子的活细胞在呼吸过程中能还原二硝基苯（间二硝基苯）为硝基酚羟氨，遇氨呈紫红色反应，死细胞则无此反应。

2. 仪器与试剂

扩大镜 10～20 倍；镊子；染色缸；解剖刀；滤纸；二硝基苯溶液；氨溶液；粮食样品：稻谷、小麦、玉米、黄豆。

二硝基苯溶液：取 1g 二硝基苯溶于 10mL 蒸馏水中，即成为过饱和溶液。

氨溶液：在 10mL 蒸馏水中滴加 10～12 滴氨水即成。

3. 染色步骤

在纯净的粮食种子中，任意取试样两份，每份 100 粒，放在两个染色缸内，然后注入二硝基苯溶液，以淹没种子为宜，并在染色缸上贴上标签，注明品种、组次及测定者。

放在 30℃ 定温箱内，浸种 2～3h，或 40℃ 放置 1h。

鉴定时从定温箱内取出染色缸，倒去二硝基苯溶液，用镊子取出种子，置于氨液内，以淹没种子为宜。种子在氨液内浸 15min 后，取出放在滤纸上，用刀片切去种胚尖端，立即用扩大镜观察切面。凡胚根组织呈深红色的为有生活力的种子，胚根组织不染色或只有浅红色斑点的为无生活力的种子。根据两份测定结果，计算种子生活力平均百分率。

4. 注意事项

二硝基苯有剧毒，在工作过程中必须小心，处理后的种子应埋入土中，用具用后须仔细洗涤，手最好不要与药物接触，工作完后须用肥皂洗涤。

（三）品红染色法

1. 原理

根据活细胞的原生质有选择渗透能力，故某些苯胺染料不能深入活细胞中去，而死细胞无此能力，不能阻止染色物质渗透进去。因而死细胞质被染成颜色，根据特性颜色和染色深浅来判断种子生活力。

2. 仪器与试剂

① 仪器同上一实验。

② 小烧瓶 2 个。

③ 0.2％品红溶液：为了计算浓度为 0.2％ 的 1L 溶液中试剂的需要量，就必须预先确定试剂的溶解度，其方法是先称取品红 2g 溶解在 1L 水中，煮沸 30min，煮开后将尚未溶解的染料渣滓和滤纸一起放在 100～105℃ 的温度下干燥，直到恒重为止。根据干燥后的滤纸质量和最初的干净滤纸质量的差数，计算被溶解的染料数量，就可以确定要获得 0.2％ 的溶液，在 1L 水中要溶解多少染料。

3. 操作方法

从纯净的种子中随机取出试样两份，每份 100 粒，带有颖壳的要除去颖壳，在 20℃ 温水中浸 16～20h 或 20～30h，不同种子的浸种温度和时间见表 4-10。然后取出种子，轻轻剥开种皮（主要是胚部种皮），勿伤子叶与胚根。种子放在有品红溶液的烧杯内，溶液以淹没种子为宜，浸泡时间、药液温度随作物种类不同而不同。到时间后，倾去药液，用水冲洗 4 或 5 次，而后将种子放在滤纸上立即观察，凡胚部未染色的为生活力强的种子，胚部全部染色的为无生活力的种子，部分胚根、子叶染色或染成斑点状的，为生活力弱的种子。根据两组平均值计算平均生活力。

表 4-10　品红溶液浸种的温度和时间

作物	浸泡温度/℃	清水中浸泡时间/h	药液中浸泡时间/min
水稻	18～20	24	15
小麦	18～20	10	15
	30	3	15
玉米	18～20	48	15
	30	20	15
豆类	30	3～4	60
亚麻	30	3～4	30
大麻	16～18	10～18	30
高粱粟	18～20	16～20	15

（四）酸性复红染色法

该法的原理与品红染色法相同，也适用于测定禾谷类作物种子的生活力。

溶液的配制：将 1g 酸性复红溶液溶解于 1L 冷水中，配成 0.1％酸性复红作为染料。

染色方法：从纯净的种子中取出试样两份，每份 100 粒，分别在室温的水中浸 10h，小麦、黑麦、大麦的种子浸在 30℃温水中经 3h，在 40～50℃温水中则经 1h，燕麦种子用锐利刀片将每一种子沿着腹沟切成两半。切时要由胚开始，从背面切下，需要平整，然后将 100 个半粒种子放在有水的小烧杯中，以防干燥。100 个半粒种子用水洗 4 或 5 次，去掉切面上的破坏残余物，再移入 0.1％的酸性复红溶液中，略加摇动，静止 15min，然后取出种子用水洗涤 3 或 4 次，再放在滤纸上进行观察。凡种胚不染色或仅尖端染色浅的种子均属有生活力的种子，种胚完全染色或种尖端染色深的半粒种子，均属于无生活力的种子。

（五）红墨水染色法

该法适应范围及原理与品红、酸性复红染色法相同。

染色步骤如下：预先配制染液，从市上购买来的红墨水，可以用原液，也可以加水稀释（1∶60）后应用。从纯净的种子中随机数取试样两份，每份 100 粒，脱去谷壳，浸在 30℃温水中经 2h 后取出，用镊子细心剥去内种皮，然后注入红墨水，盖没种子为宜。浸泡时间依红墨水浓度而定，如用原液，仅需 30min 即可；如用 1∶60 比例的稀释液，则需要 3～4h。到达染色时间后，取出种子用水漂洗干净，观察种胚染色情况，凡种胚染成红色的为无生活力的种子，未染色的为有生活力的种子，从而计算其生活力。

八、油脂醛定性反应

油脂在不良储存条件下会发生酸败，酸败所产生的挥发性低级醛酮等，常具有特殊的臭气和发苦的滋味，以致影响油脂感官性质，甚至不适宜食用。因此可以通过测定醛、酮是否存在，来判断油脂品质的优劣。

（一）原理

席夫试剂即品红亚硫酸试剂，它是无色液体，与醛作用时可产生反应键，而后形成有醌型结构的紫色色素，使溶液显色，故可用于发现醛。其反应式见图4-6。

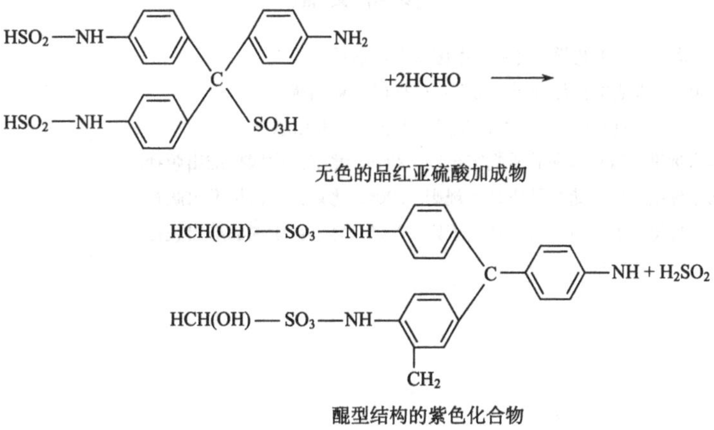

图 4-6　席夫反应的反应式

（二）试剂

① 石油醚：分析纯（不含醛）。

② 品红亚硫酸试剂：溶解 0.1g 碱性品红于 60mL 热蒸馏水中放冷，加干燥亚硫酸钠的水溶液（1∶10）10mL、浓盐酸 2mL 与适量的蒸馏水，使全量成为 100mL，放置 1h 以上即可。

（三）操作步骤

① 取样品 1mL（固体脂肪应先溶化）置于试管中，加入 1mL 石油醚混匀。
② 加入品红亚硫酸试剂 2mL，继续摇匀。
③ 静置于试管架上，分成两液层。

（四）评定

如油脂中有醛存在时，则下层液体于数分钟至 1h 后出现紫红色或蓝色。醛反应呈阳性的油脂，如尚无酸败的感官症状，则此油脂不应继续储存，必须迅速发出供应。

注：该反应相当灵敏，它远在败坏的感官指标显现之前即能发现醛。

思 考 题

1. 解释宜存粮油、轻度不宜存粮油、重度不宜存粮油的含义。
2. 粮油宜存、轻度不宜存、重度不宜存的判定规则是什么?
3. 粮、油的扦样方法有哪些?
4. 解释发芽率与发芽势的含义。
5. 粮食新与陈的测定方法有哪些?
6. 粮食脂肪酸值的测定步骤是什么?
7. 黏度的测定意义有哪些?
8. 种子生活力测定原理是什么?

参 考 文 献

李里特. 2002. 粮油储藏加工工艺学. 北京：中国农业出版社.

宋玉卿，王立琦. 2008. 粮油检验与分析. 北京：中国轻工业出版社.

王肇慈. 2000. 粮油食品品质分析. 第 2 版. 北京：中国轻工业出版社.

中华人民共和国国家标准. 稻谷储存品质判定规则. 2006. 北京：中国标准出版社.

中华人民共和国国家标准. 小麦储存品质判定规则. 2006. 北京：中国标准出版社.

中华人民共和国国家标准. 玉米储存品质判定规则. 2006. 北京：中国标准出版社.

第五章 面团品质的测定

本章主要介绍小麦粉质特性的测定方法；面团拉伸性能的测定方法；面团吹泡示功仪特性的测定方法及质构仪法测定面团的特性。

评价小麦及小麦粉的食用品质最准确的方法是直接进行面包烘焙、蒸制馒头、制成面条及糕点试验。但是目前尚无统一的国际和国内标准方法，另外这些试验过程复杂，试验要求控制的条件严格，需要一定的仪器设备，且耗费大量的时间和试样。因此，目前在评价小麦及小麦粉食用品质时，主要采用与小麦及小麦粉食用品质密切相关的理化性状测定及面团特性试验，客观地反映小麦及小麦粉的品质，定量地评价小麦及小麦粉的品质和用途。

直接测定面团的理化性状——面团的特性试验，不仅可以测定面筋的品质，而且可以评价小麦粉的用途。目前可以定量地评价小麦粉用途的试验仪器，国际公认的有考察面团性质的粉质测定仪和面团拉伸仪，以及主要考察小麦 α-淀粉酶活性的黏度仪、降落值测定仪，利用这些仪器测试时所绘制的图谱和数值，将小麦粉分为强力粉、弱力粉以及介于两者之间的中力粉，从而判断小麦粉的适当用途。

第一节 小麦粉粉质特性的测定

小麦粉的面筋含量对其品质起决定性作用，而小麦粉的面筋性质集中表现在面团性质上，因此，通过测定小麦粉的面团特性反映面筋特性，进而表示小麦粉的食用品质。测定小麦粉面团特性，可采用粉质仪（GB/T14614—94，ISO5530-1-88）。

一、面粉吸水量的定义

面粉吸水量的定义是，为了得到稳定克数的面粉量，按照操作规程所必须使用的面粉量中的含水百分率。根据面粉克数，可以推算出用该种面粉制作的面团的其他各种技术特性值。

二、原理

小麦粉在粉质仪中加水后，利用同步电机使揉面钵的叶片旋转，进行揉和，随着面团的形成及衰变，其稠度不断变化，用测力计测量面团揉和时相应于稠度的阻力变化，并自动记录在记录纸上。由加水量及记录的揉和性能的粉质曲线计算小麦粉的吸水量，评价揉和面团形成时间、稳定时间、弱化度等特性，用以评价面团强度。

三、仪器与设备

① 粉质测定仪。粉质测定仪结构如图 5-1 所示，主要由揉面钵（包括和面刀及保温外套）、测力计、杠杆系统、量程改变器、油阻尼器、滴定管、记录器、恒温水浴等部分组成。

a. 揉面钵：揉面钵由不锈钢制成，常用有两种型号，即容量为 300g 和容量为 50g 的揉面钵。揉面钵为夹套结构，夹套内循环恒温水。和面刀转速有两挡：（63±2）r/min 和 （31.5±1）r/min，两个和面刀片转速比为 1.50±0.01。

b. 测力计和杠杆系统：测力计和杠杆系统位于机壳内部，起测定和传递面团阻力情况的作用。测力计与揉面钵相连接，因此，面团在揉面钵中所产生的阻力全传送到测力计上，再通过杠杆系统传送到读数盘上，杠杆系统受油阻尼器的阻滞，读数盘与自动记录器相连接。揉面所产生的阻力使轴的转速降低，这种改变通过杠杆系统传送到读数盘和记录器上，读数盘的指针出现左右摆动的情况，记录器的笔尖同时在移动的记录纸上绘出粉质曲线图。

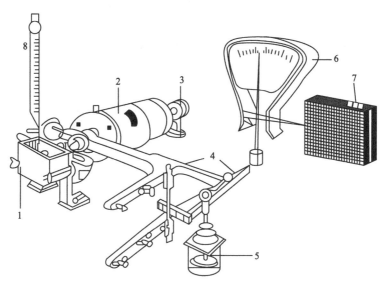

图 5-1　粉质测定仪结构示意图

1-揉面钵；2-测力计；3-轴；4-杠杆系统；

5-油阻尼器；6-读数盘；7-自动记录器；8-滴定管

c. 量程改变器：量程改变器位于笔臂下方，起调节和改变量程的作用。由于粉质测定仪仅用少量小麦粉来测定面团的粉质特性，因此要求测定系统必须有可调节的部件，才能保证测试灵敏、结果准确，并将摩擦阻力减少到最低程度。该仪器有两种测试范围，即较高的测试范围 0～10Nm（0～1000mP）和较低的测试范围 0～4Nm（0～400mP）。

d. 油阻尼器：油阻尼器的阻力可借其连杆上的滚花螺帽进行调节，顺时针方向旋转增大阻力，逆时针方向旋转减小阻力。

　　e. 滴定管：滴定管有两种类型，用于 300g 揉面钵的滴定管，起止刻度线为 135～225mL，刻度间隔 0.2mL，225mL 排水时间不超过 20s；用于 50g 揉面钵的滴定管，起止刻度线为 22.5～37.5mL，刻度间隔 0.1mL，37.5mL 排水时间不超过 5s。所用水必须是蒸馏水或纯度与之相当的水。

　　f. 控制开关：控制开关位于底板的前面，转动控制开关定位在"1"时，转速为31.5r/min，定位在"2"时为 63r/min。仪器工作时需将控制开关定位在"2"处，即转速 63r/min，清洗时将控制开关定位在"1"处。安全按钮有两个，用双手同时按两个按钮，仪器便可启动。打开揉面钵的盖（接触盖），仪器即停止运转。清洗揉面钵与和面刀时，先打开接触盖，再拆下揉面钵进行清洗。只有双手同时按两个安全按钮时，和面刀才能转动，这一特殊装置可防止和面刀伤及手指，保证操作安全。

　　g. 自动记录器：包括记录笔、记录纸和记录纸进给装置。自动记录器架子上部设有开关，打开开关，红色指示灯亮，记录纸前进，速度为 (1.00±0.03)cm/min。

　　② 感量 0.1g 天平。

　　③ 软塑料刮片。

四、测定步骤

　　①在启动仪器之前，预先打开恒温水浴和循环水泵开关，将揉面钵升温到（30±2)℃。实验中经常检查温度。

　　② 测定小麦粉水分，根据所测小麦粉水分含量查表 5-1 "小麦粉称样校正表"，称取相当于 50g 或 300g 含水量为 14% 的小麦粉试样，准确至 0.1g。

　　③ 用加压装水装置，使滴定管装满恒温蒸馏水，确保滴定管尖端有水充满，并使滴定管自动调零。

　　④ 将样品倒入选定的揉面钵中（一般用 50g 揉面钵），盖上盖（除短时间加蒸馏水和刮黏附在内壁的碎面块外，实验中不要打开有机玻璃盖子，防止水分蒸发）。

　　⑤ 将记录笔尖处于记录纸上的 9min 线位，启动揉面钵，放下记录笔，揉和 1min（控制开关位于"2"处），打开覆盖，立即从滴定管自揉面钵右前角加水［加水量按能获得峰值中线位于 (500±20)FU 的粉质曲线而定，蒸馏水必须在 25s 内加完，盖上覆盖，用塑料刮刀从右边开始依反时针方向刮下钵内壁各边上黏附的碎片块（停机）。面团揉和至形成峰值后，观察峰值是否在 480～520FU。否则，即停止揉和，清洗揉面钵后重新测定。峰值过高，可增加水量，峰值过低则减少加水量。应用 50g 揉面钵，每改变峰值 20FU 约相当于 0.4mL 水；应用 300g 揉面钵，每改变 20FU 约相当于2.1mL 水。

　　⑥ 如形成的峰值为 480～520FU，则继续揉和面团。一般小麦粉的曲线峰值在稳定一段时间后逐渐下降，在开始明显下降后，继续揉和 12min，实验结束。记录仪绘出粉质曲线（揉和全过程）。

表 5-1　小麦粉称样校正表（相当于 50g 或 300g 含水量 14%的基准小麦粉质量）

水分/%	应称取小麦粉质量/g		水分/%	应称取小麦粉质量/g		水分/%	应称取小麦粉质量/g	
	300g 钵	50g 钵		300g 钵	50g 钵		300g 钵	50g 钵
9.0	283.5	47.3	12.1	293.5	48.9	15.2	304.2	50.7
9.1	283.8	47.3	12.2	293.8	49.0	15.3	304.6	50.8
9.2	284.1	47.4	12.3	294.2	49.0	15.4	305.0	50.8
9.3	284.5	47.4	12.4	294.5	49.1	15.5	305.3	50.9
9.4	284.8	47.5	12.5	294.9	49.1	15.6	305.7	50.9
9.5	285.1	47.5	12.6	295.2	49.2	15.7	306.0	51.0
9.6	285.4	47.6	12.7	295.5	49.3	15.8	306.4	51.1
9.7	285.7	47.6	12.8	295.9	49.3	15.9	306.8	51.1
9.8	286.0	47.7	12.9	296.2	49.4	16.0	307.1	51.2
9.9	286.3	47.7	13.0	296.6	49.4	16.1	307.5	51.3
10.0	286.7	47.8	13.1	296.9	49.5	16.2	307.9	51.3
10.1	287.0	47.8	13.2	297.2	49.5	16.3	308.2	51.4
10.2	287.3	47.9	13.3	297.6	49.6	16.4	308.6	51.4
10.3	287.6	47.9	13.4	297.9	49.7	16.5	309.0	51.5
10.4	287.9	48.0	13.5	298.3	49.7	16.6	309.4	51.6
10.5	288.3	48.0	13.6	298.6	49.8	16.7	309.7	51.6
10.6	288.6	48.1	13.7	299.0	49.8	16.8	310.1	51.7
10.7	288.9	48.2	13.8	299.3	49.9	16.9	310.5	51.7
10.8	289.2	48.2	13.9	299.7	49.9	17.0	310.8	51.8
10.9	289.6	48.3	14.0	300.0	50.0	17.1	311.2	51.9
11.0	289.9	48.3	14.1	300.3	50.1	17.2	311.6	51.9
11.1	290.2	48.4	14.2	300.7	50.1	17.3	312.0	52.0
11.1	290.5	48.4	14.3	301.1	50.2	17.4	312.3	52.1
11.3	290.9	48.5	14.4	301.4	50.3	17.5	312.7	52.1
11.4	291.2	48.5	14.5	301.8	50.4	17.6	313.1	52.2
11.5	291.5	48.6	14.6	302.1	50.4	17.7	313.5	52.2
11.6	291.9	48.6	14.7	302.5	50.4	17.8	313.9	52.3
11.7	292.2	48.7	14.8	302.8	50.5	17.9	314.3	52.4
11.8	292.5	48.8	14.9	303.2	50.5	18.0	314.6	52.4
11.9	292.8	48.8	15.0	303.5	50.6			
12.0	293.2	48.9	15.1	303.9	50.6			

⑦ 取下揉面钵外套件，放入温水中浸泡，用湿纱布（或细软毛刷）擦洗和面刀，并用软塑料刮片，刮出粘在和面刀缝隙里的面团，重复数次。然后，将控制开关旋到"1"，双手同时按下两只安全开关，使和面刀转动，以露出缝隙里的面团，不断清洗，擦洗和面刀，直到和面刀转动时，记录器的指针指向"0"。同样用湿纱布（或细软毛刷、软刮片）擦洗取下的揉面钵外套件，清洗粘在钵上的全部碎面团，再用干纱布擦干，装上揉面钵外套件（切勿用酸、碱、金属件刮洗）。彻底清洗和擦干揉面钵，是得

到正确测定结果的保证。

五、结果分析

粉质曲线如图 5-2 所示，从粉质曲线可以得出以下指标：吸水量、面团最大稠度、面团形成时间、面团稳定时间、面团弱化度和评价值等。

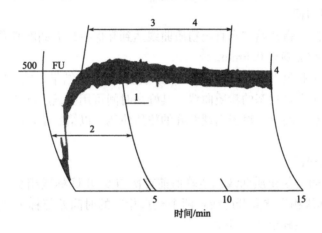

图 5-2　粉质曲线
1-面团最大稠度；2-面团形成时间；3-面团稳定时间；4-面团弱化度

1. 吸水量

吸水量是指以 14％ 水分为基准，每 100g 小麦粉在粉质仪中揉和成最大稠度为 500FU 的面团时所需的水量，以 mL/100g 表示。

如测定的最大稠度峰值中线不是准确处于 500FU 线上，而为 480～520FU，则需对实验过程加水量进行校正。

加水量校正见公式（5-1）和公式（5-2）

$$采用 300g 揉面钵：V_c = V + 0.096(c - 500) \qquad (5-1)$$

$$采用 50g 揉面钵：V_c = V + 0.016(c - 500) \qquad (5-2)$$

式中：V_c——校正后的加水量，mL；

V——实际加水量，mL；

c——测定获得最大稠度峰的中线值（FU）（如出现双峰则取较高的峰值）。

取水量计算见公式（5-3）和公式（5-4）

采用 300g 揉面钵：

$$吸水量 = \frac{\overline{V}_c + m - 300}{3}(mL/100g) \qquad (5-3)$$

采用 50g 揉面钵：

$$吸水量 = (V_c + m - 50) \times 2\ (mL/100g) \qquad (5-4)$$

式中：$\overline{V}_c$——试样形成最大稠度为 500FU 的面团时加入的水量或校正后的加水

量，mL；

m——试样量，即根据试样实际含水量查表 5-1 的实际称样量，g。

双试验测定结果差不超过 10mL/kg，取平均值作为测定结果，取小数点后一位数。

2. 面团最大稠度

面团最大稠度是指曲线顶峰中心到底线的距离，代表和面刀在面团形成过程中所遇到的最大阻力。面团的最大稠度一般应调至（500±20）FU。

3. 面团形成时间

面团形成时间是指开始加水直至粉质曲线达到和保持最大稠度所需的时间，单位用"min"表示，读数准确至 0.5min。

双试验差值不超过平均值的 25%，以平均值作为测定结果，取小数点后一位数。对于在几分钟内处于平直状态的粉质曲线，其峰高时间可用曲线底部弧的最低点和曲线上部平直部位的中点来确定。对于出现双峰的粉质曲线，以第二个峰值即将下降的时间作为面团形成时间。

4. 面团稳定时间

面团稳定时间是指粉质曲线到达峰值前首次与 500FU 标线相交，以后曲线下降第二次与 500FU 标线相交并离开此线，两个交点相应的时间差值称为稳定时间，单位用"min"表示，读数准确至 0.5min。

双实验差值不超过平均值的 25%，以平均值作为测定结果，取小数点后一位数。

5. 面团弱化度

面团弱化度是指粉质曲线到达最大稠度后开始衰变至 12min 时，曲线的下降程度，用距曲线中心线的距离表示，单位用"FU"表示，读数准确至 5FU。

双试验差值不超过平均值的 20%，以平均值作为测定结果，取小数点后一位数。

6. 评价值

评价值是由面团形成时间和耐搅拌性来评价小麦粉样品品质的单一数值。评分范围 0～100，评价值为 0 时，说明其质量最差，评价值为 100 时，说明质量最好。一般来说，品质良好的小麦粉，其评价值在 50 以上，这样就使对小麦粉的品质的评价简单化。评价值能用于两种或两种以上小麦的搭配制粉，迅速确定不同品质小麦的搭配比例，保证小麦粉产品达到所要求的评价值。

评价值测定步骤：将测得的粉质曲线置于附属的特殊测定板的黄色透明板下面，首先将粉质曲线上的 500FU 标线（如曲线偏移时，此标线为通过面团形成时间的曲线中心，平行于 500FU 直线）与黄色透明板的顶部边缘重合，然后调整粉质曲线开始端（开始加水时的曲线起始点）与黄色透明板的左边边缘重合，加盖滑板，滑板的左端对准面团形成时间，滑板的右端（距面团形成时间 12min）与粉质曲线波带中心线相交，沿这一点的刻度板上的曲线向下移行，读出数值，即为评价值，最小单位为 1。

利用评价值决定小麦搭配比例的方法如下。

① 两种小麦的搭配，首先分别测出两种不同小麦的评价值，再根据所要求的混合产品的评价值，采用交叉比例法，求出两种小麦的搭配比例。

例如，要得到评价值为 50 的小麦粉产品，现有评价值为 75 的硬春麦和评价值为

28 的硬冬麦两种小麦，求两种小麦搭配比例。

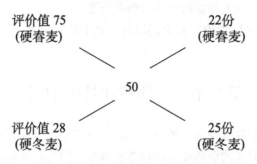

即用 22 份评价值为 75 的硬春麦与 25 份评价值为 28 的硬冬麦搭配混合，可生产出评价值为 50 的小麦粉产品。

② 两种以上的小麦的搭配，先确定一种小麦的搭配比例，然后进行计算。

例如，用三种小麦，其评价值分别为 60、50、40，要求混合产品的评价值为 56，其搭配比例的选定如下：

75% 的小麦 I （评价值 60） 60×75%=45；
10% 的小麦 II （评价值 50） 50×10%=5；
15% 的小麦 III （评价值 40） 40×15%=6；
混合产品评价值=56。

7. 评价

根据粉质曲线可以将小麦粉划分为几种类型，如图 5-3 所示。

① 弱力粉的粉质曲线。面团达到最大稠度的时间短暂，短的稳定时间、急速从 500FU 线衰退，评价值小。

② 中力粉的粉质曲线。面团达到最大稠度所需时间较长，稳定的时间也较长，评价值中等。

③ 强力粉的粉质曲线。面团达到最大稠度的时间长，有较长的稳定时间和较小的弱化度，评价值大。

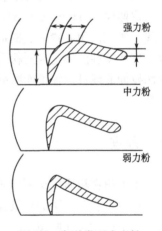

图 5-3　各种类型小麦粉
的粉质曲线

非常强力粉的粉质曲线。在正常的粉质仪和面刀的转速（60r/min）时，稳定时间达 20min 以上，难以表示小麦粉质量的有关数据，此时应将转速改为 90r/min 重新测定。

六、注意事项

① 室温最好为 22～24℃，小麦粉的温度最好在 18℃ 以上。

② 在揉面钵中揉制面团时，所加的水充分揉进面团中需要一定时间，所以开始应一次将水加够，以后不能再加水。如面团揉和至形成峰值后，峰值不在 480～520FU，需停机，重新测定。

③ 揉面钵长期使用后，容器的内壁、容器和和面刀的间隙将发生变化，叶片的斜

度也将减少，这将使粉质曲线受到影响，有时粉质曲线出现分段现象，这是因为容器出现缺陷，揉制面团时，面团易黏附在容器侧面所致。

④ 由粉质曲线读其特性值，除上述以外，还有面团弹性、面团公差指数、断裂时间等。

第二节　面团拉伸性能的测定

面团在外力作用下发生变形，外力消除后，面团会部分恢复原状，表现出塑性和弹性。不同品质的面粉形成的面团变形的程度及抗变形阻力差异很大，这种物理特性称为面团的延展特性，是面团形成后的流变学特性。硬麦面粉形成吸水率高、弹性好、抗变形阻力大的面团。在面粉品质改良中，我们应当清楚不同食品对面团延展特性的要求不同，制作面包要求有强力的面团，能保持酵母生成的二氧化碳气体，形成良好的结构和纹理，生产松软可口的面包；制作饼干要求弱力的面团，便于延压成型，保持清晰、美观的花纹，以及平整的外形和酥脆的口感。测定面团延展特性的仪器主要有拉伸仪。

拉伸仪（extensograph），也称拉力测定仪，记录面团伸展至断裂为止的负荷延伸曲线，测试面团放置一定时间后的抗拉伸阻力和拉伸长度，研究面团形成后的延展特性。这些特性的测定也同粉质曲线一样反映了面团的流变学特性和面粉的内在质量。用面团拉伸曲线可以评价面粉品质，指导专用粉的生产和面制食品的加工，以及进行品质改良。

一、原理

小麦粉在粉质仪揉面钵中加盐水揉制成面团后，在拉伸仪中揉球、搓条、恒温醒面，然后将装有面团的夹具置于测量系统托架上，牵拉杆带动拉面钩以固定速度向下移动，用拉面钩拉伸面团，面团受拉力作用产生形变直至拉断，记录器自动将面团因受力产生的抗拉伸力和拉伸变化情况记录下来，从所得拉伸曲线可评价面团的黏弹性——拉伸阻力和延伸度等性能。

拉伸仪可广泛用于小麦品质、面团改进剂的研究，并通过不同醒发时间的拉伸曲线所表示的面团拉伸性能，指导面包生产，选定合适的醒发时间。

二、试剂

氯化钠；蒸馏水或纯度与之相当的水。

三、仪器与设备

① 拉伸仪由揉球器、搓条器、面团夹具、醒面箱、杠杆系统、拉伸装置、测力装置和记录仪等部分组成。拉伸仪拉伸部分结构见图5-4。

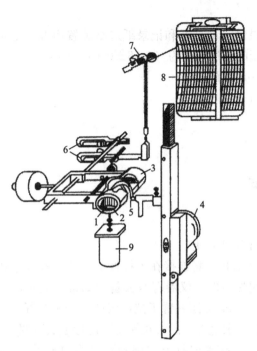

图 5-4　拉伸仪结构示意

1-面团；2-卡子；3-面团夹具；4-牵拉杆电机；5-拉面钩；

6-杠杆系统；7-平衡器；8-记录仪；9-油阻尼器

　　a. 揉球器。位于仪器左后方，由压铁重盖、正方形容器和可旋转的圆形底盘三部分组成，由一台电机驱动，控制开关位于仪器左前方。底盘上有一固定顶针，在底盘旋转时起固定面团位置的作用。揉球装置的作用是将定量面团揉成球形，以便搓条。按控制开关上的"1"，电机启动，底盘以（83±3）r/min 的转速旋转，旋转 20 圈后，电机自动关闭。

　　b. 搓条器。位于仪器左前方，由一根轧辊和轧辊外壳两部分组成。由驱动揉球装置的电机通过一根传动带驱动搓条装置。在位于轧辊中央的外壳上，固定有两块薄铁皮组成的定位槽，以保证面团能随轧辊中央运行。搓条装置的作用是将球形面团搓成圆筒形。开动电机，搓条器以（15±1）r/min 转速将球形面团搓成条。

　　c. 醒面箱。位于仪器正前方，共分三室，内壁有金属水管，接通循环恒温水，以保持醒面箱内恒温。每个醒面箱内放有一套面团装置，包括一个托盘和两套面团夹具。托盘上有浅槽，供加水用。每套面团夹具由一块中间呈"V"形开口的底板和两小块带叉子的上盖组成。两套面团夹具可供双试验用。醒面箱的作用是供搓成条的面团在恒温下醒发一定时间。

　　d. 杠杆系统。位于仪器壳内，起传递面团拉力的作用，以便能以曲线形式记录面团拉力的变化情况。

　　e. 拉伸装置。位于仪器右侧后部，由托架、拉面钩和牵拉杆组成。托架用于放置面团夹具。拉伸装置由一台专用电机驱动。开动电机，拉面钩以（1.45±0.05）cm/s 由上向下移动。

f. 记录器。由记录笔、记录纸和记录纸进给装置组成。记录纸的进给装置由一个微型电机控制，记录纸的行进速度为 (0.65±0.01)cm/s。

② 粉质仪（带 300g 揉面钵）。

③ 感量 0.01g 天平。

④ 软塑刮片。

⑤ 250mL 锥形瓶。

四、仪器安装与调试

1. 安装

① 将仪器水平置于工作台上。

② 打开仪器左侧的盖板，将连接在下杠杆上的环套挂在连接上面测量器钢带末端的钩上，注意不要使钢带扭曲。仪器有两根备用钢带。此时，整个杠杆系统能自由摆动，当面团夹具中放入 150g 面团并置于拉伸仪的面团夹具托架上时，记录笔必须指向记录纸上的零点，旋转记录笔臂上的滚花螺丝可进行零点微调。

③ 给油阻尼器加油。按逆时针方向旋开阻尼器的盖子，向阻尼器内加入阻尼油，再按顺时针方向旋紧阻尼器的盖子。注意连接面团夹具托架和阻尼器的连杆上的圆螺母，出厂前已调节好正确的阻尼效应，故不能改变它的位置。

④ 连接恒温器。将仪器背后的两个通水接头与恒温器接通，控制醒面箱、面团揉搓装置及油阻尼器的温度。由于恒温器提供的温度是 30℃，所以醒面箱内温度为 29℃。

⑤ 托盘处理。仪器提供有 3 只托盘，分别置于 3 个醒发室内。在托盘的浅槽内加水，使醒面箱内始终保持足够的湿度。面团上放面团夹具。必须注意，托盘的中间抛光部分在醒面时是与面团接触的，故应事先涂上一层液体石蜡或凡士林。

⑥ 按仪器铭牌上的要求选择电压一致的动力电源，接好地线，接通电源。

2. 调试基本工作条件

① 拉伸仪必须在 22～24℃的室温下工作。

② 醒面箱内温度应为 29℃。

③ 托盘浅槽内加入少量 30℃的水。

④ 检验用的小麦粉样品，必须保持室温条件，冬季从室外拿进室内，应先在开口容器内放置一段时间，使样品达室温时再进行测定。

记录器的调试：拉伸测试过程中，曲线是自动记录的。第一次测试绘出第一条曲线后，应将记录纸转回到原始的位置，再进行第二次测试，绘出第二条曲线，第三次测试时同样需将记录纸回位。当牵拉杆上的拉面钩接近面团夹具时，记录器上的微型电机启动，记录器即处于工作时状态。当拉面钩碰到面团时，记录器开始工作。该微型开关出厂时已调节到这样的状态，即指针指向 40～60FU 时，记录纸便开始移动。

只要微型开关处于工作状态，记录器便继续移动，只有当面团被拉断时，微型开关关闭，记录纸即停止移动，测量系统回到原位。

各部分性能的调试，可按拉伸测定操作步骤逐步进行。

五、操作方法

1. 准备工作

打开粉质仪（采用 300g 揉面钵）、拉伸仪的恒温水浴及循环水开关，使粉质仪揉面钵和拉伸仪醒面箱等升温至（30±0.2）℃，操作时经常检查温度。

2. 面团的制备

① 根据测定的小麦粉水分，称取质量相当于 300g 含水量为 14％的样品（准确至 0.1g），将样品倒入粉质仪 300g 揉面钵中，盖上盖，除短时间加蒸馏水和刮黏附在内壁的碎面块外，实验过程中不要打开有机玻璃覆盖。

② 称取（6.0±0.1）g 氯化钠，倒入锥形瓶中，并根据用粉质仪测定的小麦粉吸水量，估算加水量（加水量比吸水量约增加 2％水，以抵偿氯化钠的影响。若是软麦粉，则需减少加水量），然后从滴定管注入估算的水量溶解氯化钠。加入的总水量必须使揉和 5min 后能获得（500±20)FU 的稠度峰值，否则，需改变加水量，重新制备面团。

③ 启动粉质仪揉面器，放下记录笔，揉和 1min 后打开覆盖，立即用漏斗将锥形瓶中的氯化钠溶液自揉面钵盖中心孔加入小麦粉中，再从滴定管自钵盖右前角补加少许蒸馏水，盖上覆盖（氯化钠溶液和蒸馏水必须在 25s 内加完）。用刮片将粘在揉面钵内壁的碎面块刮入面团（不停机）。揉和（5±0.1)min，这时面团最大稠度值必须在 480～520FU，关闭揉面器，此面团即可用作拉伸实验，否则需重新制备面团。

3. 面团分割和成型

① 将揉和好的面团小心地从揉面钵中取出（不要揉捏），用剪刀将面团分为两块，每块重（150±0.5)g。

② 将称好的一块面团放在揉球装置底盘上的固定顶针上，放在正方形容器中，盖上覆盖，开动电机，底盘旋转 20 圈后，电机自动关闭，此时面团揉成球形，取下覆盖，将容器倾斜，小心从顶针上取出球面团（若面团粘手，可在表面加入少许米粉或淀粉）。

③ 将上述球形面团放入搓条器，开动电机，球形面团随轧辊滚动一圈出来即成为均匀的圆筒形。

④ 打开醒面箱，取出一套面团装具，迅速将搓好条的面团夹持在夹具中（面团装具在醒面箱内恒温 15min 后才能装置面团，夹具需涂少许矿物油）。另一份面团同样揉成球，搓成条，夹进夹具，两份夹具连同托盘一起推入醒面箱。随手关好箱门，开始计时，醒面 45min（将 3 只计时闹钟中的一只闹钟的指针拨至 45min 位置，醒面 45min 后，闹钟便发出响声）。

4. 面团拉伸

① 醒面 45min 后，取出第一块面团夹具和托盘，将面团夹具放在位伸仪测量系统托架上，使面团夹具上的开口面向拉钩方向，面团夹具底座 2 只定位针插入托架上的孔内，这样可使面团夹具在每次试验时能始终保持在同一位置。

② 放下记录笔，调整到零位。启动测量系统，牵拉杆及拉面钩向下移动，拉面钩

拉伸面团直至断开，记录器自动在记录纸上记录下一条曲线。

③ 面团被拉断后，牵拉杆继续向下移动直到下部终点，自动返回原位，收集拉断面团，继续下面实验。

④ 拉断后的面团，再揉球、搓条，醒面 45min，又进行第二次位伸实验，然后又按同样步骤进行第三次拉伸试验。这样就得到同一块面团经历了醒面 45min、90min 及 135min 3 个阶段的拉伸实验，并得到 3 条拉伸曲线。第二块（150±0.5）g 面团用于做双实验，同上操作。

六、拉伸曲线分析

面团拉伸曲线如图 5-5 所示。有拉伸曲线、面团延伸度、面团拉伸阻力、拉伸曲线面积及拉力比数等指标。

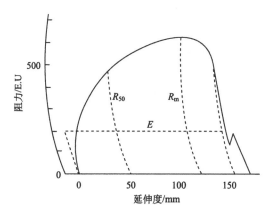

图 5-5　面团拉伸曲线

E-延伸度；R_{50}-50mm 处面团拉伸阻力；R_m-面团拉伸阻力

1. 面团拉伸阻力

① 面团最大拉伸阻力。拉伸曲线最大高度 R_m 为面团最大拉伸阻力，以 E.U 为单位，读数准确到 5E.U。面团在不醒面时间最大拉伸阻力分别为 $R_{m,45'}$、$R_{m,90'}$、$R_{m,135'}$。

两个面团实验差值不超过平均值的 20%，以平均值作为测定结果。

② 50mm 处面团拉伸阻力。从开始拉伸至记录纸行进 50mm 处，拉伸曲线高度 R_{50} 为 50mm 处面团拉伸阻力，单位 E.U，读数准确到 5E.U。不同醒面时间 50mm 处面团拉伸阻力分别为 $R_{50,45'}$、$R_{50,90'}$、$R_{50,135'}$。

两个面团实验差值不超过平均值的 25%，以平均值作为测定结果。

2. 面团延伸度

从拉面钩接触面团开始至面团被拉断，拉伸曲线横坐标的距离称为面团延伸度 E，单位 mm，准确至 1mm。不同醒面时间的面团延伸度分别为 $E_{45'}$、$E_{90'}$、$E_{135'}$。

两个面团实验差值不超过平均值的 15%，以平均值作为测定结果。

3. 拉伸曲线面积

用求积仪测量面团拉伸曲线以内的面积 A，单位 cm^2，读数准确至 $1cm^2$。不同醒面时间拉伸曲线面积分别为 $A_{45'}$、$A_{90'}$、$A_{135'}$。

两个面团实验差值不超过平均值的 25%，以平均值作为测定结果。

4. 拉力比数

拉力比数即面团最大拉伸阻力与面团延伸度的比值，按公式（5-5）计算

$$拉力比数 = \frac{面团拉伸阻力}{面团延伸度} \tag{5-5}$$

5. 曲线分析

4 个参数中最重要的是拉伸曲线面积和拉力比数。一种小麦粉若拉伸曲线面积越大，其面团弹性越强。拉力比数的大小又与拉伸曲线面积密切相关，拉力比数越小的面团，越易拉长；反之，则拉得越短。一般拉伸曲线面积大而拉力比数适中的小麦粉，食用品质较好；拉伸曲线面积小而拉力比数大的小麦粉，食用品质较差。拉力比数过大，表明面团过于坚实，延伸性小，脆性大；拉力比数过小，表明延伸性大而拉力小，面团性质弱且易于流变。

通过醒面 45min、90min 和 135min 所测试的曲线图，指示出面在不同阶段的拉伸特性，以便我们在实际生产中选定合适的醒发时间，以达到最佳拉伸特性。经数次拉伸试验，曲线上显示的面团拉伸阻力没有增大，或增长甚微，表明该小麦粉醒发迟缓，需加快进程。面团拉伸阻力大幅度增长的小麦粉，在发酵、揉团、装听及最后醒发时，均能表现出良好性能。

第三节　面团吹泡示功特性的测定

面团在搅拌过程中由于空气的渗入，产生气泡，发酵过程中酵母产生的 CO_2 气体扩散到气泡里面。随着发酵进行，产生的 CO_2 气体越来越多，气室内压力逐渐增大，面团体积慢慢膨胀，气室增大。对单个气泡而言，如果发生破裂，说明持气性差；如果由小气泡变成大气泡而不破裂，面团弹性就好，面包体积大；而坚硬的面团其膨胀率小。吹泡示功仪模拟面团发酵过程中面泡的膨胀情况，让面团在空气压力（吹泡）的作用下向多维方向扩展，记录面团变形时空气的压力变化，直至面泡破裂，据此分析面团的弹韧性、延展性、烘焙性能等。

一、原理

吹泡示功仪的测定原理与拉伸仪类似，都是根据面团变形时所用的比功、抗延伸阻力和延展性来测定面团性质。拉伸仪机械拉伸面团，使其在一个方向产生形变，得到反映面团延展特性的应力（抗拉阻力)-应变（长度）曲线，即拉伸曲线。而吹泡示功仪是测定面团抗空气压力强度的仪器，用压缩空气吹泡的方式使面团在三维空间变形，得到反映面团延展特性的应力（面泡中空气压力)-应变（体积膨胀）曲线，即吹泡示功曲线

（alveogram）。仪器工作原理见图 5-6 至图 5-9。偏差较大的曲线超过 2 根，则应重新试验。自动记录的标准吹泡示功曲线如图 5-10 所示。

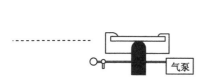

图 5-6　释放试样，开始吹泡试验

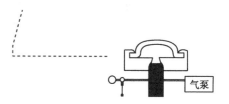

图 5-7　面团样品抵抗空气压力

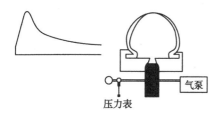

图 5-8　面团样品在空气作用下膨胀

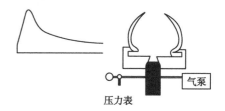

图 5-9　气泡破裂，试验结束

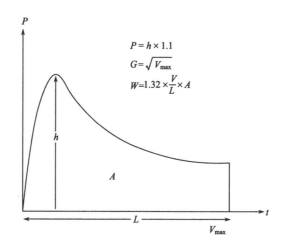

$$P = h \times 1.1$$
$$G = \sqrt{V_{\max}}$$
$$W = 1.32 \times \frac{V}{L} \times A$$

图 5-10　典型吹泡示功曲线

P-面团张力；L-面泡破裂点的横坐标平均值；G-面团膨胀性；
A-曲线与基线包围面积；W-面团能量；$V_{\max}$-面泡破裂时空气量；h-曲线峰值

二、曲线分析

从吹泡示功曲线图（图 5-10）上可得到下列参数。

1. 面团张力

面团张力（P）表示吹泡时面团的最大抵抗力，以示功图纵坐标的最大值乘以修正

系数 $k=1.1$ 表示，单位为 mmH_2O，$1mmH_2O=9.8Pa$，按公式（5-6）计算

$$P = 1.1 \times h \tag{5-6}$$

式中：h——最大纵坐标的平均值。

2. 面团延伸性

面团延伸性（L）是指曲线最大长度。L 值由面泡破裂点横坐标的平均值确定，单位为 mm。

由于压缩空气的流量是恒定的，面泡破裂点的横坐标又是时间的函数，L 值实际上表示了所得面泡的体积（面泡的最大容积）。

3. 面团膨胀性

面团膨胀性（G）相当于将盘状面团吹成面泡时消耗的空气量的平方根，反映了面团的延展性，按公式（5-7）计算

$$G = \sqrt{V_{max}} = 2.226\sqrt{L} \tag{5-7}$$

式中：V_{max}——面泡破裂时耗用的空气体积，mL。

4. 面团能量

面团能量（W）又称功、烘焙强度。它是指将面团变成厚度最小的薄膜（面泡）所消耗的能量。在实验条件下所做的功与示功曲线下的面积呈正比，按公式（5-8）计算

$$W = 1.32 \times \frac{V}{L} \times A = 6.54 \times A \tag{5-8}$$

式中：A——示功曲线与基线所包围的总面积，cm^2，可由求积仪或计算机自动分析得到。功（W 值）的单位为尔格（ergs），$1ergs=1\times10^{-4}J$。

5. 比例系数

比例系数（P/L）又称比例，指面团张力与延伸性的比值，表征了示功曲线的形状。

三、吹泡示功曲线参数与面粉品质改良的关系

1. 面团张力

面团张力（P）代表着吹泡过程中面团的最大抗张力。P 也随面团的稠密度、面团的弹性抗力而变化。P 和面团的韧性及面团的稠密度相关联。P 越大表示小麦粉的韧性越好。

2. 面团延伸性

面团延伸性（L）是面泡破裂点的平均横坐标。它体现了面团的两种能力：蛋白纤维的延展能力和面筋网络的保气能力与发酵面团的体积相适应。表征面团延展特性的参数还有 G。

3. 面粉筋力

面粉筋力（W）代表着在指定的方法内使面团变形所需要的功。W 值和图形的面积相关，研究表明 W 和面泡的体积有很好的相关性。W 的变化范围从 50（最弱筋力的小

麦粉）到 500（强筋力小麦粉）。1990 年法国学者 Dubois 利用美国小麦粉 W 值对面粉用途进行分类，强筋力粉 W 值大于 200，中筋力粉 W 值约 170，弱筋力粉 W 值约 100。

4. P/L

P/L 表示曲线的形状，即面团的韧性和延展性的相互关系。P/L 越大表示小麦粉韧性强，延伸性差。$P/L>1$ 表明面团的韧性过强，而缺少延展性；P/L 过小（<0.3）表明延展性过强，可能会造成机械加工时操作方面的问题。在 P、L 值都较大的情况下，P/L 越大，小麦粉筋性越好。

面粉质量与小麦品种、气候条件、土壤肥力、耕作方法有密切关系。通过吹泡仪测定可以快速地评价面粉、小麦。据美国小麦协会报告，1997 年美国不同类型小麦测定值如表 5-2 所示。从测定结果可以十分明显地看出，硬红春麦筋力最强，P、W 分别为 94、344；硬红冬麦次之；密穗白软麦筋力最弱，P、W 分别为 32、53。

表 5-2　1997 年美国收获小麦吹泡曲线参数

参数	硬红春	硬红冬	软白麦	软红冬	密穗白软麦
W	344	267	96	96	53
P	94	80	44	37	32
L	117	99	83	95	60
P/L	0.80	0.80	0.53	0.39	0.53

澳大利亚是小麦出口国之一，根据澳大利亚 AWB1998 年的报告，该国出口小麦吹泡曲线参数如表 5-3 所示。

表 5-3　1998 年澳大利亚出口小麦吹泡曲线参数

参数	头等硬麦	硬麦	标准麦	软麦	标准白麦
W	385	335	235	50	300
P	91	96	85	30	111
L	140	115	81	74	82
P/L	0.65	0.83	1.05	0.40	1.35

法国以法式面包而享誉全球，由于长期重视品质育种，法国小麦最适合制作法式面包，因而吹泡仪在法国普遍应用，用于评价制作法式面包的小麦粉的品质。根据法国粮食与饲料技术研究院 1999 年普查报告，主要种植品种 Soissons、Sideral、Texel 和 Recial 的吹泡示功曲线参数如表 5-4 所示。

表 5-4　1999 年法国收获小麦吹泡曲线参数

参数	Soissons	Recial	Sideral	Texel
W	251	231	192	164
P	58	74	58	58
L	136	114	19	95
P/L	0.42	0.65	3.05	0.61

　　我国小麦除少数优质品种外，其筋力普遍不强，质量明显偏低，W 大都低于 100，P 为 50～70，相当于软质小麦，与美国、澳大利亚、法国小麦相比 L 偏小，P/L 偏大（1.0～1.5），说明延伸性也差。部分国产小麦的吹泡示功曲线参数如表 5-5 所示。

表 5-5　国产小麦吹泡曲线参数

参数	中优9507	内蒙古硬红麦	5108	龙麦19	河北固城	河北无极	河北马兰	北京顺义	河北民乐	黑龙江嫩江	河北献县
W	253	223	171	160	115	95	81	73	67	63	61
P	111	93	84	90	70	52	47	55	54	52	66
L	76	69	65	57	61	78	67	51	42	29	28
P/L	1.46	1.35	1.3	1.58	1.14	0.67	0.7	1.1	1.28	1.80	2.4

　　通过吹泡曲线还能了解虫蚀小麦、发芽小麦和霉变小麦，这些小麦与正常小麦相比 P、W 下降，说明小麦筋力被破坏。

　　要使专用面粉有着不同的吹泡示功特性，表现出不同的吹泡曲线。例如，专用饼干粉为了使其有着酥脆的特点，其 P 低，L 适中，W 较小；专用美式面包粉 P 高，L 长，W 大，此种面粉做的面包筋力强、起发大、纹理好；而优质法式面包粉的 W 适中，要求筋力并不强，但膨胀性好。图 5-11 示出了两种专用粉的吹泡示功图。

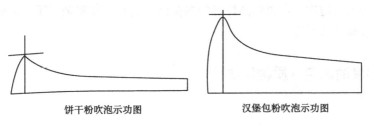

饼干粉吹泡示功图　　　　　　　汉堡包粉吹泡示功图

图 5-11　两种专用面粉的吹泡示功图

第四节　质构仪法测定面团特性

　　质构仪又叫物性测试仪，它能够根据样品的物性特点做出数据化的准确表述，是精确的感官量化测量仪器，在美国、英国及中国台湾等应用较早，近些年在中国内地也逐渐被推广并被各厂家所接纳。质构仪主要包括主机和键盘两大部分；它根据测量力、时间、距离的三维数据进行软件处理分析，从而得到反映品质的客观指标。经过在面制品中所做的大量试验对比，将其开发用于面包、馒头、面条、饺子、饼干及保鲜的测试评价。

一、质构仪测定面团品质方法概述

1. 质构仪及其 SMS/CH 探头测面团拉伸特性
多年来面团拉伸特性是用德国 Brabender 公司的面团拉伸仪（extensograph）进行

测定，存在着样品用量较多（每个样品需要 300g 面粉）和测试时间较长（测一个样品需要 135min 以上）等缺点，特别是在育种研究初期样品量较少的情况下，很难用这种方法进行测定。而英国 StableMicro Systems 公司近几年生产的 TA1XT2 质构仪（Texture analyzer）测定面团的拉伸指标，最少只用 2g 面粉，测定一个样品只用 30min。该法是在 Brabender 面团拉伸实验方法的基础上改进形成的，用特定的模具制作面团或面筋条，用物性测试仪在拉伸模式下测定面团或面筋的延伸性。测试钩以一定的速度拉伸面团或面筋条，使之发生形变直至断裂，然后测试钩返回起始位置。当拉力达到力量感应元的最小感应力后，传感器记录拉力的变化并将数据传至计算机，作出受力与时间（Force-Time）曲线，在曲线上可读出面团或面筋的最大拉伸力等参数。

2. 质构仪及其 A/DSC 探头和 A/DCS 附件测面团黏度

利用 TA1XT2 质构仪以及相应探头和测试程序，将面团装入带有挤压孔的样品盒中，挤压出 1mm 左右的样品，使用一定的压力使圆柱形探头与样品充分接触，然后探头匀速向上移动，由于样品与探头的粘连使探头受到向下的反向拉力。达到力量感应元的感应值后，传感器自动记录数据并传输至计算机作出 Force-Time 曲线，在曲线上可读出面团的黏度等流变学参数。

3. 质构仪及其探头 A/D 测面团硬度

利用 TA. XT. plus 型质构仪及相应探头和测试程序，将面团放入样品盒中，用末端为针形的圆柱形塞挤压面团以排除其中的气泡，然后用末端平滑的圆柱形塞用力挤压面团，使得面团结构均一，再用圆柱形的探头以一定的速度穿刺面团，根据探头所受到的阻力来评价面团的硬度。

二、面团黏度的测定（质构仪法）

1. 原理

将面团装入带有挤压孔的样品盒中，挤压出高度为 1mm 左右的面团，使用一定的

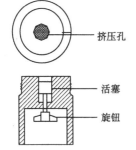

压力使圆柱形探头与挤压出的面团充分接触，然后探头匀速向上移动，由于样品与探头的粘连使探头受到向下的反向拉力，达到力量感应元的感应值后，传感器自动记录数据并传输至计算机作出 Force-Time 曲线，在曲线上可读出面团的黏度等流变学参数。

挤压孔

活塞

旋钮

图 5-12　A/DSC 附件

2. 仪器与设备

① TA. XT. plus 型质构仪；②承重平台 HDP/90；③A/DSC 和 A/DSC 附件（图 5-12）：具有挤压孔的样品盒、无挤压孔的盖子、内径为 25mm 的圆柱形探头。

3. 操作步骤

（1）样品制备

① 旋转样品盒内部螺丝移动活塞使样品盒容量达到最大。将少量准备好的面团放

入样品室并用刮刀刮去多余的面团以保证其完全充满样品室。

② 拧上具有挤压孔的盖子，稍微旋转内部螺丝使少量面团从孔洞中挤出，用刮刀从盖子表面刮除。

③ 再次旋转螺丝挤出 1mm 高的面团，将无挤压孔的盖子放在挤出的样品表面上，以减少其水分散失，静置 30s 使挤压所产生的面团张力充分释放。

（2）附件安装

将盛有面团的圆柱形筒安放在测试仪的底座上，调整其位置使之恰好位于圆柱形探头的正下方，将无挤压孔的盖子移开。

（3）测试

① 双击桌面上 TA. XT. plus 图标运行质构仪程序，出现应用界面，点击界面左侧一列工具栏中的 Sample Projects，出现所有的应用程序列表。这些程序根据样品特性分为几大类，如 Bakery、Cereal、Dairy、Pasta、Noodle&Rice 等，选择 Bakery，在下拉列表中选择 Dough stickiness—DOU2 _ DSC. PRJ 程序，双击程序，测试窗口弹出。点击左侧工具栏中的 Project 菜单，点击上部工具栏 Process Data 菜单，选择 Macro，再选择 Manage，从所有分析程序列表 Sample Files 中选择 Bakery，再选择 Dough-Dou2 _ DSC，点击 Add 加载分析方法。如果菜单中还有其他分析方法，需点击 Remove 移除后再加载所需要的分析方法。

② 在测试页面中的工具栏中点击 T. A.，选择 Run a Test，在弹出的窗口中输入所测试样品的文件名和保存路径，然后点击 OK 开始测试，圆柱形探头开始以 0.5mm/s 的速度下移，当接触到样品并达到力量感应元的感应值后（5g），传感器开始记录数据，探头继续以 0.5mm/s 的速度下移，并以 40g 的力量挤压样品 0.1s，然后探头以 10mm/s 的速度返回至起始位置，测试结束。

③ 刮去盖子表面的面团，再次挤压出 1mm 的面团，重复上述操作过程。

4. 结果分析

黏度测定曲线（图 5-13）横坐标为时间（s），纵坐标为力（g），纵坐标和直线 1 之间的曲线包围的面积是柱形探头以 40g 的力挤压样品 0.1s 时所做的功；直线 1 和 2 之间的曲线包围的面积和两直线间的距离表明了面团黏度的大小。应用 Macro 自动分析系统进行分析，获得面团的黏度和流变学参数。点击工具栏中的 Process Data，选择 Macro，再选择 Run，应用 Macro 自动分析系统对结果进行分析。

5. 注意事项

① 应至少挤压出高 1mm 的面团，以避免测试中盒子底部对探头产生反作用力而得到错误的结果。

② 一般的测试中多采用 40g 的力挤压面团，以使面团与圆柱形探头充分接触，如果面团筋力太强，可适当增加力的大小，以获得准确的测定结果。如果选用其他内径的探头，也应根据实际情况调整力的大小。

③ 柱形探头与面团的接触时间、压力大小和探头返回的速度都会影响测试结果，因此只有在同一测定条件下获取的结果才具有可比性。

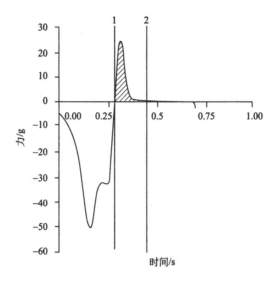

图 5-13　黏度测试曲线

三、面团硬度的测定（质构仪法）

1. 原理

将面团放入样品盒中，用末端为针形的圆柱形塞挤压面团以排除其中的气泡，然后用末端平滑的圆柱形塞用力挤压面团，使得面团结构均一，最后用圆柱形的探头以一定的速度穿刺面团，根据探头所受到的阻力来评价面团的硬度。

2. 仪器与设备

① TA. XT. plus 型质构仪；

② 承重平台 HDP/90；

③ A/DP 附件：中空的圆柱形样品盒、末端平滑圆柱形塞、末端为针状的圆柱形塞、6mm 内径的圆柱形探头。

3. 操作步骤

（1）样品制备

应用标准程序制备饼干面团，称取足够的面团（如 110g）放入圆柱形样品盒中，用末端针状的塞子插入圆柱筒中挤压面团除去气泡，再用末端平滑的塞子用力压挤面团，使面团结构均一。

（2）附件安装

将盛有面团的圆柱形筒安装在测试仪的测试平台上，调整其位置使之恰好位于圆柱形探头的正下方。

（3）测试

① 双击桌面上 TA. XT. plus 图标运行质构仪程序，出现应用程序的界面，点击界面左侧一列工具栏中的 Sample Projects，出现所有的应用程序列表。这些程序根据样品

特性分为几大类，如 Bakery、Cereal、Dairy、Pasta、Noodle&Rice 等，选择 Bakery，再选择 Biscuit dough penetration-BIS5 _ P6. PRJ，双击选中的程序，测试窗口弹出。点击左侧工具栏中的 Project 菜单，点击上部工具栏 Process Data 菜单，选择 Macro，再选择 Manage，从所有分析程序列表 Sample files 中选择 Bakery，再选择 Biscuit dough-BIS5 _ P6，点击 Add 加载分析方法。如果菜单中还有其他分析方法，需点击 Remove 移除后再加载所需的分析方法。

② 在测试页面中的工具栏中点击 T. A.，选择 Run a Test，在弹出的窗口中输入所测试样品的文件名和保存路径，然后点击 OK，测试开始。探头以 2.0mm/s 的速度不断下降，当探头接触面团表面，达到力量感应元的最小感应力（5g）后，传感器开始记录数据，探头继续以 3.0mm/s 的速度下移穿冲样品，直至穿刺到最大距离处（一般设置为 20mm），然后探针以 10mm/s 的速度返回，测试结束。

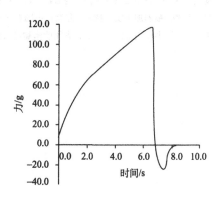

图 5-14 面团硬度测定曲线图

4. 结果分析

图 5-14 为面团硬度的测试曲线图，图中横坐标为时间（s），纵坐标为力（g），纵坐标方向的峰值即为面团的硬度，曲线包围区域的面积为探头穿刺样品过程中所做的功。点击工具栏中的 Process Data，选择 Macro，再选择 Run，应用 Macro 自动分析系统对结果进行分析，得到面团硬度的平均值、标准差等参数。

5. 注意事项

①应用标准方法制备面团，面团应结构均一，内部无大的气泡。

②调整探头穿刺样品的深度，会使样品的硬度测定值变化，但是应注意穿刺的深度不能超过样品厚度的 75%。

③如果要对同一面团进行多次测试，应注意尽量避开上次穿刺的孔洞，并且尽可能测定面团的中间部位。

思 考 题

1. 粉质测定仪的结构组成有哪些？

2. 用粉质测定仪测定时有哪些注意事项？

3. 拉伸仪测定面团品质的原理是什么？

4. 应对拉伸曲线的哪几个参数进行分析？

5. 面团吹泡示功仪的测定原理是什么？

6. 请进行吹泡示功曲线的参数分析。

7. 吹泡示功曲线参数与面粉品质改良的关系如何？

8. 质构仪的定义是什么？

参 考 文 献

董海洲. 2008. 焙烤工艺学. 北京：中国农业出版社.

李宛. 2009. 应用吹泡示功仪评价小麦品质的研究. 黑龙江农业科学，6：117～118.

马涛. 2009. 粮油食品检验. 北京：化学工业出版社.

马莺，孙淑华，翟爱华等. 2001. 粮油检验与储藏（上册）. 哈尔滨：黑龙江科学技术出版社.

田纪春. 2006. 谷物品质测试理论与方法. 北京：科学出版社.

曾洁. 2009. 粮油加工实验技术. 北京：中国农业大学出版社.

张起昌，邵立刚，王岩等. 2006. 利用吹泡稠度仪对春小麦种质主要品质性状的分析与评价. 黑龙江农业科学，5：
　　74～77.

第六章　粮食食用、蒸煮品质评价

本章主要介绍粮油食用、蒸煮品质测定方法及测定过程中的一些注意事项，要求学生重点掌握大米食用、蒸煮品质，以及质构评价和注意事项；掌握小麦粉、面包、馒头、面条食用品质的测定方法。

我国年产稻谷 1.9 亿 t 左右，65％以上人口以稻米为主食，85％以上的稻米是作为口粮消费。谁都有想吃好米的愿望，而好不好吃如何评定呢？稻米的食用品质是指大米在米饭制作过程中表现出的各种性能，以及食用时人体感觉器官对它的反映，如色泽、滋味、软硬、黏度等。

评价稻米食用品质最好的方法是借助人们的感觉器官，对米饭直接进行品尝试验，判断其食用品质的优劣，因为品尝试验是以人们的感官为基础的，大米的食味直接联系到消费者的评价，最易为人们所接受。但是，由于参与评价者的食俗不同，往往可能得出几乎相反的结论，如籼稻区的人们普遍认为那种不黏、发硬的米好吃，而粳稻区的人则相反，觉得黏、软的米饭可口，这种评价上的差异，造成米饭品尝评定的困难和复杂化。因此，在评定稻米食用品质时还需辅以与米饭食味关系密切的理化性状、流变学特性的测定，从而消除品尝评定的主观性，得出较客观的评价，使评定更加科学、合理。

稻米食用品质的优劣可以通过大米蒸煮品质实验进行评价。大米蒸煮品质实验是测定大米在水中加热时米粒的变化情况，从而反映出大米的食用品质。大米的食用品质与大米蒸煮品质有如下关系：加热吸水率大、体积膨胀率大、米汤中干物质少、米汤碘蓝值小的大米食用品质差。大米的食用品质与大米本身的某些理化指标，如直链淀粉含量、胶稠度、糊化温度等密切相关，通过检测这些理化指标，可以间接了解各种大米的食用品质。

一般而言，糊化温度低、碱消度大、胶稠度高、直链淀粉含量低的大米，其食用品质好。目前我国优质稻谷质量标准中，已经列入稠度、直链淀粉含量两项指标，作为评定稻谷质量等级的指标。

稻米的食味由许多因素构成，米的品质由更多的因素构成，归纳起来，稻米的品质主要取决于三个因素，即外观、食味和营养价值。稻米的食味，品尝试验评定是根据视觉、嗅觉、味觉和触觉等感官来判断，特别是触觉，即咀嚼米饭时的质地感觉与食味关系最密切。而用于评定稻米食用及蒸煮品质的主要理化性状是糊化温度、胶稠度和直链淀粉含量。日本农林水产省食品综合研究所同时做了与食感关系最密切的米饭理化性质和食味评比实验，发现两者有密切的相关。其中与食味密切相关的有：属于煮饭特性的加热吸水率和体积膨胀率，属于淀粉黏度谱的糊化温度，淀粉粒破损值，米饭的黏性和弹性等，他们称之为食味六要素。这六要素和通过食味评比试验所得的食味评价相关系数为 0.85，准确度为 72％。也就是说，如决定大米的食味因素为 100，那么六要素表示的理化测定值大体可推出该食味的 70％，另外 30％为其他因素，即香味、外观等。这个结果表明，六要素能在一定程度上反映稻米的食用品质，米饭的食味能用理化分析值来表示。

第一节　稻米食用、蒸煮品质评价

一、大米蒸煮特性测定

大米蒸煮特性测定是一种小型蒸煮试验，是以相当于 7.0g 干重整大米加水 120mL，蒸煮 20min 后进行下列测定：吸水率、膨胀体积、米汤干物质、米汤 pH、米汤碘蓝值等。

1. 方法

（1）仪器与设备

① 铜丝笼：长圆筒形，直径 4cm，高 10cm，带挂钩；

② 200mL 高型烧杯；

③ 100mL 烧杯；

④ 量筒 50mL、100mL、200mL；

⑤ 1.5mL 移液管；

⑥ 100mL 容量瓶；

⑦ 感量 0.01g 天平；

⑧ 蒸锅；

⑨ 2000W 电炉；

⑩ 离心机；

⑪ 分光光度计。

（2）试剂

① 0.2g/100mL 碘试剂；

② 0.5mol/L HCl 溶液。

（3）操作步骤

① 吸水率。称取相当 7.0g 干重整大米（标一米）的试样，置于已知质量的铜丝笼中，置流水中洗 5 遍（双试样同时做），淘去米糠，再用蒸馏水洗一次，置于 200mL 高型烧杯中，加 50℃ 蒸馏水洗至 120mL，在沸水锅中蒸 20min（100℃ 开始计时，用 2000W 电炉加热），取出铜丝笼置烧杯上至不再有米汤滴下，然后置于洁净的干纱布上冷却 0.5h，称重（取小数点后一位）。

大米吸水率以每百克干大米吸水的克数表示，按公式（6-1）计算

$$大米吸水率（％）= \frac{米饭质量}{大米质量} \times 100 \tag{6-1}$$

双试验结果允许差 20％，结果取整数。

② 膨胀体积。量出蒸煮前大米体积和蒸煮后铜丝笼中米饭体积（大米和米饭体积可

用排水法在特制的量筒内测定，也可根据 $\pi r^2 h$ 公式计算），按公式（6-2）计算膨胀体积

$$膨胀体积(\%) = \frac{米饭体积}{大米体积} \times 100 \qquad (6-2)$$

③ 米汤 pH。取出铜丝笼之后，等 200mL 高型烧杯中米汤冷至室温后，用 pH 试纸测定其 pH。

④ 米汤干物质。测定 pH 后的米汤稀释至 100mL，离心后取 10mL 于已知质量的小烧杯中，烘干，称重。

米汤干物质以每克干大米的米汤中含有干物质的毫克数来表示，按公式（6-3）计算

$$米汤干物质(mg/g) = \frac{干物质质量(mg)}{7.0(g)} \times \frac{100}{10} \qquad (6-3)$$

⑤ 米汤碘蓝值。取测定米汤干物质的离心液 1.0mL 于约 50mL 蒸馏水中，加入 0.5mol/L HCl 溶液 5mL 及 0.2g/100mL 碘试剂 1mL，定容至 100mL，在分光光度计上，于波长 660nm 处，用 1cm 比色皿测定吸光度。

米汤碘蓝值用吸光度表示，双试验允许差 0.04A。

2. 分析值的评价

蒸煮特性试验用加热吸水率表示质量增加；膨胀体积表示容积增大，说明米的涨性；米汤 pH 反映米的酸度；米汤干物质表示米汤的浓度；米汤碘蓝值表示溶解在米汤中的直链淀粉浓度。

米饭的食味和蒸煮特性有如下关系：

	食味好	食味不好
加热吸水率	小	大
膨胀体积	小	大
米汤干物质	大	小
米汤碘蓝值	大	小

储存大米陈化后，加热吸水率和米饭膨胀体积增加，非水溶性物质增加，米饭黏度降低，蓬松性提高等。Yelandur（1978）报道，大米在 96℃和 80℃条件下蒸煮时的吸水性随着储存时间的延长而增高，米汤中可溶性固形物减少与大米储存温度有很大关系，并随储存时间延长逐渐陈化，蒸煮中可溶性固形物逐渐减少。Halick 等（1959）报道，品质好的大米米汤中，其淀粉与碘生成的蓝色较深，透光率较低，蒸煮时，米汤稠，米饭亦黏，从而显示出良好的适口性和黏弹性。反之，品质差的大米米汤中，淀粉与碘所生成的蓝色较浅，透光率高，蒸煮时米汤稀，米粒之间松散，适口性和黏弹性均差。

二、稻米糊化特性的测定

1. 原理

将一定浓度米粉（或其他谷物粉、谷物淀粉）加水制成悬浮液，按一定升温速率加

热，使淀粉糊化。开始糊化后，由于淀粉吸水膨胀使悬浮液逐渐变成糊状物，黏度不断增加，随着温度升高，淀粉充分糊化，产生最高黏度值。随后淀粉颗粒破裂，黏度下降。当糊化物按一定降温速率冷却时，糊化物胶凝，黏度值又进一步升高，冷却至50℃时的黏度值即为最终黏度值。

通过黏度仪的传感器、传感轴、测力盘形弹簧，将上述整个糊化过程中黏度变化而产生的阻力变化反映到自动记录器上，描绘出黏度曲线，读出评价谷物及淀粉糊化特性的各项指标，包括开始糊化温度、最高黏度值、最高黏度时的温度、最低黏度值及胶凝后的最终黏度值等。

2. 仪器与设备

① 黏度仪：Brabender 型黏度仪主要由测力盘形弹簧、传感竖轴、传感器（搅拌器）、测量钵、辐射电炉、冷却水装置、驱动电机组、转速器、定时器、接点温度计、温度调整与自控系统、冷却自控系统、自动记录器等组成。传感器及测量钵的金属杆应垂直，能顺利插入"定位板"中。主要技术参数如下。

测量钵转速：(75 ± 1)r/min；

升降温速率：(1.50 ± 0.03)℃/min；

升降温范围：室温至 97℃；

接点温度计：刻度 1.0℃；

记录器纸速：(0.50 ± 0.01)cm/min；

记录纸量程：0～1000A. U. （A. U. 为黏度单位）；

测力盘簧扭力矩：(34.32 ± 0.69)mN・m/A. U. 〔(350 ± 7) gf・cm/A. U. 〕

(68.65 ± 1.47)mN・m/A. U. 〔(700 ± 15) gf・cm/A. U. 〕

测力盘簧有效偏转角：62°。

② 天平：感量 0.1g。

③ 烧杯：500mL。

④ 量筒：500mL。

⑤ 玻璃棒（带橡胶头）或塑料搅拌勺。

3. 操作步骤

（1）样品的扦取和分样

按标准方法取样。

（2）样品制备

谷物样品用粉碎机粉碎，使 90％以上试样通过 CQ24 号筛。

（3）试样水分测定

按 105℃恒重法操作。

（4）仪器准备

① 检查仪器各部件是否连接妥当及可否正常运转。测量钵应放于仪器中部电热套内的定位销中。钵中搅拌器通过销子与传感竖轴相连，打开电源开关至"1"处，电机启动，检查并调整测得钵转速为 75r/min。检查记录纸是否正常运行。检查记录笔指针是否指在记录纸基线上，否则，应松开仪器上部测力盘簧两侧的螺丝，转动测力盘簧位

置，使记录笔指在基线上，再拧紧螺丝。关闭电源。

② 将搅拌器与传感竖轴脱开，冷却套杆提升至高处，再将仪器升降柄下压使仪器上半部抬起，然后使其向右转动 90°，取出搅拌器。

（5）称样

① 测力盘簧扭力矩为 68.65mN・m/A.U.（700gf・cm/A.U.）时，不同谷物及淀粉应称取含水量为 14%（基准水分）的试样的质量（±0.1g）及加水量，见表 6-1。

表 6-1　相当于 14% 含水量的试样质量及加水量

试样名称	试样质量/g	加水量/mL
小麦粉/全麦粉	80.0/90.0	450
米粉（包括籼、粳、糯米）	40.0	360
玉米淀粉	35.0	500
马铃薯等淀粉	25.0	500

② 如果试样含水量高于或低于 14% 时，则按公式（6-4）计算实际称样量

$$m_1 = \frac{86 \times m_2}{100 - H} \tag{6-4}$$

式中：m_1——实际称样量，g；

m_2——含水量 14% 时规定试样质量，g；

H——试样含水量，g/100g。

③ 如用其他规格测力盘簧，则试样的质量可酌情增减，使绘出黏度曲线峰值在 800 A.U. 以下。

（6）试样悬浮液制备

将称好的试样置于烧杯中，按表 6-1 量取相应的加水量，先加入约 100mL 水，用玻璃棒搅拌约 20s，然后分两次，每次约加入 100mL 水制成均匀无结块的悬浮液，将其转移至测量钵中，再用剩余的水分 3 次洗涤烧杯中残余试样并全部转移至测量钵中。从加样到冲洗试样时间控制在 2min 以内。

（7）测定

① 将搅拌器放入测量钵并使搅拌器缺口对准仪器正面，放下机身时勿使温度计触及搅拌器。

② 握紧仪器升降柄，将仪器上半部向左转动 90°，然后转动升降柄缓慢放下机身，将搅拌器插入传感竖轴销子使其紧密相连。

③ 降下冷却套杆使处于最低位，将冷却水控制开关拨至"～"（交替冷却）位置，打开冷却水。

④ 打开电源开关，测量钵按 75r/min 旋转；将温度控制拉杆拨至中部"0"位，打开温度计照明灯，用接点温度计调节按钮调节温度计指针在 30℃，顺时针转动调节钮可升高温度指针，逆时针转动反之。

⑤ 打开定时器（定时约 45min），加热指示灯亮，试样悬浮液开始加热，待试样悬浮液升温达到接点温度计指针指示的温度时，指示灯灭，这时，将温度控制拉杆向下拨

至"升温"处，并将记录笔在记录纸上做好标记。此标记的温度即为调整温度计指示的温度。此后，悬浮液即自动按 1.5℃/min 升温，糊化过程开始。

⑥当温度升高到某一温度，记录笔开始偏离记录纸基线 20A. U. 时，此温度即为该试样的开始糊化温度。随后，黏度迅速增高。当温度升高至 95℃时，将温度控制拉杆拨回至"0"位，定时，这时黏度通常是下降的。在黏度值下降波动较小或相对稳定时（约 8min），再将温度控制拉杆向上拨至"降温处"。定时 30min，这时糊化物开始以 1.5℃/min 冷却降温。直到降温至 50℃，再将温度控制拉杆向上拨至"0"位，定时 3min，实验结束。冷却时黏度值不断升高，若黏度值升高超过 1000A. U. 时，若测力盘簧扭力矩为 34.42mN·m/A. U.（350gf·cm/A. U.），则在仪器砝码挂钩上加挂 62.5g 砝码，黏度值增加 500A. U.；加挂 125g 砝码，黏度值增加 1000A. U. 。

⑦ 关闭电源。将搅拌器与传感器竖轴卸开，将冷却套杆提升至最高处，然后压下升降柄抬起仪器上半部并使向右转动 90°。

⑧ 用湿布擦净温度计和冷却套杆，取出测量钵及搅拌器并洗净备用。

4. 结果分析

从记录纸上绘制的黏度曲线读出下列各项糊化特性指标，并注明实验所采用的测力盘形弹簧的规格及称样量和加水量（图 1-5）。

5. 重复性

① 用同一样品进行两次测定，两次测定结果不超过要求规定，取平均值作为测定结果。

② 允许差：开始糊化温度不超过 1℃；最高黏度值、最低黏度值、最终黏度值不超过平均值的 10%。

三、稻米碱消度和胶稠度的测定

1. 碱消度的测定

碱消度是指米粒在一定碱溶液中膨胀或崩解的程度。它是一种简单、快速而准确的间接测定稻米糊化温度的方法。

（1）仪器和试剂

① 内径 55mm 培养皿；

② 1.4g/100mL 和 1.7g/100mL 氢氧化钾溶液，蒸馏水在配制前需经煮沸并冷却，配好的溶液使用前至少存放 24h。

（2）操作步骤

将 7 粒标准一等大米（以下简称"标一米"）等距离分散放在内径 55mm 培养皿中，籼米注入 1.7g/100mL 氢氧化钾溶液 10mL，粳米注入 1.4g/100mL 氢氧化钾溶液 10mL，加盖，在恒定室温下（21～30℃）静置 23h，然后观察分级。

（3）结果分析

米粒在一定碱溶液中膨胀或崩解的程度可以通过 7 级标准加以评定，见表 6-2。

表 6-2　碱消度分级标准

等级	散裂度	清晰度
1	米粒无影响	米粒似白垩状
2	米粒膨胀	米粒白垩状、环粉状
3	米粒膨胀，环完整，狭	米粒白垩状、环棉絮状或云状
4	米粒膨胀，环完整，宽	中心棉絮状，环云状
5	米粒开裂或分离，环完整，宽大	中心棉絮状，环渐消失
6	米粒解体与环结合	中心云状，环消失
7	米粒完全消散并混合	中心及环消失

稻米碱消度级别根据公式（6-5）计算

$$\text{碱消度级别} = \frac{7\text{粒米级别之和}}{7} \tag{6-5}$$

计算结果取小数点后一位，取双试验结果的平均值。

（4）碱消度与糊化温度的关系

碱消度 1～3 级的糊化温度高于 74℃；碱消度 4～5 级的糊化温度为 70～74℃；碱消度 6～7 级的糊化温度低于 74℃。

（5）说明

① 稻米的碱消度主要由米淀粉对碱的抵抗性决定，也与米组织的碱度、致密度有关。此外，陈米比新米对碱的抗性大，未熟粒比成熟粒对碱的抗性小。

碱消度大的米，米饭的黏度也大，但很易消解的米反而黏度小。通常情况下米饭的黏度大，食味好，因此碱消度大的米食味好，碱消度小的和碱消度很大的米食味差。因此，碱消度可用作评价稻米食味的项目。

② 稻米的碱消度与糊化温度呈密切负相关。Maningat 等报道，通过对 160 个品种稻米碱消度和糊化温度的测定、糊化温度（y）与碱消度（x）的回归分析，得到糊化温度与碱消度关系的散点示意图及回归直线（图 6-1），该回归方程为 $y = 74.8 - 1.57x$，$r = 0.81$，达 0.01 显著性水平。

③ 因为碱对糙米不起显著作用，尤其要区别高的及中等糊化温度是很困难的，故必须用标一米作样品。

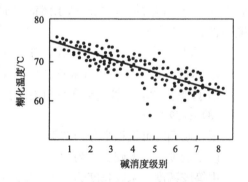

图 6-1　稻米碱消度与糊化度关系

④ 米粒被碱消解过程中及观察时发生移动，将破坏其散裂度、清晰度（环的完整及米粒形状），影响级别的评定。因此，在碱消解过程中直至观察评级过程中样品不得移动。

⑤ 由于商品稻米品种混杂，甚至同一样品中新陈不一，致使一份样品中各米粒的碱消度的级别可能不同。因此，商品稻米需用 7 粒米，结果取 7 粒米级别数之和的平均值。

2. 胶稠度的测定

胶稠度是指稻米胚乳的 4% 米胶的稠度（延展性）。胶稠度所表示的是淀粉糊化和冷却的回升趋势。它是一种简单、快速而准确的测定米淀粉胶凝值的方法。胶稠度测定一般采用米胶延伸法。

（1）仪器和试剂

① 13mm×130mm 刻度平底试管；

② 玻璃弹子；

③ 旋涡混合器；

④ 水浴锅；

⑤ 冰箱；

⑥ 感量 0.0001g 天平；

⑦ 孔径 0.147mm 筛；

⑧ 移液管 1mL、2mL；

⑨ 0.2mol/L 氢氧化钠溶液；

⑩ 95% 乙醇（含有 0.0258g/100mL 麝香草酚蓝）。

（2）操作步骤

① 样品的制备。将标一米磨成米粉，95% 通过孔径 0.147mm 筛，装入广口瓶中储存备用。

② 称样。称取含水量 12% 的标一米粉 100mg，放入刻度试管中（每一试样称取 2 份）。

③ 糊化。移取 0.2mL 95% 乙醇溶液（含有 0.025g/100mL 麝香草酚蓝）加入刻度试管中，再加 0.2mol/L 氢氧化钾溶液 2.0mL，用旋涡混合器混匀，用玻璃弹子盖在试管上（防止蒸汽逸散），在沸腾水浴锅中加热 8min，使管内悬浮液沸腾时向上溅沸的高度达管的 2/3 高度。

④ 回升。从沸水中取出试管静置 5min，再在 0℃ 冰水浴中冷却 15min。

⑤ 米胶延伸。将冷却后米胶试管平放在水平的玻璃管上，静置 1h（20℃）。

⑥ 读数。读取从管底至米胶前沿的长度。

（3）分级标准

根据胶稠度可把稻米分为三级：

硬胶稠度　　米胶长度为 40mm 或以下；

中等胶稠度　米胶长度为 40～60mm；

软胶稠度　　米胶长度为 61mm 以上。

（4）说明

① 胶稠度所表示的是米淀粉糊化和冷却后的回升趋势，因为它和黏度仪测得的破损值相关，和胶凝值也相关。这种相关在高直链淀粉含量的稻米品种中尤为明显。

② 测定稻米胶稠度虽然较为简单，看起来容易做，但要做准确并不容易，需要熟练的技巧，一些因素也要严格掌握。此外，由于这种测试带有一定的经验性，所以在每一批材料的测试中要用一个具有代表性的品种作为对照。

③ 稻米精碾程度不够则胶稠度会趋硬，因此，测定稻米胶稠度需用标一米。

④ 淀粉粒的破损和粉粒大小对胶稠度测定的影响：将标一米粉碎成95％都能通过孔径为0.147mm的筛，这时籽粒中的淀粉颗粒大都破碎了，有利于胶稠度测定时淀粉的糊化作用，淀粉彻底分散对顺利进行糊化是很重要的。如果标一米粉碎成只能通过孔径0.215～0.46mm的筛，则米粉在糊化时分散得不完全，结成不透明块使胶变稀，这就比淀粉充分分散时的实际硬度要软些。这种情况下必须重新制试样，然后再进行测定。

在加入氢氧化钾溶液之前用0.2mL 95％乙醇溶液来湿润样品，以防止加入氢氧化钾溶液和糊化时样品的黏结。

⑤ 在95％乙醇中加入0.02g/100mL麝香草酚蓝，是为了使胶带的长度比较容易读取，且不会影响胶稠度。

⑥ 用0.2mol/L氢氧化钾溶液时淀粉的分散性好，所得到的米胶比用氢氧化钠溶液作溶剂时稍硬，且液相分离作用较稳定。用水作溶剂，测试结果往往不能重复。因为在沸水中进行糊化时，一般而言，比在碱液中容易发生黏结的现象。米胶在水中也不如在稀碱中稳定，尤其是高直链淀粉含量的水稻品种。

⑦ 为了防止糊化时样品的黏结，在加入氢氧化钾溶液后，要用强力旋涡混合器来使样品很好地分散。

⑧ 糊化时要使淀粉粒分散彻底，还要求用于糊化的沸水要开得十分透。

⑨ 为了避免淀粉悬浮液沸腾向上溅沸过高，甚至逸出试管，而且又要使溅沸的高度达到试管高度2/3左右，因此，试管放置在水浴中深度宜为试管高度的1/3，2/3应在水面上。

⑩ 胶稠度与米饭硬度的关系。用米饭质构仪测量，胶稠度硬的食品，米饭也硬，这一趋势在高直链淀粉含量稻米中特别明显，见表6-3，硬的米饭也往往不黏。这些结果肯定了胶稠度能够用来测定在米饭冷却过程中变硬的趋势。除了用来做米粉面以外，一般均喜欢选用软胶度的稻米。在中等直链淀粉含量的稻米品种中，胶稠度较软的，其米饭也比较软。在低直链淀粉含量的稻米品种中，大多数的碱扩散值也较低，硬的胶稠度也和硬的米饭相联系。

表6-3　不同胶稠度的高直链淀粉稻谷米饭的硬度和黏度

特性	胶稠度测定		
	硬（27～40mm）	中（41～60mm）	软（61～100mm）
数目	8	6	6
米饭硬度/kg			
范围	7.2～9.2	6.8～7.9	6.5～7.6
平均	8.2	7.5	6.9
米饭黏度/(g·cm)			
范围	28～50	39～54	44～60
平均	34	46	53
碱扩散值			
范围	5.0～7.0	3.5～7.0	3.0～5.0
平均	6.8	4.6	4.2

由于胶稠度和其他一些食用品质指标（如品尝评分，黏度仪的糊化特性曲线中的破损值、胶凝值，以及质构仪测试的硬度等指标）密切相关，所以，胶稠度是一种有用的、快速评定稻米食用品质性状的检测方法。

四、稻米直链淀粉含量的测定

淀粉由直链淀粉和支链淀粉所组成。稻米淀粉与其谷物淀粉一样，也是由直链淀粉与支链淀粉组成。不同类型、品种的稻米，其直链淀粉与支链淀粉含量有明显差异。籼稻谷直链淀粉含量一般较高，为 $17.2\% \sim 28.5\%$；糯稻谷几乎不含直链淀粉，直链淀粉含量为 $0 \sim 2\%$；粳稻谷介于两者之间，一般为 $8.7\% \sim 17.2\%$。

稻米中直链淀粉含量多少是大米食用品质的关键因子。稻米食用、蒸煮品质——黏性、硬度、蒸煮时吸水量、蒸煮时间、米饭体积等在很大程度上取决于稻米中直链淀粉与支链淀粉两组分的含量变化及直链淀粉相对分子质量的大小。当稻米中直链淀粉含量低于 2% 时，这种大米都呈糯性，蒸煮时米饭很黏；直链淀粉含量为 $12\% \sim 19\%$ 的稻米，蒸煮时吸水率低，蒸煮的米饭柔软，黏性较大，涨性小，冷却后仍能维持柔软的质地，食味品质良好；直链淀粉含量在 $20\% \sim 24\%$ 的稻米，蒸煮时吸水率高，体积膨胀率大，糊化温度高，米饭蓬松，较硬，冷却后变硬；直链淀粉含量在 25% 以上的稻米，蒸煮时米饭蓬松，硬，黏性差，冷却米饭变得更硬。据实验，直链淀粉含量与米饭黏度的相关系数 $r = -0.92$，与米饭硬度的相关系数 $r = 0.77$。稻米中直链淀粉含量与相对分子质量大小直接影响米饭食味与蒸煮品质。因此，稻米中直链淀粉含量是用于评定稻米食用、蒸煮品质的主要理化指标之一。

1. 原理

淀粉与碘形成碘-淀粉复合物，并具有特殊的颜色反应。支链淀粉与碘生成棕红色复合物，直链淀粉与碘生成深蓝色复合物。在淀粉总量不变条件下，将这两种淀粉分散液按不同比例混合，在一定波长和酸度条件下与碘作用，生成由紫红色到深蓝色一系列颜色，代表其不同直链淀粉含量比例，根据吸光度与直链淀粉浓度呈线性关系，可用分光光度计测定。

2. 试剂

① 1mol/L、0.09mol/L 氢氧化钠水溶液，准确标定。

② 1mol/L 乙酸水溶液，准确标定。

③ 碘储备液及碘试剂：称 2g 碘和 20g 碘化钾用蒸馏水溶解并稀释至 100mL，即为碘储备液。取 10mL 碘储备液稀释至 100mL，即为碘试剂。

④ 马铃薯直链淀粉标准溶液：1mg/mL，取烘干（55~56℃真空干燥）的马铃薯直链淀粉纯品，称取质量相当于含 0.1000g 淀粉，放入 100mL 容量瓶中，加入 1mL 无水乙醇湿润样品，再加 1mol/L 氢氧化钠溶液 9mL，于沸水浴加热 10min，迅速冷却后，用水定容。

⑤ 支链淀粉标准溶液：1mg/mL，选择与待测谷物样品相应的蜡质谷物标准品，称取质量相当于含 0.1000g 粗淀粉，放入 100mL 容量瓶中，加 1mL 无水乙醇，再加

9mL 1mol/L 氢氧化钠溶液，于沸水浴加热 10min，迅速冷却后，用水定容。

3. 仪器与设备

① 粉碎机（实验室用旋风磨）。

② 分光光度计：721 型或具有同性能的其他型号。

③ 感量 0.0001g 分析天平。

④ 50mL 具塞刻度试管。

⑤ 100mL 容量瓶。

4. 样品的选取和制备

① 除去杂质，稻谷碾成精米，用四分法分取 20g 样品。

② 用粉碎机将样品粉碎，全部通过 0.177mm 孔径筛，混匀装入磨口瓶备用。

5. 操作方法

（1）混合校准曲线绘制

取 6 个 100mL 容量瓶，分别加入 1mg/mL 马铃薯直链淀粉标准溶液 0、0.25mL、0.50mL、1.00mL、1.50mL、2.00mL，再依次加入 1mg/mL 支链淀粉标准溶液 5mL、4.75mL、4.50mL、4.00mL、3.50mL、3.00mL，总量为 5mL。另取 1 个 100mL 容量瓶，加入 0.09mol/L 氢氧化钠溶液作空白。然后于各瓶中依次加入约 50mL 水、1mol/L 乙酸 1mL 及 1mL 碘试剂，用水定容后显色 10min，在 620nm 处读取吸光度值。以直链淀粉毫克数为横坐标，吸光度为纵坐标，绘制标准曲线或建立回归方程。

（2）样品测定

① 测定样品的粗淀粉含量和水分。

② 样品分散。称取相当于 0.1000g 粗淀粉的样品（如按样品干重计算直链淀粉百分含量时，称取样品 100mg）于 100mL 容量瓶中，加 1mL 无水乙醇，充分湿润样品，再加入 1mol/L 氢氧化钠溶液 9mL，于沸水浴中分散 10min，迅速冷却，用水定容。

③ 脱脂。取 20mL 分散液于 50mL 具塞刻度试管中，加入 7～10mL 石油醚，间歇摇动 10min，静置 15min，分层后用连接在水泵上的吸管抽吸，吸去上部石油醚层，重复以上操作 2 或 3 次（精米脱脂 2 次，谷子、玉米脱脂 3 次）。

④ 测定吸取脱脂后的碱分散液 5.00mL 于 100mL 容量瓶中，加水 50mL，再加入 1mol/L 乙酸溶液 1mL 及碘试剂 1mL，用水定容。显色 10min 后，在 620nm 处读取吸光度值。

6. 结果计算

直链淀粉含量按公式（6-6）、公式（6-7）计算

$$直链淀粉占淀粉总量(\%) = \frac{m_3 \times 100}{m \times 5} \times 100 \tag{6-6}$$

$$直链淀粉占样品干重(\%) = \frac{m_3 \times 100}{m_2 \times 5(1-M)} \times 100 \tag{6-7}$$

式中：m_3——从相应的混合校准曲线或回归方程求出的直链淀粉质量，mg；

m——称取样品中所含粗淀粉的质量，100mg；

m_2——称取样品的质量，100mg；

M——水分百分率。

两个平行测定值的相对误差不得超过 2%。两个平行测定的结果用算术平均值表示，保留小数点后两位。

7. 说明

① 该测定方法适用于稻米、玉米、谷子籽粒直链淀粉含量的测定。

② 马铃薯直链淀粉纯品的制备。

a. 称取马铃薯淀粉 10g，加少量无水乙醇使样品湿润，再加入 0.5mol/L 氢氧化钠 350mL，放入沸水浴中加热搅拌 20min，至完全分散，冷却，以 4000r/min 离心 20min，取上清液用 1.5mol/L 盐酸调至 pH6.5（用 pH 精密试纸），然后加入丁醇-异戊醇（1：1）80mL，在沸水浴中加热搅拌 10min，冷却至室温，移入冰箱内（2～4℃）静置 24h，去掉上层污物层，再以 4000r/min 离心 15min，弃掉上清液，沉淀物即为粗直链淀粉。

b. 用饱和正丁醇水溶液洗涤沉淀物（粗直链淀粉），以 4000r/min 离心 15min，将沉淀物转入 200mL 饱和正丁醇水溶液中，在沸水浴中加热溶解（10～15min），冷却至室温，放入冰箱内（2～4℃）24h，弃去上层污物层，以 4000r/min 离心 15min，沉淀物再加 200mL 饱和正丁醇水溶液加热溶解，反复纯化 3 次。最后，沉淀物用无水乙醇反复洗涤离心 3 或 4 次，在真空干燥箱中（55～56℃）干燥，即得直链淀粉纯品。

③ 支链淀粉标准品的制备。

a. 取适量（10～20g）通过 0.177～0.149mm 孔径筛的蜡质稻米（或谷子、玉米）粉，分别用甲醇及石油醚在索氏脂肪抽提器中回流脱脂 16h，放入真空烘箱烘干（55～56℃）备用，同时测定淀粉含量。

b. 碘-淀粉复合物吸收光谱测定。取支链淀粉标准溶液 5mL（1mg/mL），加 50mL 水稀释后，再加入 1mol/L 乙酸溶液和碘试剂 1mL，加水至 100mL，显色 10min，用分光光度计测定 400～640nm 的吸收光谱。

c. 支链淀粉纯品标准。

标准品必须具备：

稻谷：λ_{max} 520～530nm，$A_{1cm}^{0.005\%}$，620nm 在 20℃时为 17 以下；

玉米：λ_{max} 530～540nm，$A_{1cm}^{0.005\%}$，620nm 在 20℃时为 25 以下；

谷子：λ_{max}530～540nm，$A_{1cm}^{0.005\%}$，620nm 在 20℃时为 22 以下。

④ 测定样品与绘制校准曲线时的温度相差不能超过 ±1℃。

⑤ 乙醇作为湿润剂，可防止米粉在加入氢氧化钠时结块。

⑥ 样品碱化（加入 9mL 1mol/L 氢氧化钠溶液），避免发生沉淀。

⑦ 淀粉在沸水浴中糊化达 10min，对直链淀粉含量值无不利影响，且可加快分散步骤。

五、大米食用品质的测定（大米食味计法）

1. 原理

大米的食用品质与大米的化学组成紧密相关。其中对大米食用品质影响最大的是大米中直链淀粉的含量，其次是蛋白质、脂肪酸值和水分含量。直链淀粉含量直接影响稻米的食用蒸煮品质，直链淀粉和支链淀粉的比例是决定稻米蒸煮食用品质的主要因素，因此国内外将直链淀粉含量作为衡量稻米品质的一个主要指标。直链淀粉含量低的大米黏度和食味好。蛋白质与稻米食味呈负相关关系，蛋白质含量越高，米饭的食味就越差。大米中的脂肪酸对大米的食用品质也具有重要的影响，米饭的香味与米粒中含有的不饱和脂肪酸有关。大米中的脂肪容易发生氧化或酶解生成脂肪酸，从而使游离脂肪酸增加，游离脂肪酸包藏在直链淀粉的内部，使糊化所需要的水分难以通过，淀粉粒的强度增加而引起米饭的硬度增加。同时脂肪酸还可以进一步分解成低分子的醛和酸等化合物，产生不良气味，降低大米的食用品质。大米中的水分影响其他成分之间的相互作用，因此大米的含水量对大米的食用品质也具有一定的影响。

通过对大米一些化学成分的测定，可以用来分析评价大米的食用品质。日本佐竹公司生产的近红外大米食味计，通过测定大米或糙米中的直链淀粉含量、蛋白质、脂肪酸和水分含量等来评价大米的食味。

2. 仪器与设备

RCTALLA 大米食味计；300mL 塑料杯；清理毛刷。

3. 操作步骤

（1）样品准备

取 300mL 大米或糙米进行测定，样品的温度、湿度应在测试范围内。

（2）食味计测定前的准备工作

①将仪器放置在无噪声的环境中，检查机器使用的电源是否符合要求（100V），在电压不稳定的时候应使用稳压器。

②打开电源，为稳定测试结果，预热 1h。

（3）测定

① 选择样品类别：根据测定样品是大米还是糙米在显示触摸屏上进行选择，若测定的是大米样品，选择"白米"；若测定的是糙米样品，则选择"玄米"。

② 放入样品进行测定：打开机体的上盖，用塑料量筒量取 250～300mL 的测试样品，盖上上盖，按"测定"键后，画面显示测定结果。

③ 排出样品：按排出键，测试的样品会从出料口排出。

4. 结果分析

大米食味计测试并给出结果的项目如下：食味值、直链淀粉含量、蛋白质含量、水分、脂肪酸值。

根据以上单项测定的结果可以判断大米试样各项品质指标，根据大米的食味值可以将大米划分为不同的等级。食味值在 70 以上：A 级；食味值在 60～69：B 级；食味值在 50～59：C 级；食味值在 49 以下：D 级。

其中 A 级大米食用品质最好。

5. 注意事项

① 冷藏过的样品米和其他温度比较低的样品米应等恢复到室温才能测定。

② 刚碾磨后的样品米温度偏高，食味计内部会结露而无法正常测定，所以一定要恢复到室温再进行测定。

③ 糯米、长粒米该仪器无法进行测定。

④ 混有杂物的样品无法进行测定，因此测定之前一定先进行除杂。

⑤ 碎米含量超过 5% 以上的样品米无法测定，因此样品在测试前要先除去碎米。

六、煮后大米硬度的测定（质构仪法）

1. 原理

TA. XT. plus 质构仪可以测定煮后大米的硬度。测定时将煮后大米样品放入样品盒中，轻轻挤压使样品表面平整，用末端平滑的探头，以一定的速度和压力挤压样品，探头接触到样品并达到力量感应元的最小感应值后，传感器记录数据，并传至计算机作出压力随时间变化的曲线。探头压至样品厚度的 65% 时，自动返回起始位置。

2. 仪器与设备

TA. XT. plus 型质构仪；承重平台 HDP/90；P/40 探头：直径为 40mm 的末端平滑的探头。

3. 操作步骤

（1）样品制备

① 将煮后的大米放入筛网中，用水充分冲洗，取洗出的部分于 5℃ 冰箱内储藏备用。

② 称取约 60g 的样品，装入样品盒中，其体积应达到盒子容积的 3/4。轻轻挤压样品使米粒之间无大的空隙，并使得样品表面平整，以避免探头挤压样品时受力不均。调整样品盒的位置使之位于探头的正下方，开始测试。

（2）高度校正

按质构仪底座上带有向下箭头的操作按钮降低探头，使之靠近平台表面，点击主菜单中的 T. A.，选择 Calibrate Probe 选项，设置探头返回的高度，一般建议设为 70mm。

（3）测试

① 双击桌面 TA. XT. plus 图标，运行质构仪程序，出现应用程序的界面，点击界面右侧一列工具栏中的 Sample Projects，出现所有的应用程序列表。这些程序根据

样品特性分为几大类，如 Bakery、Cereal、Dairy、Pasta、Noodle&Rice、Fruits &
Vegetables 等，选择 Pasta、Noodle&Rice，再选择 Rice pudding penetration-RIC2 _
P40. PRJ，双击选中的程序，测试窗口弹出。点击右侧工具栏中的 Project 菜单，点
击上部工具栏 Process Data 菜单，选择 Macro，再选择 Manage，从所有分析程序列表
Sample Lists 中选择 Bakery，再选择 Rice pudding—RIC2 _ P40，点击 Add 加载方法。
如果菜单中还有其他分析方法，需先点击 Remove 移除后再加载所需要的分析
方法。

　　② 在测试页面中的工具栏中点击 T. A.，选择 Run a Test，在弹出的窗口中输入所
测试样品的文件名和保存路径，然后点击 OK，测试开始。探头以 0.5mm/s 的速度不
断下降，在接触样品并达到所设定的力量感应元的感应值（30g）后，探头以 1.0mm/s
继续向下挤压样品，同时传感器开始记录数据，当下压样品达到样品厚度的 65% 后，
探头以 10mm/s 的速度返回至起始位置。

4. 煮后大米硬度曲线分析

　　图 6-2 中横坐标上方曲线的峰值为样品的硬度，负区为探头返回时受到的黏滞力，
代表样品的黏度。点击工具栏中的 Process Data，选择 Macro，再选择 Run，运行 Mac-
ro 自动分析系统，给出测试结果数值，并可对结果进行统计分析。

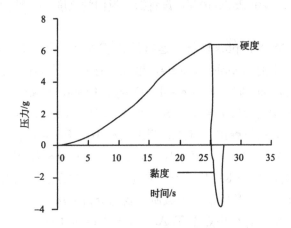

图 6-2　煮后大米硬度的变化曲线

5. 注意事项

　　① 为保证实验结果的可比性，样品的制备、样品量和测试温度必须严格一致。
　　② 如果米粒之间有较大的空隙或样品表面不平整，会使探头受力不均，从而使结
果产生偏差。
　　③探头的下压距离不要超过样品厚度的 75%，以避免探头接触到样品盒底部，而
影响测定结果的准确性。

七、米饭硬度和黏度的测定（质构仪法）

1. 原理

用圆柱形探头以一定的速度和压力挤压煮熟的米粒，压至米粒高度的 90% 时探头自动返回，传感器感受到力的信号，记录数据并传输至计算机，作出 Force-Time 曲线，从曲线上可直接获取米饭的硬度和黏度等参数。

2. 仪器与设备

① TA. XT. plus 型质构仪。

② 承重平台 HDP/90。

③ P/35 探头：直径为 35mm 的末端平滑的探头。

3. 操作步骤

（1）样品制备

取 3 粒煮熟后的米粒，放在测试平台上，使之位于探头的正下方。

（2）高度校正

按质构仪底座上带有向下箭头的操作按钮降低探头，使之靠近平台表面，点击主菜单中的 T. A.，选择 Calibrate Probe 选项，设置探头返回的高度，一般建议设为 15mm。

（3）测试

①双击桌面上 TA. XT. plus 图标，运行质构仪程序，出现应用程序的界面，点击界面右侧一列工具栏中的 Sample Projects，出现所有的应用程序列表。这些程序根据样品特性分为几大类，如 Bakery、Cereal、Dairy、Pasta、Noodle & Rice、Fruits & Vegetables 等，选 Pasta、Noodle & Rice。再选择 Rice compression-RIC1 _ P35. PRJ，双击选中的程序，测试窗口弹出。点击右侧工具栏中的 Project 菜单，点击上部工具栏 Process Data 菜单，选择 Macro，再选择 Manage，从所有分析程序列表 Sample Lists 中选择 Bakery，再选择 Rice-RIC1 _ P35，点击 Add 加载方法。如果菜单中还有其他分析方法，需先点击 Remove 移除后再加载所需要的分析方法。

②在测试页面中的工具栏中点击 T. A.，选择 Run a Test，在弹出的窗口中输入所测试样品的文件名和保存路径，然后点击 OK，测试开始。探头以 0.5mm/s 的速度不断下降，在接触样品并达到所设定的力量感应元的感应值（3g）后，探头以 0.5mm/s 继续向下挤压米粒，同时传感器开始记录数据，当下压样品达到米粒厚度的 90% 后，探头以 10mm/s 的速度返回至起始位置。

4. 米饭硬度和黏度曲线分析

图 6-3 中横坐标上方曲线的峰值为样品的硬度，负区为探头返回时受到的黏滞力，代表样品的黏度。点击工具栏中的 Process Data，选择 Macro，再选择 Run，运行 Macro 自动分析系统，给出测试结果数值，并对结果进行统计分析。

5. 注意事项

样品的制备必须一致，以保证测定结果的可比性。

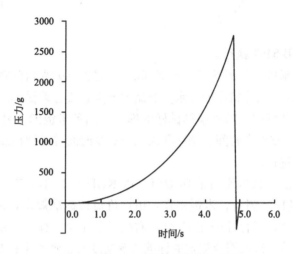

图 6-3 P/35 探头测试米饭硬度曲线

八、大米食用品质感官评价

大米在规定条件下蒸煮成米饭后，品评人员通过眼观、鼻闻、口尝等方法对所测米饭的色泽、气味、滋味、米饭黏性及软硬适口程度进行综合品尝评价。

1. 原理

稻谷经砻谷、碾白，制备成国家标准三等精度的大米作为试样。商品大米直接作为试样。取一定量的试样，在规定条件下蒸煮成米饭，品评人员感官鉴定米饭的气味、外观结构、适口性、滋味及冷饭质地等，评价结果以参加品评人员的综合评分的平均值表示。

2. 仪器与设备

① 实验砻谷机；

② 实验碾米机；

③ 天平：感量 0.01g 天平；

④ 直径为 26～28cm 单屉铝（或不锈钢）蒸锅；

⑤ 电炉：220V，2kW 或相同功率的电磁炉；

⑥ 蒸饭皿：60mL 以上带盖铝（或不锈钢）盒；

⑦ 直热式电饭锅：3L，500W；

⑧ 盆：洗米用 500mL（小量样品米饭制备用）或 3000mL（大量样品米饭制备用）；

⑨ 沥水筛：CQ16 筛；

⑩ 小碗：可放约 50g 试样；

⑪ 圆形白色瓷餐盘：直径 20cm 左右，盘子边缘均等分地粘上红、黄、蓝、绿 4 种颜色的塑料粘胶带。

3. 操作步骤

(1) 试样制备

① 扦样。按 GB 5491 执行。

② 大米样品的制备。取稻谷 1500～2000g，用砻谷机去壳得到糙米，将糙米在碾米机上制备成规定的标准三等精度的大米。商品大米则直接分取试样。

③ 样品的编号和登记。随机编排试样的编号、制备米饭的盒号和锅号。记录试样的品种、产地、收获或生产时间、储存和加工方式及时间等必要信息。

④ 参照样品的选择。

a. 稻谷参照样品。选取稻谷脂肪酸值（以 KOH 计）不大于 20mg/100g（干基）的样品 3～5 份，经样品制备、米饭制作，由评价员按标准规定，进行 2 或 3 次品评，选出色、香、味正常，综合评分在 75 分左右的样品 1 份，作为每次品评的参照样品。

b. 大米参照样品。选取符合规定的标准三等精度的新鲜大米样品 3～5 份，经米饭制作，由评价员按照标准的规定，进行 2 或 3 次品评，选出色、香、味正常，综合评分在 75 分左右的样品 1 份，作为每次品评的参照样品。

(2) 米饭的制备

① 小量样品米饭的制备。

a. 称样：称取每份 10g 试样于蒸饭皿中。试样份数按评价员每人 1 份准备。

b. 洗米：将称量后的试样倒入沥水筛，将沥水筛置于盆内，快速加入 300mL 水，顺时针搅拌 10 圈、逆时针搅拌 10 圈，快速换水重复上述操作一次。再用 200mL 蒸馏水淋洗 1 次，沥尽余水，放入蒸饭皿中。洗米时间控制在 3～5min。

c. 加水浸泡：籼米加蒸馏水量为样品量的 1.6 倍，粳米加蒸馏水量为样品量的 1.3 倍。加水量可依据米饭软硬适当增减。浸泡水温 25℃左右，浸泡 30min。

d. 蒸煮：蒸锅内加入适量的水，用电炉（或电磁炉）加热至沸腾，取下锅盖，再将盛放样品的蒸饭皿加盖后置于蒸屉上，盖上锅盖，继续加热并开始计时，蒸煮 40min，停止加热，焖制 20min。

e. 将制成的不同试样的蒸饭皿放在白瓷盘上（每人 1 盘），每盘 4 份试样，趁热品尝。

② 大量样品米饭的制备。

a. 洗米：称取 500g 试样放入沥水筛内，将沥水筛置于盆中，快速加入 1500mL 自来水，每次顺时针搅拌 10 圈、逆时针搅拌 10 圈，快速换水，重复上述操作一次。再用 1500mL 蒸馏水淋洗 1 次，沥尽余水，倒入相应编号的直热式电饭锅内。洗米时间控制在 3～5min。

b. 加水浸泡：籼米加蒸馏水量为样品量的 1.6 倍，粳米加蒸馏水量为样品量的 1.3 倍。加水量可依据米饭软硬适当增减。浸泡水温 25℃左右，浸泡 30min。

c. 蒸煮：电饭锅接通电源开始蒸煮米饭，在蒸煮过程中不得打开锅盖。电饭锅的开关跳开后，再焖制 20min。

d. 搅拌米饭：用饭勺搅拌煮好的米饭，首先从锅的周边松动，使米饭与锅壁分离，再按横竖两个方向各平行滑动 2 次，接着用筷子上下搅拌 4 次，使多余的水分蒸发之后盖上锅盖，再焖 10min。

e. 将约 50g 试样米饭松松地盛入小碗内，每人 1 份（不宜在内锅周边取样），然后倒扣在白色瓷餐盘上不同颜色（红、黄、蓝、绿）的位置，呈圆锥形，趁热品评。

4. 品评的要求

（1）环境

应符合 GB/T 10220 的规定。

（2）品尝实验室

应符合 GB/T 13868 的规定。

（3）品评人员

依据附录 A 挑选出 5～10 名优选评价员或 18～24 名初级评价员。将评价员随机分组，每个评价员编上号码，分成若干组。评价员在品评前 1h 内不吸烟、不吃东西，但可以喝水；品评期间具有正常的生理状态，不使用化妆品或其他有明显气味的用品。

（4）米饭品评份数和品评时间

每次试验品评 4 份试样（包含 1 份参照样品和 3 份被检样品）。当试样为 5 份以上时，应分两次以上进行试验；当试样不足 4 份时，可以将同一试样重复品评，但不得告知评价员。同一评价员每天品评次数不得超过 2 次，品评时间安排在饭前 1h 或饭后 2h 进行。

（5）品评样品编号与排列顺序

将全部试样分别编成号码 No.1、No.2、No.3、No.4，且参照样品编号为 No.1，其他试样采用随机编号。同一小组的评价员采用相同的排列顺序，不同小组之间尽量做到品评试样数量均等、排列顺序一致。

5. 样品品评

（1）品评内容

品评米饭的气味、外观结构、适口性（包括黏性、弹性、软硬度）、滋味和冷饭质地。

（2）品评顺序及要求

① 品评前的准备。评价员在每次品评前用温开水漱口，漱去口中的残留物。

② 辨别米饭气味。趁热将米饭置于鼻腔下方，适当用力地吸气，仔细辨别米饭的气味。

③ 观察米饭外观。观察米饭表面的颜色、光泽和饭粒完整性。

④ 辨别米饭的适口性。用筷子取米饭少许放入口中，细嚼 3～5s，边嚼边用牙齿、舌头等各感觉器官仔细品尝米饭的黏性、软硬度、弹性、滋味等项。

⑤ 冷饭质地。米饭在室温下放置 1h 后，品尝判断冷饭的黏弹性、黏结成团性和硬度。

（3）评分

① 评分方法一。

a. 根据米饭的气味、外观结构、适口性、滋味和冷饭质地，对比参照样品进行评分，综合评分为各项得分之和。评分规则和记录表格式见附录 B。

b. 根据每个评价员的综合评分结果计算平均值，个别评价员品评误差大者（超过平均值 10 分以上）可舍弃，舍弃后重新计算平均值。最后以综合评分的平均值作为稻米食用品质感官评定的结果，计算结果取整数。

c. 综合评分以 50 分以下为很差，51～60 分为差，61～70 分为一般，71～80 分为较好，81～90 分为好，90 分以上为优。

② 评分方法二。

a. 分别将试验样品米饭的气味、外观结构、适口性、滋味、冷饭质地和综合评分与参照样品一一比较评定。根据好坏程度，以"稍"、"较"、"最"、"与参照相同"的 7 个等级进行评分。评分规则和记录表格式见附录 C。在评分时，可参照表 6-4 所列的米饭感官品质评价内容与描述。

表 6-4　米饭感官品质评价内容与描述

评价内容		描述
气味	特殊香味	香气浓郁；香气清淡；无香气
	有异味	陈米味和不愉快味
外观结构	颜色	颜色正常，米饭洁白；颜色不正常，发黄、发灰
	光泽	表面对光反射的程度：有光泽、无光泽
	完整性	保持整体的程度：结构紧密；部分结构紧密；部分饭粒爆花
适口性	黏性	黏附牙齿的程度：滑爽、黏性、有无粘牙
	软硬度	白齿对米饭的压力：软硬适中；偏硬或偏软
	弹性	有嚼劲；无嚼劲；疏松；干燥、有渣
滋味	纯正性 持久性	咀嚼时的滋味：甜味、香味，以及味道的纯正性、浓淡和持久性
冷饭质地	成团性 黏弹性 硬度	冷却后米饭的口感：黏弹性和回生性（成团性、硬度）

b. 整理评分记录表，读取表中画○的数值，如有漏画的则作"与参照相同"处理。

c. 根据每个评价员的综合评分结果计算平均值，个别评价员品评误差大者（综合评分与平均值出现正负不一致或相差 2 个等级以上时）可舍弃，舍弃后重新计算平均值。最后以综合评分的平均值作为稻米食用品质感官评定的结果，计算结果保留小数点后两位。

附录 A

（规范性附录）

评价员挑选办法

A.1 总体要求

评价员应由不同性别、不同年龄档次的人员组成。通过鉴别试验来挑选，感官灵敏度高的人员可作为评价员。

A.2 挑选办法

按标准规定蒸制 4 份米饭，其中有 2 份米饭是同一试样蒸制成的，同时按标准规定进行品评，要求品评人员鉴别找出相同的 2 份米饭（在 2 份相同的米饭编号后打√），记录表格及示例见表 A.1。

表 A.1 鉴别试验表及示例

品评人：	日期：
试样号	鉴别结果
1	√
2	
3	
4	√

鉴别试验应重复两次，结果登记表及示例见表 A.2。答对者打"√"，答错者打"×"，如果两次都答错的人员，则表明其品评鉴别灵敏度太低，应予淘汰。

表 A.2 品评人员成绩汇总表及示例

品评人编号	鉴别试验结果		成绩
	1	2	
P1	×	√	良
P2	√	√	优
P3	√	×	良
P4	×	×	差
P5	√	√	优
P6	√	√	优

挑选出的评价员，按 GB/T 10220 的有关规定进行培训并选定评价人员。

附录 B
（规范性附录）

米饭感官评价评分规则和记录表（评分方法一）

一级指标分值	二级指标分值	具体特性描述：分值	样品得分		
			No. 2	No. 3	No. 4
气味 20分	纯正性、浓郁性 20分	具有米饭特有的香气，香气浓郁：18～20分			
		具有米饭特有的香气，米饭清香：15～17分			
		具有米饭特有的香气，香气不明显：12～14分			
		米饭无香味，但无异味：7～12分			
		米饭有异味：0～6分			
外观结构 20分	颜色 7分	米饭颜色洁白：6～7分			
		颜色正常：4～5分			
		米饭发黄或发灰：0～3分			
	光泽 8分	有明显光泽：7～8分			
		稀有光泽：5～6分			
		无光泽：0～4分			
	饭粒完整性 5分	米饭结构紧密，饭粒完整性好：4～5分			
		米饭大部分结构紧密完整：3分			
		米饭出现爆花：0～2分			
适口性 30分	黏性 10分	滑爽，有黏性，不粘牙：8～10分			
		有黏性，基本不粘牙：6～7分			
		有黏性，粘牙，或无黏性：0～5分			
	弹性 10分	米饭有嚼劲：8～10分			
		米饭稍有嚼劲：6～7分			
		米饭疏松，发硬，感觉有渣：0～5分			
	软硬度 10分	软硬适中：8～10分			
		感觉略硬或略软：6～7分			
		感觉很硬或很软：0～5分			
滋味 25分	纯正性，持久性 25分	咀嚼时，有较浓郁的清香和甜味：22～25分			
		咀嚼时，有淡淡的清香滋味和甜味：18～21分			
		咀嚼时，无清香滋味和甜味，但无异味：16～17分			
		咀嚼时，无清香滋味和甜味，但有异味：0～15分			
冷饭地质 5分	成团性、黏弹性、硬度 5分	较松散，黏弹性较好，硬度适中：4～5分			
		结团，黏弹性稍差，稍变硬：2～3分			
		板结，黏弹性差，偏硬：0～1分			
综合评分					
备注					

附录 C
（规范性附录）

米饭感官评价评分规则和记录表（评分方法一）

品评组编号：　姓名：　性别：　年龄：　出生地：　品评时间：　年　月　日　时　分

参照样品：红　　试样编号：No. 黄

项目	与参照样品比较						
	不好			参照	好		
	最	较	稍	样品	稍	较	最
评分	－3	－2	－1	0	＋1	＋2	＋3
气味							
外观结构							
适口性							
滋味							
冷饭质地							
综合评分							
备注							

参照样品：红　　试样编号：No. 蓝

项目	与参照样品比较						
	不好			参照	好		
	最	较	稍	样品	稍	较	最
评分	－3	－2	－1	0	＋1	＋2	＋3
气味							
外观结构							
适口性							
滋味							
冷饭质地							
综合评分							
备注							

参照样品：红　　试样编号：No. 绿

项目	与参照样品比较						
	不好			参照	好		
	最	较	稍	样品	稍	较	最
评分	－3	－2	－1	0	＋1	＋2	＋3
气味							
外观结构							
适口性							
滋味							
冷饭质地							
综合评分							
备注							

注：①与参照样品比较，根据好坏程度在相应栏内画○；

②综合评分是按照评价员的感觉、嗜好和参照样品比较后进行的综合评价；

③"备注"栏填写对米饭的特殊评价（可以不填写）。

第二节　小麦粉食用品质评价

一、小麦粉降落值和沉降值的测定

(一) 降落值的测定

降落值是指一定量的小麦粉或其他谷物粉与水的混合物置于特定黏度管内并浸入沸水浴中,然后以一种特定的方式搅拌混合物,并使搅拌器在糊化物中从一定高度下降一段特定距离,自黏度管浸入水浴开始至搅拌器自由降落一段特定距离的全过程所需要的时间 (s) 即为降落值。

酵母是制作面包不可缺少的重要原料之一。它在面包生产中的作用是使面团中糖类转化为二氧化碳和乙醇及其他有机酸,充满在面团的面筋网络结构里,使面团内部形成蜂窝状气孔,经蒸煮或烘烤形成食品,具有体积蓬松的海绵结构,气味芳香、营养丰富。

$$C_6H_{12}O_6 \xrightarrow{酵母} 2CO_2 + 2C_2H_5OH + 113J$$

$$100 \text{ 份} \qquad 48.9 \text{ 份} \qquad 51.1 \text{ 份} \qquad 热量$$

既然酵母在面包生产中如此重要,那么支持酵母生长和活动的养分就更加重要。所谓酵母养分,就是可供发酵的碳水化合物、氨基酸及矿物质等,即支持酵母的生长与活动的全部物质。

α-淀粉酶可以在某些结构点上把淀粉切割成较短的分子——糊精,糊精再分解成麦芽糖,才可以为酵母菌在发酵时所利用。因而小麦粉中 α-淀粉酶活性强,可增强面团的发酵能力,并且由于糖类的增加,面包皮在烘烤中容易着色,还能改善面包的风味,使体积增大,内部组织更细腻,易于消化;在它缺乏时,面包形态不正,扁平如饼,裂纹,皮层起泡。

但是,α-淀粉酶必须在小麦发芽时才能大量产生,可是在近代农业和仓库中,小麦的发芽机会很少,也就是说,在正常情况下,小麦(小麦粉)中都缺少 α-淀粉酶,为了弥补这一缺陷,需要向小麦粉中加进适当的 α-淀粉酶,加入量必须根据小麦粉中原来 α-淀粉酶活动强度加以调节。

1. 原理

小麦粉或其他谷物粉的悬浮液在沸水浴中能迅速糊化,并因其中 α-淀粉酶活性的不同而使糊化物中的淀粉不同程度地被液化,液化程度不同,搅拌器在糊化物中的下降速度也不同,因此,降落值的高低反映了相应的 α-淀粉酶活性的差异,降落值越高,表明 α-淀粉酶的活性越低;反之,表明 α-淀粉酶活性越高。

2. 试剂

蒸馏水;甘油或乙二醇(工业品);异丙醇(工业品)。

3. 仪器与设备

降落值测定仪主要由水浴装置、电加热装置、金属搅拌器、黏度管、搅拌器自动装置、计时器、橡皮塞、精密温度计等部件组成。

4. 操作方法

（1）试样制备

谷粒样品：取平均样品 200～300g 在粉碎机中磨碎，当留存在 710μm 筛的筛上物不超过 1% 时可弃去，充分混匀筛下物。

小麦粉试样：用 800μm 筛筛理，使成块小麦粉分散均匀。

（2）试样水分含量测定

试样水分测定按标准 105℃恒重法进行。

（3）称样

称样量必须按试样水分含量进行计算，使试样在加入 25mL 水后，其干物质与总水量（包括试样中的含水量）之比为一常数。

（4）测定

将称好的试样倒入黏度管内，并将黏度管及试样倾斜成 45°角，再用加液器或吸液管加入 25mL（20±5）℃的水，立刻盖紧橡皮塞，用力连续猛烈摇动 20 次，必要时可增加摇动次数，得到均匀无粉状物的悬浮液。取下橡皮塞，立即将搅拌器插入黏度管中，并将管壁上黏着的悬浮物推入悬浮液中。

迅速将黏度管和搅拌器套入胶木管架并穿过水浴盖孔放入沸水浴中，立刻开放自动计时器，仪器上的胶木压座自动伸出压紧搅拌器上的胶木塞，黏度管浸入水浴 5s 后，搅拌器开始以每秒上下来回 2 次的速度在特定的距离内进行搅拌（即每个来回搅拌器的下止动器和上止动器分别碰到搅拌器胶木塞的底部 A 和上部的凹面 B，见图 6-4）。

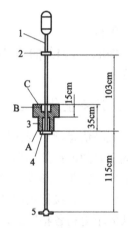

图 6-4　搅拌器示意图
1-杆；2-上止动器；
3-胶木塞；4-下止动器；5-轮

搅拌至 59s 后，搅拌器提到最高位置，60s 时松开搅拌器，搅拌器自由降落。

当搅拌器上端降落至软木塞上部 C 位置（图 6-4）时，记下自动计时器显示的全部时间（s）。

同一试样进行两次测定。

（5）测定结果分析

降落值：从黏度管放入水浴至搅拌器上止动器下降到达胶木塞上部为止所需的全部时间（s），即为"降落值"。

重复性：两次测定结果之差不得超过平均值的 10%。取其算术平均值为测定结果，否则需再进行两次测定。

降落值换算成液化值

液化值按公式（6-8）计算

$$液化值 = \frac{6000}{降落值 - 50} \tag{6-8}$$

式中：6000——常数；

50——淀粉充分糊化所需时间。

根据液化值可以进行小麦粉搭配。

例如，有降落值为300s的A小麦粉与降落值为80s的B小麦粉，要求配制降落值为150s的C小麦粉，可按下述方法进行计算。

① 计算A、B、C三种小麦粉的液化值。按照公式（6-9）计算出A、B、C三种小麦粉的液化值分别为24、200、60。

② 计算配比。设A小麦粉的比例为$x\%$，则B小麦粉的比例为（$1-x\%$）。

因此可按公式（6-9）计算出A、B小麦粉的比例

$$A粉液化值 \times x\% + B粉液化值 \times (1-x\%) = C粉液化值 \tag{6-9}$$

把数值代入公式（6-9）可得

$$24 \times x\% + 200(1-x\%) = 60$$

解得 $\qquad\qquad x = 79.54$

即取79.54%的A小麦粉与20.46%的B小麦粉混合后可以得到降落值为150s的小麦粉。

（二）沉降值的测定

沉降值是指小麦在规定的粉碎和筛分条件下制成十二烷基硫酸钠（SDS）悬浮液，经固定时间的振摇和静置后，悬浮液中的面粉面筋与表面活性剂SDS结合，在酸的作用下发生膨胀，形成絮状沉积物，然后测定沉积物的体积，即为沉降值。

粉质仪、拉伸仪和黏度计等测得小麦粉的粉质曲线、拉伸曲线和糊化特性曲线中所反映的小麦粉各特性值，是世界上公认的反映小麦粉食用品质的重要指标，这些指标从不同角度反映了面筋的筋力，为合理利用小麦及其一次加工产品小麦粉提供了科学依据。但是上述设备价格昂贵，实验费时，耗样品量大，在实际应用中受到限制。沉降试验是测定小麦粉强度的一种快速、简易的方法。该试验在30min内可以完成，能直接表明小麦粉中面筋蛋白质的质与量。

1. 原理

沉降试验是根据乳酸处理小麦粉面筋蛋白质的效应，即以一定浓度乳酸溶液处理小麦粉时，由于面筋蛋白质的水合能力，蛋白质颗粒会极度的膨胀而沉降到悬浮液的底部，沉淀的多少因小麦粉中面筋蛋白质的水合率和水合能力的大小而不同。强力粉比弱力粉具有较高的水合率与较大的水合能力，因而得到较大的沉降值。沉降试验就是利用小麦粉面筋蛋白质的水合率与水合能力不同而得到沉降值的。

2. 试剂

① 乳酸储备液：85%乳酸+水（1+8），充分振荡混合后待用。

② SDS（十二烷基硫酸钠，99%结晶分析纯）。

③ SDS-乳酸混合液：称取20g SDS，用水溶解，转入1000mL容量瓶中，加入20mL乳酸储备液，用水稀释至刻度，充分混合均匀，备用。

④ 溴酚蓝水溶液：10mg溴酚蓝溶于1000mL水中。

3. 仪器

① 粉碎机,使样品细度通过 CQ24 筛占 95％以上;

② 小型实验制粉机;

③ 量筒振摇器;

④ 具塞量筒,100mL;

⑤ 量筒,50mL;

⑥ 秒表;

⑦ 感量 0.01g 天平。

4. 操作方法

（1）试样制备

全麦粉样品制备:分取 200g 小麦净样,根据小麦样品的实际含水量加水或晾晒,估计小麦样品的水分至大约 14％。加水调节需密闭 2～3h,然后用粉碎机粉碎,混合均匀,置于密闭容器内备用。

小麦粉样品制备:分取 500g 小麦净样,按小麦制粉要求,软麦样品水分调节在 14％左右,硬麦样品水分调节在 15％～16％。用实验室小型实验制粉机制粉。

（2）测定水分

参见第二章第十六节"水分测定"。

（3）测定

① 称样。试样水分为 14％时,全麦粉称样量为 (6.00±0.01)g,小麦粉称样量为 (5.00±0.01)g,如果试样含水量高于或低于 14％时,则须根据试样含水量换算为相当于含水量为 14％时的试样质量,按公式（6-10）和公式（6-11）计算称样量

$$全麦粉称样量(g) = \frac{6.00 \times 0.86}{(100 - m)} \times 100 \tag{6-10}$$

$$小麦粉称样量(g) = \frac{5.00 \times 0.86}{(100 - m)} \times 100 \tag{6-11}$$

式中:m——100g 试样中含水分的质量,g。

② 将称取的试样置于 100mL 具塞量筒中。

③ 加入 50mL 溴酚蓝水溶液,塞好塞子,开始计时,立即快速振摇 15s,竖立静置,于 2min 时再快速上下振摇 15s,并静置,4min 时迅速加入 50mL SDS 乳酸混合液,并立即上下颠倒 4 次,静置,以后每隔 2min,即 6min、8min 和 10min 时,再分别上下颠倒 4 次并静置（如用量筒振摇器,则在加入溴酚蓝溶液后,塞好塞子置于振摇器上,按上述手工操作规定的程序自动进行振摇）。

④ 全麦粉样品在最后一次颠倒后静置 20min 读出量筒中沉积物的毫升数,小麦粉静置 40min 后读出量筒中沉积物毫升数。

5. 结果表示

表示方法:所读出沉积物的体积 (mL) 即为该样品的沉降值。

双试验测定结果之差不应超出 2mL,取两次测定结果的算术平均值作为测定结果。结果取小数点后一位数。

同一样品在两个不同实验室测得的结果允许差：

沉降值低于 20mL，其绝对差值不应超出 2mL；

沉降值大于 20mL，其相对差值不应超出 10%。

二、小麦粉的烘焙蒸煮品质测定

评价小麦及小麦粉的烘焙品质最准确的方法是直接进行面包烘烤试验或蒸制馒头。

（一）面包烘焙试验

实验室面包烘焙试验主要介绍以下两种方法：直接发酵法和中种发酵法。

1. 直接发酵法

（1）原理

将小麦粉和其他配料混合制成面团，经过 90min 发酵后成型，醒发 45min 后入炉烘烤。面包出炉后称量质量，测定体积，并对外部和内部特征指标进行感观评定，得到面包烘焙品质评分。

（2）材料

小麦粉、即发干酵母、盐、糖、脱脂奶粉、起酥油、水、麦芽粉（或 α-淀粉酶）、抗坏血酸。

（3）仪器与设备

① 搅拌机：针式搅拌机。

② 恒温恒湿醒发箱：能够使温度保持在（35.5±1）℃，相对湿度保持在 80%～90%。

③ 压片机：面辊间距可以调节。

④ 发酵钵：容量为 0.5～1L 的有盖容器（100g 小麦粉）或 1～2L 的有盖容器（200g 小麦粉）。

⑤ 成型机：三辊成型机，辊径 75mm，转速 70r/min。

⑥ 烤炉：电热式烤炉，要求在正常烘烤温度下（210～230℃）控温精度在±8℃范围内。

⑦ 面包听：马口铁或铝合金材料，内径尺寸大约为上口 13.0cm×7.3cm、底部 11.5cm×5.7cm，听深 5.8cm。

⑧ 面包体积测定仪：菜籽置换型，测量范围 400～1050mL，刻度单位为 5mL。

⑨ 天平：感量 0.1g 和 0.01g。

⑩ 其他：量筒，烧杯，移液管，刮板等。

（4）操作步骤

1）溶液配制

①盐-糖溶液配制。分别称取 1090.0g 糖和 272.7g 盐，放在 2L 的烧杯中加蒸馏水并不断搅拌使糖、盐完全溶解，定容至 2L。100g 小麦粉中加入 11.0mL 此溶液，相当于加入 1.5g 盐、6.0g 糖和 6.7mL 水。此溶液在室温下可保存数周，只要无混浊沉淀

出现仍可使用。

② 抗坏血酸溶液配制。称取 0.4~0.5g 抗坏血酸用蒸馏水定容至 100mL。此溶液需当天配制。

2）配方

实验面团配方见表 6-5。

表 6-5　实验面团配方表

项目	小麦粉(14%湿基)	即发干酵母	盐	糖	脱脂奶粉	起酥油	水[a]	麦芽粉[b]	抗坏血酸
小麦粉总量的百分基数/%	100	1.8	1.5	6.0	4.0	3.0	适量	0.2	0.004~0.005

a. 加水量可参照面团粉质吸水率，根据面团软硬进行调整，原则为面团尽可能柔软而不粘手影响操作。

b. 也可以用适量的商品化的 α-淀粉酶代替麦芽粉，添加量根据酶的活性而定，调整小麦粉的降落值为 225~300s。

3）称样

按照表 6-5 的配料比例，准确称取小麦粉、即发干酵母、麦芽粉、脱脂奶粉，放在发酵钵中拌匀，称取起酥油放在混匀的干物料的表面，将发酵钵盖好备用。

4）和面

量取盐-糖溶液和抗坏血酸溶液，放入和面缸中用量筒加入剩余部分水，再加入制备好的小麦粉及其他配料；启动搅拌机，使面团达到面筋充分扩展状态，此时的面团应表面光洁、无断裂痕迹，手感柔和，一般可拉成均匀的薄膜。和好的面团，温度应为（30±1）℃。面团温度主要通过调整和面的水温和室温来调整及控制。

5）发酵和揉压

将调制好的面团从和面缸中取出，若是 200g 小麦粉则分成两等份。用手捏圆面团使其光面向上放在稍涂有油的发酵钵中，置醒发箱中发酵 90min。发酵时间从开始和面时计起。醒发箱中温度为（30±1）℃，相对湿度为 85%。当面团发酵进行到 55min 和 80min 时，分别在压片机面辊间距 0.6cm 处滚压面团一次，以排除面团中的气泡。辊压后再将面片折成 3 层或对折两次折缝向下放入发酵钵，重新放回醒发箱。

6）成型

取出发酵好的面团，将面团轻轻揉光并适当拉长，用压片机将面团压两次，成长片，轧距分别为 0.7cm 和 0.5cm。使用三辊成型机或具有类似功能的手动成型模板进行成型，或直接用手将面片从小端开始卷起，卷起时应尽量压实以排出气体，然后将面团轻轻滚压数次，使其与面包听的大小相一致，将面团接缝向下，放在事先涂有油的面包听中。

7）醒发

面团成型装听后，送入醒发箱进行醒发，醒发箱中温度为（30±1）℃，相对湿度为 85%~90%。醒发时间为 45min。

8）烘烤

醒发结束后，立即入炉烘烤，温度一般为 215℃，烘烤时间一般约为 20min。面包入炉前，先在炉内喷蒸汽，或放一小盒清水，以调节炉内温度。

（5）结果与评价

1）面包质量、体积

面包出炉后 5min，称量其质量，用菜籽置换法测定体积，分别用 g 和 mL 表示。取双试验样品的算术平均值作为测定结果。

2）面包外部与内部特征评价

面包在室温下冷却后，放入塑料袋或以其他形式密封保存，或放在恒温恒湿的储存箱内。18h 后对面包外部和内部特征进行感官评定，主要包括以下内容：面包外观、面包芯色泽、面包芯质地和面包芯纹理结构等。评定时先对外观进行评分，切开面包，按面包芯质地、色泽和纹理结构的顺序进行评定。

3）面包烘焙品质评分

按照表 6-6 进行面包烘焙品质评分。

表 6-6　面包烘焙品质评分表

项 目	评分标准
面包体积（45 分）	面包体积小于 360mL，得 0 分
	大于 900mL，得满分 45 分
	体积为 360~900 mL，每增加 12mL，得分增加 1 分
面包外观（5 分）	面包表皮色泽正常，光洁平滑无斑点，冠大，颈极明显，得满分 5 分
	冠中等，颈短，得 4 分
	冠小，颈极短，得 3 分
	冠不显示，无颈，得 2 分
	无冠，无颈，塌陷，得最低分 1 分
	表皮色泽不正常，或不光洁，不平滑，或有斑点，均扣 0.5 分
面包芯色泽（5 分）	洁白、乳白并有丝样光泽，得最高分 5 分
	洁白、乳白但无丝样光泽，得 4.5 分
	色泽由白-黄-灰-黑，分数依次降低
	黑、暗灰，得最低分 1 分
面包芯质地（10 分）	面包芯细腻平滑，柔软而富有弹性，得最高分 10 分
	面包芯粗糙紧实，弹性差，按下不复原或难复原，得最低分 2 分
	介于两者之间，得 3~9 分
面包芯纹理结构（35 分）	面包芯气孔细密、均匀并呈长形，孔壁薄，呈海绵状，得最高分 35 分
	面包芯气孔大大小小，极不均匀，大空洞很多，坚实部分连成大片，得最低分 8 分
	介于两者之间的分为：优（30~35 分），良（24~29 分），中（17~23 分），差（8~16 分）4 个档次评分

（6）允许差

以面包体积值的平均偏差作为面包烘焙试验允许差的评价指标。对于含 100g 小麦粉的面包，双试验面包体积值的平均偏差（δ）应小于或等于 15mL，按公式（6-12）

计算

$$\delta = \frac{1}{n} \sum_{i=1}^{n} |V_i - \overline{V}| \qquad (6\text{-}12)$$

式中：δ——面包体积值的平均偏差，mL；

　　　n——双试验面包样品数；

　　　V_i——面包体积测定值，mL；

　　　$\overline{V}$——双试验面包体积平均值，mL。

2. 中种发酵法

（1）原理

该法以 100g 或 200g 面粉为基础，可供制作 1 个或 2 个含 100g 面粉的面包。

先将部分实验小麦粉和水及全部酵母揉混调制成中种面团，经过较长时间发酵，然后再与剩余的小麦粉、水及其他配料揉混调制成主面团，经过短时间延续发酵，进行分割揉圆、中间醒发和成型，再经过最后醒发，人工烘烤。面包出炉后，称量质量，测定体积，对面包外部与内部特征进行感观评定，作出面包烘焙品质评分。

（2）材料

小麦粉、即发干酵母、盐、糖、起酥油、水。

（3）仪器与设备

① 搅拌机：立式针型搅拌机，额定单次搅拌量为 100g 或 200g 面粉。

② 发酵钵：容量为 750～800mL（100g 面粉的面团）或 1500～1600mL（200g 面粉的面团）的不锈钢或塑料碗盆。

③ 发酵箱：能够使温度保持在（30±1）℃，相对湿度保持在 85%±2%。

④ 醒发箱：能够使温度保持在（35.5±1.0）℃，相对湿度保持在 92%±2%。

⑤ 压片机：辊压型，辊径 95mm，辊长 150mm，转速 70r/min，辊间距可调。

⑥ 成型机：三辊成型机，辊径 70mm，转速 70～80r/min。

⑦ 烤炉：转动式电动烤炉，或温度分布比较均匀的其他类型烤炉。烘烤温度达到 180～230°，控温精度在±5℃范围内。

⑧ 面包听：马口铁或铝合金材料，内径尺寸大约为上口 13.0cm×7.3cm、底部 11.5cm×5.7cm，听深 5.8cm。

⑨ 面包体积测定仪：菜籽置换型，测量范围 400～1050mL，刻度单位为 5mL。

⑩ 天平：分度值 0.1g 和 0.01g。

⑪ 其他：量筒、烧杯、移液管、刮板、秒表、温度计、湿度计等。

（4）配方和操作步骤

1）配方

中种面团配方见表 6-7，主面团配方见表 6-8。

注：中种面团和主面团的加水量可根据实验面团的软硬和黏柔程度进行调整，建议参照粉质仪吸水率进行适当增减，使面团达到尽可能柔软而不粘手影响操作的最佳状态。

表 6-7　中种面团配方

项目	小麦粉总量基数/%
小麦粉（14％湿基）	60.0
即发干酵母	1.0
水（适量变化）	36.0

表 6-8　主面团配方

项目	小麦粉总量基数/%
小麦粉（14％湿基）	40.0
水（适量变化）	24.0
盐	2.0
糖	5.0
起酥油	3.0

2）称样

按照表 6-7 和表 6-8 的配料比例，分别称取中种面团和主面团的配料。

3）中种面团调制

将小麦粉和酵母拌合均匀倒入和面钵中，用量筒加入其余水分。启动搅拌机，使面团揉混达到光洁柔和状态。揉混好的中种面团应为（26±1）℃，面团温度可以通过改变水温和室温来调整控制。

4）中种面团发酵

将揉混好的中种面团从和面钵中取出，用手捏圆光整，使其光面向上放在稍涂有油的发酵钵中送入发酵箱发酵 4h，发酵箱内温度为（30±1）℃，相对湿度 85％。

5）主面团调制

将盐、糖倒入和面钵，加入剩余的水，搅拌使盐糖溶化。加入主面团部分的小麦粉和起酥油，启动搅拌机揉混 15s 后将中种面团分成约两等份在 10s 内分两次放入和面钵内，继续揉混使面团面筋充分扩展，揉混好的面团表面光洁柔和，应能用手拉成均匀的薄膜。美国 National 揉混仪揉混峰值时间缩短 1min 可做为主面团最佳揉混时间的估测，实际再做增减。揉混好的主面团温度应为（27±1）℃，主面团温度可以通过改变水温和室温来调整及控制。

6）主面团延续发酵

将揉混好的主面团从和面钵中取出，用手捏圆光整，光面向上放在稍涂有油的发酵钵内，送入发酵箱延续发酵 30min，发酵箱温度为（30±1）℃，相对湿度 85％。

7）分割与揉圆

主面团延续发酵完成后，从发酵钵中取出，然后用手轻柔成圆形（对于 200g 面粉的面团，揉圆之前需分割成两等份，用天平进行校正）。

8）中间醒发

面团揉圆后，光面向上放在稍涂有油的发酵钵内，送入发酵箱内或加盖放在室温下（20℃以上）醒发 12～15min，使面团松弛。

9）压片成型

经过中间醒发以后，将面团轻轻适当拉长，用压片机将面团辊压两次成长片，第一次辊间距为 0.7～0.8cm，第二次为 0.5cm。使用三辊成型机或具有类似功能的手动成型模板进行成型，或者用手将面片从一端开始卷起，卷片时应尽量压实以排出气体，轻轻辊压并封口两端和接缝，使其大小与面包听相一致，将接缝朝下放进事先稍涂有油的面包听中。

10）最后醒发

面团成型装听后，送入醒发箱进行最后醒发。醒发箱中温度为 (35.5±1.0)℃，相对湿度为 92%，醒发时间为 65min，或保证面团醒发至高出面包听上边缘 2cm。

11）烘烤

最后醒发结束，立即入烘炉烤，烘烤温度为 215℃，烘烤时间为 18～22min。面包入炉前，在炉内旋转烤盘上应事先放有一小盆清水，并保持在整个烘烤实验过程中有水存在，以调节炉内湿度。

（5）测量与评价

1）面包质量与体积

面包出炉后，在 5min 内称量质量，用菜籽置换法测定体积，分别用 g 和 mL 表示。

2）面包外部与内部特征评价

面包在室温下冷却 1h 后，对面包外部与内部特征进行感官评定，或装入不透气的塑料袋并把口扎进，在第二天对面包外部与内部特征进行感官评定。感官评定主要包括面包外观、面包芯色泽、面包芯质地和面包芯纹理结构等。

3）面包烘焙品质评分

按照表 6-6 进行面包烘焙品质评分。

（二）馒头蒸制试验

1. 原理

小麦按照规定条件，经过润麦、制粉，直接评定其色泽、气味；再分取一定量的小麦粉，在一定条件下制成馒头，经品评人员感官评定馒头的气味、色泽、食味、弹性、韧性、黏性，综合馒头比容得分，结果以蒸煮品尝评分值表示。

2. 原料与设备

① 低糖型高活性干酵母：活力为 900～1000mL。

② 蒸馏水。

③ 实验磨粉机：有皮磨、心磨系统的实验磨粉机。

④ 和面机：每次和面量为 200～300g 面粉的针式和面机或其他类型的和面机。

⑤ 恒温恒湿醒发箱：能够使温度保持在 (30±1)℃，相对湿度保持在 80%～90%。

⑥ 压片机：面辊间距可以调节的类型。

⑦ 发酵盆：直径为 12～14cm 的无盖瓷盆或不锈钢盆。

⑧ 蒸锅：直径 26～28cm，单层。

⑨ 电炉：1kW，或相应功率的电磁炉。

⑩ 天平：感量 0.01g，称量范围不小于 100g。

⑪ 面包、馒头体积测量仪：测量范围为 100~500mL，刻度单位为 5mL。

3. 小麦制粉

（1）润麦总则

取 1000g 小麦，将其中的杂质挑出，用湿布擦去麦粒表面的灰尘，晾干；测定小麦的角质率和水分，加入适量的水，使硬麦的入磨水分达到 16%，软麦达到 14%，中间类型的小麦达到 15%。充分搅拌 10~15min 直至水分完全渗入麦粒；放入密闭容器中润麦 18~36h，具体润麦时间根据小麦类型的不同而定，其中，硬麦 36h，软麦 18h，中间类型 24h。

（2）润麦加水

润麦加水量（V）按照公式（6-13）计算，单位为 mL

$$V = \frac{W \times (M_2 - M_1)}{100 - M_2} \tag{6-13}$$

式中：W——样品质量，kg；

M_1——样品原始水分，%；

M_2——样品欲达到的入磨水分，%。

（3）制粉

将完成润麦的小麦倒入磨粉机中制粉，所得小麦粉的出粉率控制在 65%~75%，粗细度全部通过 CB30 号筛，留存在 CB36 号筛的不超过 10.0%。制粉实验室中不应有任何散发异味的物品。

4. 色泽、气味评定

取制备好的小麦粉样品，在符合品评试验条件的实验室内，对其整体色泽和气味进行感官检验。样品整体色泽明显发暗，并有显著异味的，判定为重度不宜存小麦。

5. 样品编号

为了客观反映样品蒸煮品质，减小感官品评误差，试样应随机编号，避免规律性编号。

6. 馒头的制备

（1）称样

新磨制的小麦粉放置一周后进行馒头制备。称取 200g 小麦粉倒入和面机的和面钵中，将 1.6g 酵母溶于 40mL 38℃的蒸馏水中，加入和面钵，再加入适量的蒸馏水（一般加水量为 45~55mL，根据面团的吸水状况进行调整）。

（2）和面

启动和面机开始搅拌，至面筋初步形成取出，记录和面时间。和好的面团温度应为（30±1）℃。面团温度主要通过调整和面的水温和室内温度来调整及控制。

（3）发酵

将面团稍作整理，使之形成一个光滑的表面，放入醒发箱，温度为（30±1）℃，湿度为 80%~90%，发酵时间为 45min。

（4）压片与成型

取出面团，在压片机上依次在面辊间距为 0.8cm、0.5cm、0.4cm 处分别压 4 次、3 次、3 次，然后平均分割成两块，手揉 15～20 次成型，成型高度为 6cm。

（5）醒发

将已成型的馒头胚放入温度为（30±1）℃、湿度为 80％～90％的醒发箱内醒发 15min。

（6）蒸煮

向蒸锅内加入 1L 自来水，用电炉（或电磁炉）加热至沸腾。将醒好的馒头胚放在锅屉上汽蒸 20min。取出馒头，盖上纱布冷却 60min 后测量。

（7）测量

用天平称量馒头质量，用体积仪测量馒头体积，按公式（6-14）计算比容 λ，单位为 mL/g

$$\lambda = \frac{V}{m} \tag{6-14}$$

式中：V——馒头体积，mL；

m——馒头质量，g。

（8）品评

将蒸好的一组馒头样品放入电炉（或电磁炉）中复热 15min，取出，每个馒头按照品评人数平均分成小块，每人一份，放在搪瓷盘内，趁热品尝。

7. 品评的基本要求

参见第一节"八、大米食用品质感官评价"的相关内容。

8. 样品品评

（1）品评内容

按表 6-9 对馒头进行品评并做记录。

（2）品评顺序

对馒头样品，应先观察其表面色泽；然后切开馒头，评定其弹性；再用手掰开，闻其气味，放入嘴里咀嚼，评定其食味、韧性和黏性。

（3）评分

根据馒头的气味、色泽、食味和弹性、韧性和黏性，对照参考样品进行评分，并与比容得分值相加，作为样品的品尝评分值。

（4）结果计算

根据每个品评人员的品尝评分结果计算平均值，个别品评误差超过平均值 10 分以上的数据应舍弃，舍弃后重新计算平均值。最后以品尝评分的平均值作为小麦蒸煮品尝评分值，计算结果取整数。

（5）参考样品

① 样品选择。以标定品尝评分值的小麦粉为参考样品。

② 样品保存。参考样品应密封保存在 4℃左右的冰箱中，保证其品质不发生变化。

表 6-9 馒头评分标准及评分记录表

年　　月　　日　　　　　　　　　　　品评员：

项目	评分标准	样 号							
		1	2	3	4	5	6	7	8
比容/(mL/g)（15分）	比容大于或等于 2.3 得满分 15 分								
	比容每下降 0.1 扣 1.0 分								
表面色泽（15分）	正常：12～15 分								
	稍暗：6～11 分								
	灰暗 0～5 分								
弹性（10分）	手指按压回弹性好 8～10 分								
	手指按压回弹弱：5～7 分								
	手指按压不回弹或按压困难：0～4 分								
气味（20分）	正常发酵麦香味：16～20 分								
	气味平淡，无香味，13～15 分								
	有轻微异味：10～12 分								
	有明显异味：1～9 分								
	有严重异味：0 分								
食味（20分）	正常小麦固有的香味：16～20 分								
	滋味平淡，13～15 分								
	有轻微异味：10～12 分								
	明显异味：1～9 分								
	有严重异味：0 分								
韧性（10分）	咬劲强：8～10 分								
	咬劲一般：5～7 分								
	咬劲差，切时掉渣或咀嚼干硬：0～4 分								
黏性（10分）	爽口不粘牙 8～10 分								
	稍黏：5～7 分								
	咀嚼不爽口，很黏：0～4 分								
	品尝评分值								

（三）饺子加工品质实验

1. 原理

小麦粉加食盐和成的面团在一定温度下醒发一定时间后轧制切割成一定大小的饺子皮并制成水饺，煮熟后由专门人员对饺子汤进行混浊程度和沉淀物的目测，并根据水饺的质量评分标准分别给各种水饺打分。

2. 仪器与设备

① 和面机（PHMG5 多功能混合机）或搅拌机。

② 恒温箱或发酵箱。

③ 切面机（6Q-20F）。

④ 圆筒（镀锌薄钢板制）。

⑤ 铝锅：直径 22cm。

3. 原料

面粉，食盐：氯化钠。

4. 操作步骤

（1）和面

称取 300g 小麦粉（校正到 14％湿基），加 1％食盐和一定量水（水温 30℃），在混合机内慢速挡和面 10min。

（2）醒发

和好的面放在发酵箱醒发 15min（30℃、85％相对湿度）。

（3）轧面

调整切面机的轧距为 3.0mm、2.0mm 和 1.5mm，分别轧面 4、2、2 道。

（4）切割

用直径为 80mm 的圆筒切割成若干张饺子皮，皮厚 1.5mm，直径 80mm，供包饺子用。

（5）煮熟饺子

每次试验用水饺 25 只，放入盛有一半量沸水的铝锅中（水沸腾时下锅，第一次沸腾后加冷水一次，第二次沸腾后 3min 左右捞出）。

5. 结果分析

① 由 5 位有经验的或经过训练的人员组成评议小组。

② 对水饺进行外观鉴定和品尝评比，对饺子汤进行混浊程度和沉淀物目测，并根据水饺的质量评分标准（表 6-10）分别给各种水饺打分。评比采用百分制，取整数。评分结果取各个评议小组人员评分的算术平均数，平均数中若出现小数，则采用四舍六入五留双的方法舍弃。

表 6-10　水饺的评分标准

项　目		满分	评分标准
外观（30分）	颜色	10	白色、奶白色、奶黄色（6～10分）
			黄色、灰色或其他不正常色（0～5分）
	光泽	10	光亮（7～10分）
			一般（4～6分）
			暗淡（0～3分）
	透明度	10	透明（7～10分）
			半透明（4～6分）
			不透明（0～5分）
口感（40分）	黏性	15	爽口、不粘牙（11～15分）
			稍粘牙（6～10分）
			粘牙（0～5分）
	韧性	15	柔软、有咬劲（11～15分）
			一般（6～10分）；
			较烂（0～5分）

项 目		满分	评分标准
口感（40分）	细腻	10	细腻（7~10分）
			较细腻（4~6分）
			粗糙（0~3分）
耐煮性（15分）		15	饺子表皮完好，饺子肚无损（11~15分）
			饺子皮有损伤（6~10分）
			破肚（0~3分）
饺子汤特性（15分）		15	清晰，无沉淀物（11~15分）
			较清晰，沉淀物不明显（6~10分）
			混浊，沉淀物明显（0~5分）

三、面包坚实度的测定（质构仪法）

1. 原理

将待测样品置于质构仪测定平台上，用末端平滑的圆柱形探头以恒定的速度和压力对样品进行压迫，下压至样品高度的 40% 后探头自动返回，与其相连的控制器内特定的内置测定程序，将传感器感应的探头压迫样品整个过程中压力的变化传输至计算机，作出 Force-Time 曲线，从曲线上可直接读取面包坚实度等参数。

2. 仪器与设备

① TA. XT. plus 型质构仪。

② 承重平台 HDP/90。

③ P/36R 探头：直径为 36mm 的末端平滑的柱形探头。

3. 操作步骤

（1）附件安装

将承重平台固定在测试仪底座上，再将探头安装在测量臂上的力量感应元件上。

（2）样品制备

将烘烤出的面包在室温下放置 2h 以上，在距面包一侧 1/3 处垂直切下 12.5mm 的两片叠放在一起；或切成 25mm 的一片水平放在承重平台上。

（3）高度校正

按住测试仪底座上的探头移动键（箭头）降低探头，使之靠近承重平台表面，点击主窗口菜单中的 T. A.，选择 Calibrate Probe，设置压迫样品后探头返回的高度，一般设为 30mm。

（4）测试

① 双击桌面 TA·XT. plus 图标，运行质构仪程序，出现应用程序界面，点击界面右侧一列工具栏中的 Sample Projects，出现所有的应用程序列表。这些程序根据样品特性分为几大类，如 Bakery、Cereal、Dairy、Pasta、Noodle&Rice 等，选择 Bakery，再选择 AACC Bread firmness-BRD2 _ P36R. PRJ，双击选中的程序，测试窗口弹出。点

击右侧工具栏中的 Project 菜单，点击上部工具栏 Process Data 菜单，选择 Macro，再选择 Manage，从所有分析程序列表 Sample Lists 中选择 Bakery，再选择方法 AACC Bread-BRD2_P36R，点击 Add 加载方法。如果菜单中还有其他分析方法，须先点击 Remove 移除后再加载所需要的分析方法。

　　② 在测试页面中的工具栏中点击 T. A.，选择 Run a Test，在弹出的窗口中输入所测试样品的文件和保存路径，然后点击 OK，测试开始。探头不断下降，在接触样品并达到所设定的力量感应元感应的最小感应值（g）后传感器开始记录数据，探头继续挤压样品，当下压距离达到样品厚度的 40% 后，探头自动返回至起始位置。

4. 面包坚实度曲线分析

　　图 6-5 中，横坐标为探头下压样品所经历的时间，纵坐标为探头在下压样品过程中的压力，曲线包围的面积为探头压迫样品过程中做的功，曲线峰值为探头下压样品 40% 时的力。点击工具栏中的 Process Data，选择 Macro，再选择 Run，应用 Macro 自动分析系统对结果进行分析，分析结果中的面包坚实度为下压样品 25% 点处的力，即向下挤压样品 6.25mm 时所受到的阻力。

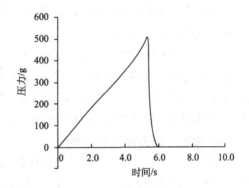

图 6-5　P/36R 附件测定坚实度曲线

5. 注意事项

　　①此方法不仅可用于进行面包坚实度的评价，也可进行其他食品（如馒头、蛋糕等）的质构评价分析。

　　②为保证实验结果的准确性和可比性，样品的制备和测试前样品的储存、包装及处理应严格一致。

四、面包、馒头韧性的测定（质构仪法）

1. 原理

　　将样品切成一定厚度的薄片，夹在有一定倾角的两块金属板之间，用带有一根金属丝的切割框垂直向下切割样品，力量感应元感受到力后，传感器开始记录数据并传至计算机，根据金属丝所受到的阻力的大小对时间作图，可判断样品韧性。

2. 仪器与设备

　　① TA. XT. plus 型质构仪。

　　② 承重平台 HDP/90。

　　③ A/MHTR，有两个具有一定倾斜角的金属平板底座和带有金属丝的切割框架。

3. 操作步骤

（1）附件安装

　　用螺丝将两块呈一定角度的金属平板底座平行固定在质构仪的测试平台上，根据样品的厚度调整两块金属板的间距大小，然后把带有金属丝的切割框架垂直于金属平板固定在测试臂的力量感应元上，并使金属丝在下降过程中正好能通过两块金属板中间的缝隙。

（2）样品制备

将面包或馒头切成一定厚度的薄片，夹在两块倾斜的金属平板之间。

（3）测试

①双击桌面 TA. XT. plus 图标，运行质构仪程序，点击界面右侧一列工具栏中的 Sample Projects，出现所有的应用程序列表。这些程序根据样品特性分为几大类，如 Bakery、Cereal、Dairy、Pasta、Noodle&Rice 等，选择 Bakery，双击选中分析程序，测试窗口弹出。点击右侧工具栏中的 Project 菜单，点击上部工具栏 Process Data 菜单，选择 Macro，再选择 Manage，从所有分析程序列表中选择与所分析样品参数对应的分析方法，点击 Add 加载方法。如果菜单中还有其他分析方法，须先点击 Remove 移除后再加载所需要的分析方法。

②在测试页面中的工具栏中点击 T. A.，选择 Run a Test，在弹出的窗口中输入所测试样品的文件名和保存路径，然后点击 OK，测试开始。切割框架不断向下移动，接触样品并达到所设置的力量感应元的最小感应力后，开始记录数据，金属丝继续切割样品，直到到达一定距离后自动返回到起始位置。

4. 面包、馒头韧性曲线分析

曲线的峰值为金属丝切割样品时的最大剪切力。点击工具栏中的 Process Data，选择 Macro，再选择 Run，运行 Macro 自动分析系统，给出测试结果数值，并可对结果进行统计分析。

5. 注意事项

两块金属板之间的距离应当适中，使得样品能被固定住，避免在切割的过程中发生位移，但不能使样品发生较大形变，以免影响测定结果。

第三节　面条类蒸煮品质测定

一、挂面

1. 规格检验

（1）规格指标

长度：1800mm、2000mm、2200mm、240mm（±8mm）；

厚度：0.6～1.4mm；

宽度：0.8～10.0mm。

各地可按照当地食用习惯，在上述系列内选用某一数值，另订企业标准。

（2）检验方法

从样品中任取 10 根挂面，长度用直尺（1mm）检验，宽度及厚度用测厚规（0.01mm）检验，分别取其平均值。

2. 不整齐度与自然断条率测定

不整齐度与自然断条率是挂面的质量指标之一，它既反映了挂面的外观品质，也体现了挂面的内在品质（反映生产工艺是否正常及原料的品质），可起到工艺监督作用。

（1）挂面不整齐度技术要求

一级品≤8.0%　　（其中自然断条率≤3.0%）

二级品≤15.0%　　（其中自然断条率≤8.0%）

（2）不整齐度测定

从样品中任意取两卷分别打开，将有毛刺、疙瘩、弯曲、并条及长度不足规定长度2/3的挂面，一并拣出称重，取两卷平均数。按公式（6-15）计算

$$不整齐度(\%) = \frac{不整齐面条质量}{样品质量} \times 100 \qquad (6-15)$$

测定结果计算到小数点后一位。

（3）自然断条率测定

将上述不整齐度中的长度不足规定长度2/3的挂面拣出称重，取两卷平均数。按公式（6-16）计算

$$自然断条率(\%) = \frac{断条质量}{样品质量} \times 100 \qquad (6-16)$$

测定结果计算到小数点后一位。

3. 弯曲折断率测定

将挂面人为地弯曲到一定程度，在这一程度内被折断的挂面称为断条，断条挂面根数占被检挂面总根数的百分率即为挂面弯曲折断率。

弯曲折断率小的挂面，韧性较好，自然断条率低，商品外观品质较好；反之，面条稍折即断，说明其韧性不佳，品质差，是由于原料不好或加工工艺不当等原因造成的。

挂面弯曲折断率技术要求：一级品≤5.0%，二级品≤15.0%。

测定方法：从样品中随机抽取面条20根，截成180mm长，依次放在标有厘米刻度和角度的导板上，用左手固定零位端，右手缓缓沿水平方向向左方移动，使面条缓缓弯曲成弧形，未到规定的弯曲角度断条的，即为弯曲断条。

挂面厚度/mm	弯曲角度
＞0.9	≥25°
≤0.9	≥30°

弯曲折断率按公式（6-17）计算

$$弯曲折断率(\%) = \frac{弯曲断条根数}{20} \times 100 \qquad (6-17)$$

4. 熟断条率及烹调损失

（1）挂面熟断条率及烹调损失技术要求

熟断条率：一级品为0，二级品≤5.0%；

烹调损失：一级品≤10.0％，二级品≤15.0％。

（2）测定方法

1）仪器

烘箱；1000W 可调式电炉；秒表；感量 0.1g 天平；烧杯 1000mL 2 个，250mL 2 个；500mL 容量瓶；50mL 移液管；玻璃片 2 块（100mm×500mm）。

2）烹调时间测定

抽取挂面 40 根，放入盛有样品质量 50 倍沸水的 1000mL 烧杯（或铝锅）中，用可调式电炉加热，保持水的微沸状态，从 2min 开始取样，然后每隔 0.5min 取样一次，每次一根，用两块玻璃片压扁，观察挂面内部白硬心线，白硬心线消失时所记录的时间即为烹调时间。

3）熟断条率测定

抽取挂面 40 根，放入盛有样品质量 50 倍沸水的 1000mL 烧杯（或铝锅）中，用可调式电炉加热，保持水的微沸状态，达到以上 2）所测烹调时间后，用竹筷将面条轻轻挑出，计算数取断条根数并检验烹调性（挂面煮熟后应不糊、不浑汤、不牙碜，柔软爽口）。熟断条率按公式（6-18）计算

$$熟断条率（\%） = \frac{断条根数}{30} \times 100 \qquad (6\text{-}18)$$

4）烹调损失测定

称取约 10g 样品，精确至 0.1g，放入盛有 500mL 沸水（蒸馏水）的烧杯中，用电炉加热，保持水的微沸状态，按以上方法 2）测定的烹调时间煮熟后，用筷子挑出挂面，面汤放至常温后转入 500mL 容量瓶中定容混匀，吸 50mL 面汤倒入恒重的 250mL 烧杯中，放在可调式电炉上蒸发掉大部分水分后，再吸入面汤 50mL，继续蒸发至近干，放入 105 ℃烘箱中烘至恒重，按公式（6-19）计算烹调损失

$$烹调损失率（\%） = \frac{5m_1}{m \times (1-M)} \times 100 \qquad (6\text{-}19)$$

式中：m_1——100mL 面汤中干物质质量，g；

　　　M—— 挂面水分含量，％；

　　　m—— 样品质量，g。

二、花色挂面

1. 规格及物理指标

① 规格。

长度：1800mm、2000mm、2200mm、240mm；

厚度：0.6～1.4mm；

宽度：0.8～1.0mm。

② 不整齐度≤15.0％（其中自然断条率≤8.0％）。

③ 弯曲折断率≤15.0％。

④ 熟断条率≤5.0%。

⑤ 烹调损失≤15.0%。

2. 测定方法

规格及物理指标按 SB/T 10068 挂面中规定的方法检验。

三、手工面

1. 规格及物理指标

规格及物理指标见表 6-11。

表 6-11　手工面规格及物理指标

项目 \ 等级		一级品	二级品	三级品
规格	直径/mm	≤0.9	≤1.20	>1.20
	长度/mm		160~240	
烹调损失/%		≤10.0	≤12.0	≤15.0
自然断条率/%		≤2.0	≤5.0	≤10.0

2. 测定方法

（1）规格

从样品中任意抽取干面条 10 根，用直尺（1mm）、测厚规（0.01mm）分别测量其长度和直径，计算其平均数。

（2）自然断条率

① 仪器：感量 0.1g 天平。

② 步骤：抽取样品 1.0kg，将长度不足规定长度 2/3 的干面条拣出称重，按公式（6-20）计算自然断条率

$$自然断条率（\%）= \frac{断条质量}{样品质量} \times 100 \tag{6-20}$$

③ 烹调损失：烹调损失按 SB/T 10068 挂面中规定的方法检验。

四、面条品质测定（质构仪法）

（一）面条坚实度的测定

1. 原理

将样品置于质构仪测定平台上，切刀以恒定的速度和压力向下穿刺样品，当达到距离测定平台 0.5mm 时，探头自动返回至起始位置，测试臂的力量感应元感受到所受到的力后自动记录数据并传输至计算机，作出 Force-Time 曲线，在曲线上可获取面条坚实度的有关信息。

2. 仪器与设备

① TA. XT. plus 型质构仪。

② 承重平台 HDP/90。

③ A/LKB-F 附件（包括切刀）。

3. 操作步骤

(1) 样品制备

按标准方法制作面条，在干面条量、加水量等严格一致的条件下，将面条放在沸水中煮，并不断搅动，每隔30s捞出，用塑料片切开，观察面条的横断面，至白芯刚刚消失时，捞出面条，用蒸馏水冲洗30s，用滤纸吸干表面的水分，在5min内进行质构测定。

(2) 高度校正

按质构仪底座上带有向下箭头的操作按钮（其中，单箭头表示慢速向下移动，双箭头表示快速向下移动）降低探头，使之靠近平台表面，点击窗口主菜单中的 T. A.，然后选择 Calibrate Probe 选项，并设置探针返回的高度，一般建议为5mm。

(3) 测试

①双击桌面的 TA. XT. plus 图标，运行质构仪程序，出现应用程序的界面，点击界面右侧一列工具栏中的 Sample Projects，出现所有的应用程序列表。这些程序根据样品特性分为几大类，如 Bakery、Cereal、Dairy、Pasta、Noodle&Rice 等，选择 Pasta、Noodle&Rice，再选择 AACC spaghetti firmness-PTA3＿LKB. PRJ，双击选中分析程序，测试窗口弹出。点击右侧工具栏中的 Project 菜单，点击上部工具栏 Process Data 菜单，选择 Macro，再选择 Manage，从所有分析程序列表 Sample Lists 中选择 Pasta、Noodle&Rice，再选择 AACC spaghetti-PTA3＿LKB，点击 Add 加载方法。如果菜单中还有其他分析方法，须先点击 Remove 移除后再加载所需要的分析方法。

②将5根煮过的面条相邻地并排放在切刀的正下方，使面条放置方向与切刀正好呈直角，在测试页面中的工具栏中点击 T. A.，选择 Run a Test，在弹出的窗口中输入所测试样品的文件名和保存路径，然后点击 OK 开始测试。切刀向下移动，达到设定的力量感应元所感应的力后（5g）开始记录数据，切刀继续向下移动穿冲样品，直到距承重平台0.5mm时返回，用新鲜样品重复操作几次。

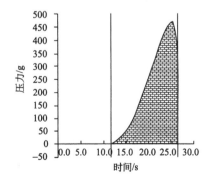

图6-6 A/LKB-F探头测定坚实度曲线

4. 面条坚实度曲线分析

图6-6中横坐标为切刀的剪切面条经历的时间，纵坐标为面条所受到的剪切力，曲线峰值为最大剪切力，代表了面条的坚实度；图6-6中两直线之间的曲线包围的面积为探头在穿刺面条过程中所做的功，其值越大，表面坚实度越大。

点击工具栏中的 Process Data，选择 Macro，再选择 Run，运行 Macro 自动分析系统，给出测试结果数值，并可对结果进行统计分析。

5. 注意事项

① 此方法适用于意大利细心面条、面条和其他具有一致性、实心的面团制品（AACC，1983）。

② 对于短小的食品，只用一个刀切割可能效果不太好，因此可采用多个切刀同时进行切割。

③ 如果面条表面水分较多时，在剪切过程中容易产生平滑移动，从而影响测定结果，因此测定前应吸干面条表面的水分。

（二）干面条断裂强度的测定

1. 原理

将干面条放置在探头的上、下两个支撑槽之间，上面的槽以恒定的速度向下移动挤压面条，面条受力后逐渐弯曲直至断裂，测试臂的力量感应元感应到力后自动记录数据，数据传输至计算机作出 Force-Time 曲线，在曲线上可读出面条的最大断裂力。

2. 仪器与设备

① TA. XT. plus 型质构仪。

② 承重平台 HDP/90。

③ A/SFR. 附件：包括上、下两个支撑槽。

3. 操作步骤

（1）样品制备

干面条测定前应密封包装以防止水分散失，取出后将其切成统一的长度（一般为 10cm）。

（2）附件安装

将上、下两个支撑槽分别固定在力量感应元上靠近前端靠里面的螺旋孔中和质构仪的底座上，并使上、下两槽正好相对，使测试样品能够与水平面垂直，调整两个样品槽之间的距离使之恰好与面条长度相同。

（3）测试

①双击桌面 TA. XT. plus 图标，运行质构仪程序，出现应用程序的界面。点击界面右侧一列工具栏中的 Sample Projects，出现所有的应用程序列表。这些程序根据样品特性分为几大类，如 Bakery、Cereal、Dairy、Pasta、Noodle&Rice 等，选择 Pasta、Noodle&Rice，再选择 Dry spaghetti flexure-PTA2 _ SFR. PRJ，双击选中分析程序，测试窗口弹出。点击右侧工具栏中的 Project 菜单、点击上部工具栏 Process Data 菜单，选择 Macro，再选择 Manage，从所有分析程序列表 Sample Lists 中选择 Pasta、Noodle&Rice，再选择 Dry spaghetti-PTA2 _ SFR，点击 Add 加载方法。如果菜单中还有其他分析方法，需先点击 Remove 移除后再加载所需要的分析方法。

②在两槽之间放入一根面条，在测试页面中的工具栏中点击 T. A.，选择 Run a Test，在弹出的窗口中输入所测试样品的文件名和保存路径，然后点击 OK 开始测试。上面的支撑槽以 0.5mm/s 的速度缓慢向下移动挤压样品，当达到力量感应元所应受到的最小的力（15g）后，开始记录数据；支撑槽以 2.5mm/s 的速度继续下移，面条逐渐

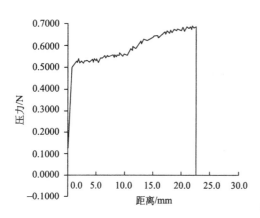

图 6-7　A/SFR 探头测定断裂强度度曲线

被压至弯曲直至断裂。面条断裂后，探头以 10.0mm/s 的速度返回起始位置。

4. 面条断裂强度曲线分析

图 6-7 中横坐标为探头在下压干面条过程中移动的距离，纵坐标为干面条在被挤压过程中受到的压力。曲线的峰值对应的最大压力为面条受挤压折断的瞬间所受到的压力，代表面条的断裂强度。面条断裂时探头移动的距离表明面条弹性的大小，其延伸距离越大，面条的弹性（延伸性）越好。应用 Macro 自动分析系统进行分析，得到面条的断裂强度及柔韧性值。

点击工具栏中的 Process Data，选择 Macro，再选择 Run，运行 Macro 自动分析系统，给出测试结果数值，并可对结果进行统计分析。

5. 注意事项

① 样品表面不应有裂痕或厚薄不匀的部分，否则所测最大拉伸力和拉伸距离都会变小。

② 在样品结果分析时，往往会发现同一样品平行测定时拉伸距离在数值上变化很大，这主要是由于样品在滚轴上固定不好（缠绕圈数太少或样品水分含量较高）而造成测试中样品沿滚轴的轻微滑动。

（三）面条弹性（延伸性）的测定

1. 原理

将一根煮过的面条固定在两个平行的摩擦轮之间，上面的轮子匀速地向上拉伸面条，在拉伸的过程中面条不松动，直至断裂。力量感应元感应到所受的力后自动记录数据，传感器记录数据并传至计算机作出 Force-Time 曲线，在曲线上可得出面条的最大拉伸力。

2. 仪器与设备

① TA. XT. plus 型质构仪。

② 承重平台 HDP/90。

③ A/SPR 附件：上、下两个相互平行的摩擦轮。

3. 操作步骤

（1）附件安装

把位于上面的摩擦轴安装于力量感应元上的螺旋孔中，把位于下面的摩擦轴固定在质构仪底座上，必须使上、下两轴正好相对且保持平行。

（2）高度校正

按质构仪底座上带有向下箭头的操作按钮降低上面的摩擦轴，使两轴靠近，点击主菜单中的 T. A.，选择 Calibrate Probe，设置两轴接触后上轴返回的高度，一般建议为 100mm。

（3）样品制备

取一根面条，将其一端放在下面摩擦轴的狭缝中，将面条在轴臂上至少缠绕两圈使其固定在上面，然后将面条的另一端按同一方法固定在上面的滚轴上，使面条稍稍拉紧但不紧绷，不松弛。面条与水平面垂直，然后开始测试。

（4）测试

①双击桌面 TA. XT. plus 图标，运行质构仪程序，出现应用程序的界面，点击界面右侧一列工具栏中的 Sample Projects，出现所有的应用程序列表。这些程序根据样品特性分为几大类，如 Bakery、Cereal、Dairy、Pasta、Noodle&Rice 等，选择 Pasta、Noodle&Rice，选择 Noodle tensile strength-N001 _ SPR. PRJ，双击选中分析程序，测试窗口弹出。点击右侧工具栏中的 Project 菜单，点击上部工具栏 Process Data 菜单，选择 Macro，再选择 Manage，从所有分析程序列表 Sample Lists 中选择 Pasta、Noodle&Rice，再选择 Noodle-NOO1 _ SPR，点击 Add 加载方法。如果菜单中还有其他分析方法，需先点击 Remove 移除后再加载所需要的分析方法。

②在测试页面中的工具栏中点击 T. A.，选择 Run a Test，在弹出的窗口中输入所测试样品的文件名和保存路径，然后点击 OK，测试开始。测试臂以 1.0mm/s 的速度缓慢上升，力量感应元在感受到 5g 的力后，测试臂以 3.0mm/s 的速度移动，同时传感器开始记录数据，当面条受到的拉力超过它所能承受的极限时，面条断裂。探头以 10.0mm/s 的速度自动返回起始位置。

4. 面条弹性曲线分析

图 6-8 为面条弹性测试曲线，横坐标为面条在拉伸过程中经历的时间，纵坐标为面条受到的拉伸力。在拉伸过程中，拉伸力逐渐增大，当超过面条所能承受的极限时，面条断裂，曲线最高点的数值即为面条断裂瞬间所受到的拉力，代表了面条的最大弹性或拉伸强度。由于探头在测试过程中是以 3.0mm/s 的速度匀速移动的，所以根据测试时间可以得到面条断裂时的拉伸距离，该距离表明面条弹性的强弱，延伸距离越大，面条的延伸性（弹性）越好。

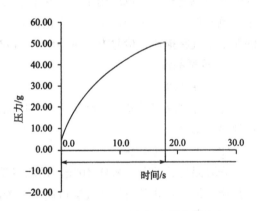

图 6-8 A/SPR 附件测定弹性曲线

点击工具栏中的 Process Data，选择 Macro，再选择 Run，运行 Macro 自动分析系统，给出测试结果数值，并可对结果进行统计分析。

5. 注意事项

① 样品表面不应有裂痕或厚薄不匀的部分，否则所测最大拉伸力和拉伸距离都会变小。

② 在进行结果分析时，往往会发现同一样品平行测定时拉伸距离在数值上变化很大，这主要是由于样品在滚轴上固定不好（缠绕圈数太少或样品水分含量较高），而造

成测试中样品沿滚轴轻微滑动。

第四节　玉米品尝评分值的测定

1. 原理

对玉米样品直接评定其色泽、气味,再将其制成玉米粉并过筛后,在一定条件下蒸制成窝头,用感官评定窝头的气味、色泽、外观形状、内部性状、滋味等,结果以品尝评分表示。

2. 仪器与设备

① 粉碎磨。

② 40 目筛。

③ 单屉铝蒸锅:26～28cm。

④ 搪瓷碗。

⑤ 50mL 量筒。

⑥ 天平:感量 0.01g。

⑦ 电炉:2kW,或相应功率的电磁炉。

3. 色泽、气味评定

取混匀的净玉米样品约 400g,在符合品评试验条件的实验室内,对其整体色泽、气味进行感官检验。色泽用正常、基本正常或明显发暗、变色或其他人类不能接受的非正常色泽描述;气味用正常、基本正常或有辛辣味、酒味、哈喇味或其他人类不能接受的非正常气味描述。检验方法按 GB/T 5492 执行。

4. 蒸煮品评

(1) 样品编号

为了客观反映样品蒸煮品质,减小样品排序和感官品评误差,试样应随机编排,避免规律性编号。

(2) 玉米粉的制备

分取混匀后的净玉米样 400g,用粉碎磨磨粉、过筛(要求约 75% 通过 40 目筛),合并筛下物,充分混匀后装入磨口瓶中,置冰箱(10℃左右)内待用。

(3) 窝头的制备

窝头成型:称取已制备好的玉米粉 50g×3,各加 (75±5)℃的温水 43mL,拌匀,成型,制成 3 个窝头。

窝头蒸制:在铝锅内加入适量水,用电炉加热至沸腾,取下锅盖,将制作成型的窝头放于蒸屉上,盖上锅盖,猛火蒸 20min,停止加热。

品评:将蒸制好的窝头取出,切成小块(每人 1 块)趁热品尝。

(4) 品评的基本要求

参见第一节"八、大米食用品质感官评价"的相关内容。

（5）样品品评

1）品评内容

品评窝头的色、香、味、外观形状、内部性状及滋味等，其中以气味、滋味为主，按表 6-12 做品尝评分记录。

表 6-12 评分标准及评分记录表

年　　月　　日　　　　　　　　　　品评员：

项目	评分标准	样号							
		1	2	3	4	5	6	7	8
气味（40分）	正常清香：28.0～40.0分								
	较浓甜气味或轻微酒味：24.0～27.9分								
	有辛辣味、哈喇味：12.0～23.9分								
	有刺鼻辛辣味、严重哈味：0～11.9分								
色泽（10分）	正常：7.0～10分								
	变淡：6.0～6.9分								
	发灰发暗：3.0～5.9分								
	严重发灰发暗：0～2.9分								
外观形状（5分）	表皮光滑，挺：3.5～5.0分								
	表皮光滑，有细小裂纹：3.0～3.4分								
	表皮粗糙，有较多裂纹：1.5～2.9分								
	表皮非常粗糙，有较大裂纹：0～1.4分								
内部性状（5分）	正常，无色浅呈夹生状结块：3.5～5.0分								
	有少许色浅呈夹生状结块：3.0～3.4分								
	有较多色浅呈夹生状结块：1.5～2.9分								
	严重夹生状结块：0～1.4分								
滋味（40分）	玉米固有香味，无异味：28.0～40.0分								
	较浓甜气味、轻微发酵味：24.0～27.9分								
	无香甜味，后味发苦发哈：12.0～23.9分								
	严重苦味、哈喇味、霉味：0～11.9分								
品尝评分									

2）品评顺序

先趁热鉴定窝头气味，然后观察窝头色泽、外观形状、内部性状，再通过咀嚼品评滋味。

3）评分

根据窝头的气味、色泽、外观形状、内部性状、滋味，对照参考样品进行评分，将各项得分相加即为品尝评分。

（6）结果计算

根据每个品评人员的品尝评分结果计算平均值，个别品评误差超过平均值 10 分以上的数据应舍弃，舍弃后重新计算平均值，最后以品尝评分的平均值作为玉米蒸煮品尝评分值，计算结果取整数。

（7）参考样品的选择

① 参考样品。选择脂肪酸值在 50mg/100g KOH 和 78mg/100g KOH 的玉米样品各 3～5 份，经品尝人员 2 或 3 次品尝，选出品尝评分在 70 分和 60 分左右的样品各一份，作为每次品评的参考样品。

② 参考样品应密封保存在冰箱（10℃左右）中。

思 考 题

1. 大米食用品质的检测方法有哪些？
2. 米饭的食味和蒸煮特性的关系是什么？
3. 简述大米糊化特性的测定原理。
4. 大米食用品质评价的指标有哪些？
5. 评价面包食用品质的方法有哪些？
6. 面条蒸煮品质的评价方法有哪些？
7. 试述质构仪法测定面包坚实度与韧性的原理及图形分析。

参 考 文 献

李建林，朱永义. 2003. 黑米蒸煮品质改良方法的研究. 粮食与饲料工业，5（5）：5～70.

李亦武，魏旭晖. 2000. 蛋糕的质量评价与常见生产问题分析. 食品科学，21（11）：63～64.

刘建军，何中虎，赵振东等. 2001. 小麦面条加工品质进展. 麦类作物学报，21（2）：81～84.

马涛. 2009. 粮油食品检验. 北京：化学工业出版社.

马莺，孙淑华，翟爱华等. 2001. 粮油检验与储藏（上册）. 哈尔滨：黑龙江科学技术出版社.

牛森. 1992. 作物品质分析. 北京：中国农业出版社.

师俊玲，魏益民，郭波莉等. 2002. 面条食用品质评价方法研究. 西北农林科技大学学报，30（6）：111～117.

田纪春. 2006. 谷物品质测试理论与方法. 北京：科学出版社.

王凤成，赵仁勇. 2002. 面团和面包的流变学特性及其动态机械测析（DMA）. 食品科技，9：62～65.

王灵昭，路启玉，袁传光. 2003. 用质构仪评价面条质地品质的研究. 郑州工程学院学报，24（3）：29～33，49.

肖安红，潘从道. 1999. 采用蒸煮试验评定面粉品质的研究. 粮食与饲料工业，4：1～3.

姚大年，李保云，朱金宝等. 1999. 小麦品种主要淀粉性状及面条品质预测指标的研究. 中国农业科学，32（6）：84～88.

朱小乔，刘通讯. 2001. 面筋蛋白及其对面包品质的影响. 粮油食品科技，4：18～21.

Han X Z，Hamaber B R. 2001. Amylopectin fine structure and rice starch paste breakdown. J Cereal Sci，34（3）：279～284.

Singh V，Okadome H，Toyoshima H et al. 2000. Thermal and physicochemical properties of rice grain，flour and starch. J Agric & Food Chem，48（7）：2639～2647.

第七章　粮食酶活力测定

本章重点是学习粮食中 α-淀粉酶活力的测定方法、过氧化氢酶活力的测定方法、脂肪酶活力的测定方法、蛋白酶活力的测定方法，以及大豆制品中尿素酶活性的测定方法。

　　酶是一类由生物细胞生成的具有生物催化剂作用的蛋白质。酶的基本特性是对生物化学反应具有催化作用。从具有催化生物化学反应活性这个意义上讲，有一些不是蛋白质的物质也可以称作酶，如核糖酶（一种具有催化活性的 RNA）。一般情况下，酶仍然是指有催化活性的蛋白质。由于酶的存在，生物体内所有的复杂反应才可以在常温常压下迅速而顺利地进行，而按化学方法只有在高温、高压和强酸、强碱条件下才能进行反应。因此，酶对于生命活动具有重要意义。

　　生物体中的酶是多种多样的，各有其特异的催化功能。酶所催化的反应称为酶促反应。酶促反应中被酶作用的物质称为底物，经反应生成的物质称为产物。

　　酶活力也称为酶活性（活动度），是指酶加速所催化化学反应速度的能力。因此，测定酶活力本质上就是测定酶促反应速度。酶促反应速度越快，酶活力就越强；反之，反应速度越慢，酶活力就越弱。

　　由于酶是蛋白质，凡能使蛋白质变性的物理、化学因素，如强酸、强碱、有机溶剂、高温、紫外线照射，均可以使酶失去活性。在测定酶活力时，首先应注意不使酶失活，要在一套固定的条件下测定酶反应的初速度的变化，因为反应速度会随着时间的增加而下降，所以测定酶活力不能任意延长时间。酶反应的速度，可用单位时间内底物的消耗量或单位时间内产物的生成量来表示。

　　酶活力的测定方法很多，下面介绍几种常用方法。

1. 分光光度法

　　这一方法主要是利用反应物和产物在紫外线或可见光部分的光吸收的不同，选择一个适当的波长，测定反应过程中反应进行的情况。

　　例如，一些脱氢酶都需要 NAD^+ 或 $NADP^+$ 为辅酶，NAD^+ 和 $NADP^+$ 在 340nm 处有较大的光吸收，因此对于这些酶的活力，可以测定 340nm 处 NADH 或 NADPH 的生成或减少而引起光吸收的变化。

　　分光光度法的优点是简单、方便，节省时间和样品，可以连续地读出反应过程中光吸收的变化，特别是近年来分光光度计自动记录方面的设备已经普遍采用，使这个方法更成为酶活力测定中一种最为重要的方法。

2. 旋光法

　　某些酶催化的反应中，反应物和产物的旋光有所不同。例如，蔗糖酶催化蔗糖水解成葡萄糖和果糖时，旋光也随之改变，因此可用旋光法来测定它的活力。

3. 化学反应法

在酶反应过程中，从反应混合物中间隔一定时间，取出一定量的样品，用另一化学反应测定反应物和产物的变化。例如，淀粉酶水解淀粉得到还原糖，根据还原糖数量的变化来表示淀粉酶的活力。

这类方法虽费时、费力、费试剂，但一般不需要特殊的仪器设备，所以迄今仍为经常使用的方法。

4. 测压法

当酶反应中某一底物或产物是气体时，则可采用测压法来测量反应系统中体积或压力的变化，再计算气体释放或吸收的量来表示酶的活力。

瓦氏呼吸计就是这类方法的专用仪器。

5. 电化学法

电化学法有很多种，其中比较简单的是 pH 测定法。最常用的是玻璃电极，配合以高灵敏度的 pH 计，跟踪反应过程中 H^+ 变化的情况。虽然 pH 的变化会影响到酶的反应速度，但是在 pH 变化范围很小时，可认为对酶的活力没有很大的影响。如果用一个灵敏度为 1/1000 pH 单位的 pH 计，反应过程中 pH 变化不到 0.1pH 单位时，对酶活力影响不大，所以在这种情况下还是可以用 pH 的变化来测定酶反应速度。

在粮食储存期间，由于各种内在及外在条件的影响，都会引起粮食品质发生变化，因此我们有必要测定 α-淀粉酶、过氧化氢酶、脂肪酶、蛋白酶及大豆制品中尿素酶的活性，以免酶的活性过高进而造成粮食腐败变质的现象。

第一节　粮食中 α-淀粉酶活力测定

淀粉酶根据其对底物作用方式的不同，可分为 α-淀粉酶、β-淀粉酶、葡萄糖淀粉酶和脱酯酶。

谷物籽粒中含有 α-淀粉酶和 β-淀粉酶，正常情况下只有 β-淀粉酶呈游离状态，α-淀粉酶只有在籽粒萌发时才被释放出来，并呈活化状态，使淀粉水解成分子大小不等的糊精，导致粮食品质下降。面包、饼干等烘烤食品都对原料中淀粉酶活性的大小有一定要求，所以测定淀粉酶活力无论在粮食储存、食品制作方面都有重要的意义。

下面介绍谷物和谷物产品中 α-淀粉酶活力测定的两种方法：比色法和降落值测定法。

一、比色法

（一）原理

α-淀粉酶降解 β-极限糊精底物溶液，经过不同的反应时间，将反应混合物等分加到碘溶液中，随着反应时间的增加而使颜色强度降低，以测定 α-淀粉酶活力。

α-淀粉酶活力表示：用 1L 溶剂从 1g 样品中所提取的酶，在规定的条件下，每 1s

降解 $1.024×10^{-5}$ U 的极限糊精底物溶液，则该样品的 α-淀粉酶活力等于 1U。

（二）试剂

① 碘。

② 碘化钾。

③ 冰醋酸。

④ 硫酸。

⑤ 无水乙酸钠。

⑥ 氯化钙。

⑦ 可溶性淀粉：Lintner 淀粉或质量相当的可溶性淀粉。

⑧ 沸石粉。

⑨ 碘储备液：称取 11.0g 碘化钾溶于少量水中，加入 5.5g 结晶碘，搅拌至碘完全溶解，定容至 250mL，置于棕色瓶中，储存于暗处，可保存 1 个月。

⑩ 碘稀释液：称取 40.0g 碘化钾溶于水中，加 4.00mL 碘储备液，稀释至 1L，临用现配，不可过夜。

⑪ 缓冲液：称取 164g 无水乙酸钠溶于水中，加入 120mL 冰醋酸，用水定容至 1L。

⑫ 0.2g/100mL 氯化钙溶液。

⑬ 0.05mol/L 溶液。

⑭ β-淀粉酶溶液：称取 10g 有酶活性的黄豆粉（粗细度为通过 1.5mm 孔径筛），加入 85mL 水和 0.05mol/L 硫酸 15mL，充分搅匀，静置 15min，抽滤，该滤液用于制备 β-极限糊精底物溶液。

⑮ β-极限糊精底物溶液：称取 5.00g（干基）可溶性淀粉于小烧杯中，加入约 20mL 水，混匀，将其边搅拌边缓慢倒入盛有 100mL 沸水的 500mL 高型烧杯中，并用洗液将小烧杯中的淀粉全部转移到高型烧杯中，继续搅拌并加热，缓慢煮沸 2min，加盖表面皿，在自来水中冷却至 30℃ 以下。加入 25mL 缓冲溶液及 50mL β-淀粉酶溶液，在室温下放置 20h，加 1 勺沸石粉。将此溶液在 10min 之内缓慢煮沸，然后继续沸腾 5min 以上，冷却至 30℃ 以下，用水定容至 250mL，摇匀，过滤。滤液中加几滴甲苯，此溶液的 pH 应为 4.7±0.1，在 25℃ 以下可连续使用 5d。

（三）仪器

（30±1）℃恒温水浴；（20±1）℃恒温水浴；秒表；孔径为 1.0mm 和 1.5mm 的筛；pH 计；分光光度计。

（四）操作步骤

1. 分光光度计及其空白调整

将分光光度计连接稳压电源，预热 20min。将 2.0mL 氯化钙溶液加到 10.0mL 碘稀释液中，然后用适量的水稀释，加水量（V_0）一般为 20～40mL，详见下述的底物溶液的校准内容。混匀后达到 20℃，用 1cm 比色皿于波长 575nm 处调节狭缝宽度，使吸光度为零。

2. 底物溶液的校准

分别吸取 5.0mL β-极限糊精溶液和 15.0mL 氯化钙溶液于 100mL 烧杯中，混匀，取 2.0mL 混合液于另一 100mL 烧杯中，加入 10.0mL 稀碘溶液和适量的水，混匀，置于 20℃ 水浴中，使溶液升温到 20℃。用 1cm 比色皿在波长 575nm 处，以"分光光度计及其空白调整"所用溶液 V_0 为参比，测其吸光度。调整加水量，使测得的吸光度为 0.55～0.60。如果测得的吸光度大于 0.60，则增大加水量；如果测得的吸光度小于 0.55，则减少加水量。通过反复试配，直至测定的吸光度为 0.55～0.60，记下此时的加水量（V），并用它调整空白溶液的加水量（V_0），即为该极限糊精测试时的加水量。

3. α-淀粉酶提取

称取谷物样品约 5g，精确至 0.05g，倒入 300mL 具塞锥形瓶中，加入预热到 30℃ 的氯化钙溶液（100±0.5）mL，充分摇匀，置于 30℃ 恒温水浴中，在 15min、30min、45min 时从水浴中取出，上下颠倒锥形瓶 10 次，重新置于水浴中，共提取 60min，取出过滤，滤液即为酶提取液。

4. α-淀粉酶活力测定

将 α-淀粉酶提取液和极限糊精置于 30℃ 水浴中，10min 后用快速移液管移取 5.0mL β-极限糊精溶液至盛有 15.0mL α-淀粉酶提取液的具塞锥形瓶中，塞子塞好后摇匀。在加液的同时，用秒表计时。吸取 10.0mL 碘稀释液于各 50mL 容量瓶中，加入 V_0 mL 水，混匀加塞置于 20℃ 水浴中，每隔 5min 或 10min 进行下列操作。

① 吸取 2.0mL 酶、β-极限糊精混合液至 1 个盛有碘稀释液和 V_0 mL 水的容量瓶中，摇匀，置于水浴，使溶液达到 20℃。

② 倒入 1cm 比色皿中测其吸光度。

（五）结果计算

α-淀粉酶活力由公式（7-1）计算

$$A = \frac{500 \times f}{m} \times \frac{100}{100-h} \times \frac{\lg D_1 - \lg D_2}{t_2 - t_1} = \frac{500 \times f \times b}{m} \times \frac{100}{100-h} \quad (7-1)$$

式中：A——α-淀粉酶活力，U；

　　　m——100mL 氯化钙提取液的试样质量，g；

　　　h——试样中水分，%；

　　　f——酶提取液的稀释倍数；

　　　t_1，t_2——不同的反应时间，min；

　　　D_1，D_2——时间 t_1，t_2 的吸光度；

　　　b——$\lg D$ 对 t 的曲线的斜率的绝对值；

　　　500——系数。

双实验结果之差不得超过平均值的 10%，如果两次测定结果符合要求，则取结果的平均值，按表 7-1 修约。

表 7-1　不同活力下修约成整数范围

活力/U	修约成整数范围	活力/U	修约成整数范围
<50	0.1	500～5 000	10
50～500	1	5 000～50 000	100

计算说明：称取 5.20g 含 14.6%水分的样品，用 100mL 氯化钙溶液提取。由于酶提取液与极限糊精的反应速度太快，故用氯化钙溶液稀释提取液，即 1 份酶提取液加 1.5 份氯化钙溶液。因此，$f = 1 + 1.5 = 2.5$。β-极限糊精与酶提取液混合后，间隔 5min、10min 和 20min 后，吸光度如表 7-2 所示。

表 7-2　β-极限糊精与酶提取液混合后的变化

时间/min	吸光度（D）	$\lg D + 1$
5	0.498	0.697
10	0.425	0.628
20	0.308	0.489

根据 5min 和 10min 后的观察结果：

$$b = \frac{0.697 - 0.628}{10 - 5} = 0.0138 (\text{min}^{-1})$$

用 3 个观察结果作 $\lg D$ 对 t 的曲线，如图 7-1 所示。

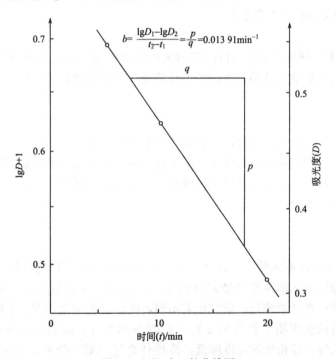

图 7-1　$\lg D$ 对 t_1 的曲线图

把 $b=0.01391$ 代入公式（7-1）得

$$A = \frac{500 \times 2.5 \times 0.01391}{5.20} \times \frac{100}{100-14.2} = 3.9U$$

（六）注意事项

① 该方法适用于测定谷物和谷物产品 α-淀粉酶活性，也可用于测定源于真菌或细菌的 α-淀粉酶干粉的活性。

② β-淀粉酶能水解 1，4-糖苷键，但不能水解 1，6-糖苷键，并且遇此键水解停止，也不能越过继续水解。β-淀粉酶水解直链淀粉，产生麦芽糖，水解支链淀粉，也产生麦芽糖。但接近分支点的 1，6-糖苷键，立即停止水解，剩下部分称为"界限糊精"。

③ 氯化钙为淀粉酶激活剂。

④ 测定过程中应合理调整酶的浓度，使 35%～60% 的 β-极限糊精在 15～40min 内降解，即最后测得的吸光度为底物校准时吸光度的 40%～65%。如果吸光度降得太快，则酶液可用 0.2g/100mL 氯化钙溶液再稀释。如酶的活性太低，为获得正确结果，可将反应时间延长到 60min 以上。

⑤ 在用分光光度计测定吸光度时，溶液的温度对结果有影响，必须控温在 20℃。从显色到测定吸光度的间隔时间一般对结果没有影响。如测定一系列样品，可在所有样品完成显色后在一起测定吸光度，但最长间隔时间不得超过 1h。

二、降落值测定法（补充法）

1967 年以来，降落值测定法被许多国家作为检验进出口谷物和计算产品价格的依据，还将降落值换算成液化值用于配粉的计算或用于酶制剂的添加等。

（一）定义

降落值是指一定量的小麦粉或其他谷物粉和水的混合物置于特定黏度管内并浸入沸水浴中，然后以一种特定的方式搅拌，并使搅拌器在糊化物中从一定高度下降一段特定距离，自黏度管浸入水浴，搅拌器开始搅拌至搅拌器自由降落一段特定距离的全过程所需要的时间（s），即为降落值。

（二）原理

基于水-面粉悬浮液的快速凝胶化，测定 α-淀粉酶对淀粉糊的降解作用。小麦粉或其他谷物粉的悬浮液在沸水浴中能迅速糊化，并因其中 α-淀粉酶活性的不同而使糊化物中的淀粉不同程度地被液化，液化程度不同，搅拌器在糊化物中的下降速度不同。因此，降落值的高低就表明了相应的 α-淀粉酶活性的差异。随着 α-淀粉酶活性的增加，更多的淀粉被降解，淀粉糊的黏度降低，搅拌杆穿过面糊下降到试管底部的速度加快，降落值减小。也正是利用淀粉悬浮液黏度变化的原理测定 α-淀粉酶活力。其仪器结构和操作方法都比黏度仪简单，测定一份面粉样品只要 200～600s。

（三）仪器与设备

降落仪由恒温水浴锅、计时器、搅拌器、试管、25mL 自动加液器（或 25mL 移液管）、专用磨粉机、稳压器和温度计等部件组成。安装仪器时，首先检查电源电压与仪器额定电压是否相同，然后连接水浴锅、搅拌装置和计时器。在水浴中注入水至标线，加热，至温度 100℃即可进行测定。由于大气压力的影响，水浴温度为 98.0～99.8℃时，可加入乙二醇或甘油调整水温至 100℃。如水温超过 100℃，每超过 0.1℃加入 0.1%异丙醇，使水浴降至 100℃。调节水浴沸点用的试剂及用量见表 7-3。

表 7-3 调节水浴沸点用的试剂及用量

需要升高的温度/℃	加入量（体积分数）/%	
	乙二醇	甘油
0.2	1.9	2.5
0.4	3.9	4.9
0.6	5.8	7.4
0.8	7.8	9.8
1.0	9.7	12.3
1.2	11.3	14.2
1.4	12.9	16.1
1.6	14.4	18.1
1.8	16.0	20.0
2.0	17.6	21.9

（四）磨制试样和装样

取平均样品 50g 以上，去杂，用降落仪磨粉机磨制后备用。小麦样品留存在筛上的麸皮不足 1%可弃去。称取相当于含水量 14%的试样 7g 于试管内，试样含水量不为 14%时，可按 $[7\times(100-14)]/(100-M_{实}\%)$ 得计算公式计算实际应称取的试样克数，$M_{实}$ 为试样实际水分百分率。

注入（20±2）℃水 25mL，加塞后，用力垂直振动 20 次，使试样全部悬浮于水中，去塞，插入搅拌器，并将管壁上附着物推入悬浮液中。

（五）安装黏度计管

先把上部自动搅拌擒纵器推向右边，置黏度计管于水浴中，复原注入擒纵器（试样加水振动完毕至插入水浴中应在 30s 内完成）。

（六）搅拌悬浮液与降落

当黏度计管插至水浴就位时，立即开动计时器，经 5s 后仪器即自动擒抓搅拌锤上部，开始自动搅拌（每秒两次），60s 时自动释放搅拌器，使其自行降落至底部。此时，计时器自动停止，蜂音器鸣叫，以示测定完毕。

（七）结果计算

降落值以秒表示（包括安装 5s、搅拌 55s 和搅拌器降落所需的秒数）。双试验结果允许误差：200s 以下不超过 ±10s，201～300s 不超过 ±14s，301～400s 不超过 ±17s，400s 以上不超过 ±20s。求其平均数，即为测定结果。

第二节　过氧化氢酶活力测定

一、过氧化氢酶活力定义

过氧化氢酶（catalase）是细胞内的一种抗氧化酶，它能够消除细胞新陈代谢的副产物过氧化氢。过氧化氢又名"双氧水"，它是活跃的强氧化剂，能引起氧化反应，破坏细胞的新陈代谢过程，同时又会产生一系列新的氧化性活跃物质即自由基。过氧化氢酶是过氧化物酶体的标志酶，约占过氧化物酶体酶总量的 40%。过氧化氢酶广泛存在于土壤和生物体内，具有保护酶的作用，对动植物的生长发育和代谢活动具有重要意义。过氧化氢酶存在于红细胞及某些组织内的过氧化物中，属于血红蛋白酶，含有铁，它的主要作用就是催化 H_2O_2 分解为 H_2O 与 O_2，在此过程中起传递电子的作用，使得 H_2O_2 不至于与 O_2 在铁螯合物作用下反应生成非常有害的—OH。

通过样品中的过氧化氢酶催化了多少量的过氧化氢转变为水和氧气，从而可以计算出样品中过氧化氢酶的活动度。过氧化氢酶普遍存在于植物的所有组织中，其活动度与植物的代谢强度及抗寒、抗病能力有一定关系，故常加以测定。测定过氧化氢酶的方法有测压法、滴定法及分光光度法等。

过氧化氢酶属氧化还原酶类，在粮食储存期间，籽粒在呼吸过程中产生对自身有害的过氧化氢，过氧化氢酶对过氧化氢具有破坏作用，因此它具有保护粮食籽粒活力的作用。在粮食储存过程中由于储藏措施不当，或储存时间延长，随着粮食籽粒活力的丧失，过氧化氢酶的活性趋向降低，因而籽粒的呼吸作用随之减弱，酶的活性减弱趋向是粮粒丧失活力的一种表现。因此，测定过氧化氢酶的活力，在一定程度上可反映储粮新鲜度。

二、高锰酸钾滴定法

（一）原理

过氧化氢酶活性测定的标准方法为高锰酸钾滴定法。过氧化氢在过氧化氢酶作用下被分解成氧和水：

$$2H_2O_2 \xrightarrow{\text{过氧化氢酶}} 2H_2O + O_2 \uparrow$$

未被分解的过氧化氢用高锰酸钾标准溶液滴定，从高锰酸钾的消耗量来确定出样品中过氧化氢酶活力的大小。过氧化氢酶活力以 1g 试样中过氧化氢酶在室温下（20±1）℃、15～30min 内分解过氧化氢的质量来表示。

$$5H_2O_2 + 2KMnO_4 + 4H_2SO_4 \longrightarrow 2KHSO_4 + 2MnSO_4 + 8H_2O + 5O_2 \uparrow$$

（二）试剂

① 30％过氧化氢溶液：取 30％过氧化氢 3mL 加水稀释至 30mL。

② 10％硫酸溶液。

③ 0.1mol/L 高锰酸钾溶液 $[c\,(1/5KMnO_4) = 0.1mol/L]$。

④ pH 7.7 索伦逊磷酸盐缓冲溶液：甲液，称取磷酸氢二钠 11.876g 溶于 1L 水中；乙液，称取磷酸二氢钾 9.078g 溶于 1L 水中。临用时，甲、乙二液按 9∶1 混合。

⑤ 石英砂或用干净的玻璃片研制成细沙。

（三）仪器

① 恒温水浴锅；

② 离心机或吸滤装置；

③ 电炉；

④ 实验室常用仪器。

（四）操作步骤

1. 过氧化氢酶提取

称取干基试样 1g，放入研钵中。加少量石英砂，量取 50mL 缓冲液，先倒 5～10mL 于研钵中，研磨试样，然后经漏斗倒入 100mL 锥形瓶中。再用剩余的缓冲液冲洗研钵和漏斗，洗液一并倒入锥形瓶中，振摇后静置 2～3h，离心或吸滤，透明滤液即为过氧化氢酶液。

2. 酶活性的测定

吸取 20mL 酶提取液，加入 20mL 水和 3mL 3％过氧化氢溶液，在室温下放置 15～30min，加入 5mL 10％硫酸溶液，摇匀，用 0.1mol/L 高锰酸钾溶液滴定剩余的过氧化氢，记录滴定所耗高锰酸钾溶液的毫升数 (V_1)。

3. 对照试验

吸取 20.0mL 酶提取液于 100mL 锥形瓶中，置于沸水浴中加热 5min，或直接煮沸破坏过氧化氢酶。加 20mL 水和 3mL 3％过氧化氢溶液于锥形瓶中，在室温下放置 15～30min，再加入 5mL 10％硫酸溶液，用 0.1mol/L 高锰酸钾溶液滴定，记录用去的毫升数 (V_2)。

（五）结果计算

过氧化氢酶活力按公式（7-2）计算

$$A = (V_2 - V_1) \times c \times 17 \times \frac{50}{20} \tag{7-2}$$

式中：A——过氧化氢酶活力，mg/g；

　　　V_1——酶活力测定时所用 0.1mol/L（1/5KMnO₄）溶液体积，mL；

V_2——对照试验时用去的 0.1mol/L（1/5KMnO$_4$）溶液体积，mL；

c——1/5KMnO$_4$ 溶液体积，mol/L；

17——过氧化氢的摩尔质量，g/mol。

双试验结果允许差不超过平均值的 10％，取平均值为测定结果。测定结果取小数点后三位。

（六）注意事项

① 测定过程中加入 5mL 10％硫酸的作用是使测定条件显酸性，便于终点观察。

$$MnO_4^- + 8H + 5e \longrightarrow Mn^{2+} + 4H_2O$$

若在弱酸性、中性或碱性条件下，KMnO$_4$ 与还原剂作用，会生成褐色的 MnO$_2$·H$_2$O 沉淀，妨碍终点观察。

② 对照试验使用沸水浴 5min 或直接煮沸，目的是利用高温破坏过氧化氢酶，因为酶是一种具有催化功能的蛋白质，高温下变性甚至失活，煮沸破坏更为彻底。

三、碘量法

过氧化氢酶活性大小以一定时间内分解的 H$_2$O$_2$ 量来表示：在一定条件下，过氧化氢酶能把 H$_2$O$_2$ 分解为 H$_2$O 和 O$_2$。当过氧化氢酶与 H$_2$O$_2$ 反应一定时间（t）后，再用碘量法测定未分解的 H$_2$O$_2$，以钼酸铵作催化剂，H$_2$O$_2$ 与 KI 反应，放出游离碘，然后用硫代硫酸钠滴定碘，反应式为

$$H_2O_2 + 2KI + H_2SO_4 \longrightarrow I_2 + K_2SO_4 + 2H_2O$$
$$I_2 + 2NaS_2O_3 \longrightarrow 2NaI + Na_2S_4O_6（连二硫酸钠）$$

用硫代硫酸钠分别滴定空白液（可求出总的 H$_2$O$_2$ 量）和反应液（可求出未分解的 H$_2$O$_2$ 量），再根据二者滴定值之差求出分解的 H$_2$O$_2$ 量。

酶液提取：称取 0.5g 三叶草，加少量石英砂、CaCO$_3$、2mL 水，研成匀浆，移入 100mL 容量瓶，冲洗研钵数次，定容，静置，过滤。

酶促反应：取锥形瓶 2 个，编号 A、B，各加入 10mL 酶液，之后立即向 A 瓶中加入 1.8mol/L H$_2$SO$_4$ 5mL，终止酶活性，做空白滴定。向 A、B 两瓶各加 H$_2$O$_2$ 5mL，摇匀，在加入 B 瓶那一刻起，记录时间，5min 后迅速向 B 瓶中加入 1.8mol/L H$_2$SO$_4$ 5mL，终止酶活性。

滴定：向 A、B 两瓶各加 1mL 20％KI 和 3 滴（NH$_4$）$_6$Mo$_7$O$_{24}$，摇匀后迅速加入 5 滴 1％淀粉溶液，用 Na$_2$S$_2$O$_3$ 进行滴定至蓝色恰好消失，记录两次消耗的体积 V_A（空白）、V_B（反应液）。

实验结果与计算

被分解的 H$_2$O$_2$ ＝（空白滴定值－样品滴定值）× Na$_2$S$_2$O$_3$ 摩尔浓度 × 172

(7-3)

$$过氧化氢酶活性[(mg/g)/min] = 被分解的 H_2O_2(mg)$$
$$\times [总体积 / 测定取液量 / 样品质量(g) \times 时间] \tag{7-4}$$

四、氧电极法

用氧电极法测量放氧速度，方法灵敏而快速。放氧速度与过氧化氢酶活性呈正比。

1. 仪器与试剂

氧电极仪、记录仪、电磁搅拌器、超级恒温水浴、注射器、微量注射器、容量瓶、反应杯、亚硫酸钠、过氧化氢酶。0.050mol/L 磷酸缓冲液：pH7.0。过氧化氢溶液 0.050mol/L：取 1.4mL 30%H_2O_2，用磷酸缓冲液定容至 250mL 即得。标准过氧化氢酶溶液：称取过氧化氢酶 1.0mg（110U/mg），溶于 0.050mol/L 磷酸缓冲液（pH7.0）11mL 中，使酶浓度为 10U/mL。

2. 操作方法

仪器的标定：进行仪器的标定，以求得记录纸上每小格相当的含氧量。绘制酶活性标准曲线，在反应杯中放满过氧化氢磷酸缓冲液，开启电磁搅拌器搅动 10min，插入电极，吸去溢出的电极外面的溶液，调节移位旋钮，使记录笔位于满刻度的 10%～20%，使记录纸走动，1～2min 后温度达到平衡，记录笔画出直线。用微量注射器从电极塞小孔中注入 10μL 10U/mL 过氧化氢酶，立即记录最初 90s 内的氧释放曲线。根据上述同样步骤，注入不同浓度的过氧化氢酶 10μL（如浓度为 20U/mL、30U/mL、40U/mL、50U/mL 等），记录氧释放曲线。取放氧曲线的直线部分，根据其斜率及走纸速度，计算每分钟氧的释放量。以过氧化氢酶活性单位为横坐标，每分钟氧的释放量为纵坐标，绘制标准曲线。样品测定：在反应杯内注入 50mmol/L 过氧化氢磷酸缓冲液搅动 10min，插上电极，待记录为一直线后，注入 10μL 合适浓度的待测酶液样品，立即记下最初 90s 内的放氧曲线。根据样品的放氧曲线，计算得到每分钟的放氧量，在标准曲线上查得酶活性大小。如果没有标准的过氧化氢酶，不能计算酶活性单位时，也可以用每分钟的放氧量相对地表示酶的活性大小。

第三节　脂肪酶活力测定

脂肪酶属酯酶类，是水解酯键的酶类，对粮食食用品质影响较大。

脂肪酶也称水解酶，能催化油脂水解，生成甘油的脂肪酸。脂肪酶水解油脂的速度远远超过水解其他酶类的速度。

脂肪酶与粮油在储存期间的稳定性有很大的关系。粮油在储存中的变质，最初一个现象就是粮食中游离脂肪酸含量增高，这主要是由于脂肪酶催化脂肪水解的结果。粮食中脂肪酸含量的增加，虽然不一定影响粮食的食用品质，但它可以助长以后进一步的变味。对成品粮和油品的保管来说，其破坏作用更大，如玉米面、高粱面变苦；面粉的味道不佳；面筋延伸性差；油脂变苦等都与脂肪酶有关。一般来讲，测得的脂肪酶活力大，其分解脂肪的能力就强，储粮稳定性就差。在粮油检验中，把测定脂肪酶作为一项反映储粮稳定性的指标。

脂肪酶属水解酶类，其作用底物为脂肪。粮食在储存期间，高水分粮，由于脂肪酶作用，脂肪水解产生脂肪酸、甘油等。脂肪酸含量对粮食食用品质、种用品质有较大的影响，因此，测定脂肪酶活力对鉴定储粮品质有较大意义。

脂肪酶活力测定的标准方法为碱滴定法。

一、原理

脂肪酶在一定条件下能将脂肪水解，在不同水解阶段可放出脂肪酸、甘油二酯、甘油单酯和甘油等。水解所放出的脂肪酸，用标准碱液滴定，从而测出脂肪酶活力。

二、试剂

① 1g/100mL 百里香酚酞乙醇溶液。

② 0.2mol/L 氢氧化钠乙醇溶液。

③ 乙醇＋乙醚（4＋1）混合液。

④ 甲苯。

⑤ pH4.7 缓冲液：量取 250mL 1mol/L 乙酸溶液和 25mL 1mol/L 乙酸铵溶液，混合后，加水至 1L。

⑥ 纯油。称取 250g 向日葵油（或纯花生油），注入分液漏斗中，加 100～150mL 2g/100mL 氢氧化钠溶液，摇荡后，静置分层，弃去氢氧化钠液。用水将油洗至中性，静置，将油层通过氯化钙柱脱水备用。

三、仪器

① 100mL 锥形瓶。

② 5mL 移液管。

③ 500mL 分液漏斗。

④（30±0.5）℃恒温箱。

⑤ 研钵。

⑥ 5mL 滴定管。

四、操作方法

称取 2g 试样（带壳油料称子仁），放入研钵中，加入 1mL 纯油，混匀，加入 5mL 缓冲液，研磨成稀糊状，转入 100mL 锥形瓶中，用 5mL 水洗净研钵，洗液一并转入锥形瓶中，加 3 滴甲苯，用称量皿盖上瓶口，置于 30℃恒温箱内，保温 24h。取出，加入乙醇＋乙醚（4＋1）混合液 50mL，静置 5min，加 0.5mL 1g/100mL 百里香酚酞指示剂，用

0.2mol/L NaOH 乙醇溶液滴定至终点（浅蓝色），记录用去碱液毫升数（V_1）。另称取 2g 试样做对照试验，除不用 30℃保温外，其余操作同上，记下用去碱液的毫升数（V_2）。

五、结果计算

脂肪酶活力按公式（7-5）计算

$$A = \frac{(V_1 - V_2) \cdot c}{m(100 - M)} \times 1000 \tag{7-5}$$

式中：A——脂肪酶活力，mL 碱液/g 试样；

$\quad\quad V_1$——试样滴定用去碱液体积，mL；

$\quad\quad V_2$——对照试验用去碱液体积，mL；

$\quad\quad c$——NaOH 溶液浓度，mol/L；

$\quad\quad m$——试样质量，g；

$\quad\quad M$——水分百分率，%。

双试验结果允许差不超过平均值的 10%，取平均值为测定结果。测定结果取小数点后一位。

六、注意事项

① 脂肪酶活力测定时，所用缓冲液的目的是保证体系具有一定的 pH，使脂肪酶保持活力，故缓冲液应具有一定的脂溶性，不宜用磷酸盐配制缓冲溶液。

② 该法本质上是酸碱滴定，所以纯油的处理必须严格控制条件，加入碱液的目的是去除油中的酸类物质，否则影响测定结果。

第四节　蛋白酶活力测定

蛋白酶属于水解酶类，其作用底物为蛋白质，根据对蛋白质多肽链作用部位的不同有内肽酶和外肽酶之分。内肽酶是从肽链内部水解肽键；外肽酶是从肽链两端水解肽键，从氨基端水解肽键的为氨肽酶，从羧基端水解肽键的为羧肽酶。内肽酶作用于蛋白质得到的水解产物主要是较小的肽链碎片，外肽酶作用于蛋白质得到的水解产物是氨基酸。

谷物中的蛋白酶与木瓜蛋白酶类似，属内肽酶。

面粉中有适量蛋白酶存在时，面粉品质可得到改善，因此测定蛋白酶活力与粮食品质有关。下面介绍两种蛋白酶活力测定方法：比色法和定氮法。

一、比色法

（一）原理

利用蛋白酶水解酪蛋白，生成含酚基的氨基酸能还原磷钼酸、磷钨酸，得到钼蓝和钨蓝的混合物,根据蓝色的深浅可确定酶活力的大小。

(二) 仪器与设备

移液管;具塞试管;恒温水浴;天平(感量 0.01g)。

(三) 试剂

① 0.2mol/L HCl 溶液。

② 0.2mol/L 磷酸盐缓冲液(pH7.5):0.2mol/L Na_2HPO_4 84.0mL 和 0.2mol/L NaH_2PO_4 16.0mL 混合而成。

③ 0.5g/100mL 酪蛋白溶液:酪蛋白 0.5g,用 0.5mol/L 氢氧化钠溶液 1mL 湿润,并加少量 0.2mol/L pH7.5 磷酸盐缓冲液,在沸水浴中加热溶解,用磷酸盐缓冲液定容至 100mL,存放冰箱中备用。

④ 10g/100mL 三氯乙酸:10g 三氯乙酸溶于蒸馏水中,稀释至 100mL。

⑤ 0.55mol/L 碳酸钠溶液:称取 58.3g 无水碳酸钠溶于蒸馏水中,稀释至 1000mL。

⑥ 福林试剂:在 1000mL 磨口回流装置内加钨酸钠 50g、钼酸钠 12.5g、蒸馏水 350mL、85%磷酸 25mL、浓盐酸 50mL,加热回流 10h。再加入硫酸锂 75g、蒸馏水 25mL 和溴水数滴,摇匀,去掉冷凝器,继续煮沸 15min,以除掉多余的溴,溶液呈金黄色,冷却后定容至 500mL,过滤储存于棕色瓶中,使用时用氢氧化钠标定,稀释至 1mol/L。

(四) 操作步骤

① 蛋白酶悬浮液的制备。称取样品 0.5~2.0g,加蒸馏水研磨成匀浆,然后全部转移到 50mL 容量瓶中,并定容至刻度。

② 绘制标准曲线。精确称取烘干的酪氨酸 50mg,加少量 0.2mol/L HCl 溶液溶解,用蒸馏水定容至 100mL(500μg/mL),再将此溶液稀释到浓度为 0~100μg/mL,取不同浓度的稀释液 1mL 加 0.5g/100mL 的酪蛋白溶液 2mL,放入 37℃水浴中保温 15min,再加入 10g/100mL 三氯乙酸 3mL,混匀,离心或过滤。

取上清液 1mL,加 0.55mol/L($1/2Na_2CO_3$)溶液 5mL 和 1mL 福林试剂。放入 37℃水浴中显色 15min。用不含酪氨酸溶液的试剂作对照,在波长 680nm 处测定吸光度。以酪氨酸的微克数为横坐标,吸光度为纵坐标,绘制标准曲线。

③ 蛋白酶活力的测定。取 2 份稀释的酶液各 1mL,放入两支试管中(测定管、对照管),在 37℃水浴中预热 3~5min,测定管加入 2mL 37℃预热过的 0.5g/100mL 酪蛋白溶液,并将测定管和对照管都放入 37℃水浴中反应 15min,取出,两管均加入 3mL 10g/100mL 三氯乙酸,混匀,离心或过滤。

在两管中各取上清液 1mL,以下操作同制作标准曲线。用对照管调零,读测定管的吸光度,查标准曲线得待测液中酪氨酸的微克数。

（五）结果计算

本试验规定，37℃时 1min 内水解酪蛋白生成 1μg 酪氨酸所需的酶量为 1 个酶活力单位。样品中含蛋白酶活力按公式（7-6）计算

$$A = \frac{m_1 V \times 50}{15 \times mV'} \tag{7-6}$$

式中：A——样品中含蛋白酶活力，U；

　　　m_1——查标准曲线得 1mL 待测液中酪氨酸的含量，μg；

　　　m——试样质量，g；

　　　V——稀释的酶悬浮液体积，mL；

　　　V'——用于稀释所取酶液体积，mL；

　　　15——反应时间，min；

　　　50——酶悬浮液总体积，mL。

二、定氮法

（一）原理

在 pH5.0 的条件下将含有蛋白酶的试样于 40℃保温 20h，然后用磷钨酸沉淀蛋白质，过滤后取一定体积的滤液用凯氏法测非蛋白氮。与实验平行做一对照，同样测非蛋白氮。根据实验和对照非蛋白氮之差，可知蛋白酶活力。

在同一份试样的滤液中（试验和对照）用茚三酮法测定出氨态氮，根据氨态氮差值可知酶活力。

（二）仪器与设备

凯氏定氮装置；恒温箱（40±0.5）℃；容量瓶；移液管；刻度试管。

（三）试剂

① pH5.0 磷酸柠檬酸缓冲液：称取 5.1g 柠檬酸和 9.2g 磷酸氢二钠（Na$_2$HPO$_4$·2H$_2$O），加蒸馏水溶解，并稀释至 500mL。

② 4g/100mL 磷钨酸溶液：称取 4g 磷钨酸，溶于 50mL 蒸馏水中，再称 10g 氯化钠，溶于 50mL 蒸馏水中，溶解后将两液混合均匀即成。

③ 茚三酮试剂：称取 1.2g 重结晶的茚三酮，加 15mL 正丙醇，振动使其溶解。然后加入 20mL 正丁醇、60mL 乙二醇，混匀，储存于棕色试剂瓶中，放置阴凉处，使用期 10d。

④ 4mol/L 乙酸缓冲液（pH4.54）：称取 54.4g 乙酸钠（CH$_3$COONa·3H$_2$O），加 100mL 蒸馏水溶解。然后在电炉上煮沸，使溶液蒸发至原体积的一半。冷却至室温，加 30mL 冰醋酸，用无氨水稀释至 100mL。

⑤ 氨基酸标准溶液：称取预先在 80～90℃烘干的亮氨酸 46.8mL 或 α-丙氨酸 31.8mL，加 10%异丙醇溶解，并定容至 100mL，混匀，每毫升含氮 50μg，此为储备液。取此液 5mL，用蒸馏水定容至 50mL，每毫升含氮 5μg，此为应用液。

⑥ 1g/100mL 抗坏血酸溶液（使用期 1d）。

⑦ 其余试剂同微量凯氏定氮法。

（四）操作步骤

1. 蛋白酶活力的测定

称取 0.5～2.0g 样品两份，均加少量蒸馏水和研磨成匀浆，各加 10mL 蒸馏水分三次将匀浆全部转移至 50mL 容量瓶中，向悬浮液中加入 pH5.0 磷酸盐缓冲液 5mL、10 滴甲苯。其中一瓶做实验，一瓶做对照，将实验瓶放入 40℃恒温箱中保温 20h。对照加入 4g/100mL 磷钨酸 3mL，摇匀，再用蒸馏水稀释至 50mL，摇匀后过滤取 5～10mL 滤液，按微量凯氏法测定含氮量。

以水解蛋白质形成氮微摩尔数表示蛋白酶活力。按公式（7-7）计算

$$A = \frac{(m_1 - m_0)K \times 0.0714}{m \times 20} \qquad (7\text{-}7)$$

式中：A——蛋白酶活力，U；

$\quad\quad m_1$——实验液中含氮量，μg；

$\quad\quad m_0$——对照液中含氮量，μg；

$\quad\quad m$——试样质量，g；

$\quad\quad K$——酶液总稀释倍数；

$\quad\quad 0.0714$——氮的微克换算为微摩尔的换算系数；

$\quad\quad 20$——酶作用时间，h。

2. 肽酶活力的测定

（1）制作标准曲线

分别吸亮氨酸（5μg 氮/mL）标准应用液 0mL、0.2mL、0.4mL、0.6mL、0.8mL、1.2mL、1.6mL、2.0mL，放入干燥具塞试管中，均加蒸馏水至 2mL，加茚三酮试剂 3mL、1g/100mL 抗坏血酸溶液 0.1mL，摇匀。置沸水浴加热 15min，取出后冷却 10～15min（每隔几分钟振摇一次），加蒸馏水至 5mL，在波长 580nm 处测定吸光度（未加亮氨酸的为空白管）。以吸光度值为纵坐标，相应亮氨酸含量为横坐标，绘制标准曲线。

（2）测定酶活力

分别吸取测蛋白酶所剩试验瓶及对照瓶滤液各 1mL，放入具塞试管中，均加蒸馏水 1mL、茚三酮试剂 3mL、1g/100mL 抗坏血酸溶液 0.1mL，混匀。以下操作同制作标准曲线，用对照液作空白，在波长 580nm 处比色测定。查标准曲线求得试验液氨基氮含量。

本试验以 1g 研究物质 1h 时形成氨态氮的微摩尔数表示肽酶活力。

肽酶活力按公式（7-8）计算

$$A = \frac{50 \times 5 \times 0.0714 \times \rho}{1 \times 20 \times m}$$ (7-8)

式中：A——试样中肽酶活力，U/g；

    50——酶液总体积，mL；

    1——比色时所取酶液体积，mL；

    5——比色液体积，mL；

    ρ——比色氨态氮含量，μg/mL；

    m——试样质量，g；

    0.0714——氮的微克换算为微摩尔的换算系数。

第五节　大豆制品中尿素酶活力测定

尿素酶（urease）对尿素有分解作用，又称为脲酶，完整名称为尿素氨基水解酶，其活性定义为：在（30±0.5）℃和pH7的条件下，每分钟每克大豆分解尿素所释放的氨态氮的毫克数，以尿素酶活性单位每克（U/g）表示。饲料用大豆需加热后使用，尿素酶活性不得超过0.4U/g。

高等植物的种子及微生物中都含有尿素酶，但以刀豆和大豆中含尿素酶较多。

大豆及大豆制品营养丰富，大豆蛋白的营养价值可以和牛奶、鸡蛋媲美，但由于大豆中含有血凝聚素、胰蛋白酶抑制剂等有害成分，豆饼、豆粕作饲料时动物食用后引起不良反应。不过这些成分包括尿素酶在内都可用加热方法破坏，由于尿素酶对热的敏感性较之其他有害成分要差，因此当尿素酶因加热完全失活时，其他存在于大豆、大豆制品及饼粕中的有害成分早已被破坏。测定其他有害成分较复杂，相比之下，测定尿素酶的方法较为简便，因此常以测定尿素酶的活力来判断大豆、大豆制品及饼粕的可食性。

一、原理

将粉碎的大豆制品与中性尿素缓冲溶液混合，在30℃保持30min，尿素酶催化尿素水解产生氨，用过量盐酸中和产生的氨，再用氢氧化钠标准溶液回滴，从而确定样品中尿素酶的活性。

$$\underset{NH_2}{\overset{NH_2}{C}}=O + H_2O \longrightarrow \left[\underset{NH_2}{\overset{OH}{C}}=O + NH_3 \rightleftharpoons \underset{NH_2}{\overset{ONH_4}{C}}=O \right] \xrightarrow{H_2O} 2NH_3 + CO_2 + H_2O$$

二、试剂

① 尿素。

② 磷酸氢二钠，A・R。

③ 磷酸二氢钾，A·R。

④ 尿素缓冲溶液（pH6.9～7.0）：称取 4.45g 磷酸氢二钠和 3.40g 磷酸二氢钾，溶于水，稀释至 1L，再将 30g 尿素溶于此缓冲溶液中，可保存 1 个月。

⑤ 0.1mol/L 盐酸溶液。

⑥ 0.1mol/L 氢氧化钠标准溶液。

三、仪器

① 孔径 200μm 样品筛。

② 酸度计，精度 0.02pH，附有磁力搅拌器和滴定装置。

③ （30±0.5）℃恒温水浴。

④ 试管，直径 18mm，长 150mm，有磨口塞子。

⑤ 秒表。

⑥ 粉碎机，粉碎时应不产生强热（如球磨机）。

⑦ 10mL 移液管。

⑧ 感量 0.1mg 分析天平。

四、操作步骤

1. 试样制备

称取 10g 试样，粉碎全部通过 200μm 筛。对特殊试样（水分或挥发物含量较高而无法粉碎的产品），应先在实验室温度下进行预干燥，再进行粉碎。计算结果时，应将干燥失重计算在内。

2. 测定

称取约 0.2g 粉碎试样，精确至 0.1mg，置于试管中（如酶活性很高，则只称取 0.05g 试样），加入 10.0mL 尿素缓冲溶液，塞好塞子，剧烈振摇后置于（30±0.5）℃恒温水浴中，计时；精确保持 30min，立即加入 10.0mL 盐酸溶液，迅速冷却到 20℃，将试管中内容物全部转入烧杯中，用 5mL 水冲洗试管 2 次，将洗液一并转入烧杯中，立即用氢氧化钠标准溶液滴定至 pH 为 4.7。另取试管做空白试验。

五、结果计算

以 1g 大豆制品 1min 释放氮的量表示尿素酶活性，按公式（7-9）计算

$$A = \frac{14 \times c(V_0 - V)}{30 \times m} \qquad (7-9)$$

式中：A——试样中尿素酶活力，μg；

c——氢氧化钠标准溶液浓度，mol/L；

V_0——空白试验消耗氢氧化钠标准溶液体积，mL；

V——测定试样消耗氢氧化钠标准溶液体积，mL；

14——氮的摩尔质量，g/mol；

m——试样质量，g。

若试样粉碎前先经预干燥处理，则按公式（7-10）计算

$$A = \frac{14 \times c \times (V_0 - V)}{30 \times m} \times (1 - S) \tag{7-10}$$

式中：S——预干燥时试样失重的百分率，%。

双试验结果允许差不超过平均值的 10%，以其算术平均值为测定结果。

说明：该法适用于大豆制品和副产品中尿素酶活性的测定。该法可确定大豆制品的湿热处理程度。

第六节　纤维素酶活力测定

一、原理

纤维素酶是一种多组分酶，包括 C_1 酶、C_x 酶和 β-葡萄糖苷酶 3 种主要组分。其中 C_1 酶的作用是将天然纤维素水解成无定形纤维素，C_x 酶的作用是将无定形纤维素继续水解成纤维寡糖，β-葡萄糖苷酶的作用是将纤维寡糖水解成葡萄糖。纤维素酶水解纤维素产生的纤维二糖、葡萄糖等还原糖能将碱性条件下的 3，5-二硝基水杨酸（DNS）还原，生成棕红色的氨基化合物，在 540nm 波长处有最大光吸收，在一定范围内还原糖的量与反应液的颜色强度呈比例关系，利用比色法测定其还原糖生成的量就可测定纤维素酶的活性。

二、仪器与设备

① 可见分光光度计。

② 恒温水浴锅 37～100℃。

③ 高温电炉。

④ 感量 0.0001g 电子天平。

⑤ 恒温干燥箱。

⑥ 具塞刻度试管：20mL。

三、试剂

① 1mg/mL 葡萄糖标准液：将葡萄糖在恒温干燥箱中 105℃下干燥至恒重，准确称取 100mg 于 100mL 小烧杯中，用少量蒸馏水溶解后，移入 100mL 容量瓶中用蒸馏水稀释至 100mL，充分混匀。4℃冰箱中保存，可用 12～15d。

② 3，5-二硝基水杨酸（DNS）溶液：准确称取 DNS 6.3g 于 500mL 烧杯中，用少

量蒸馏水溶解后，加入 2mol/L NaOH 溶液 262mL，再加到 500mL 含有 185g 酒石酸钾钠（$C_4H_4O_6KNa \cdot 4H_2O$）的热水溶液中，再加 5g 结晶酚和 5g 无水亚硫酸钠，搅拌溶解，冷却后移入 1000mL 容量瓶中用蒸馏水稀释至 1000mL，充分混匀。储于棕色瓶中，室温放置一周后使用。

③ 0.05mol/L 柠檬酸缓冲液（pH4.5）。A 液（0.1mol/L 柠檬酸溶液）：准确称取柠檬酸（$C_6H_8O_7 \cdot H_2O$）21.014g 于 500mL 烧杯中，用少量蒸馏水溶解后，移入 1000mL 容量瓶中用蒸馏水稀释至 1000mL，充分混匀。4℃冰箱中保存备用。B 液（0.1mol/L 柠檬酸钠溶液）：准确称取柠檬酸三钠（$Na_3C_6H_5O_7 \cdot 2H_2O$）29.412g 于 500mL 烧杯中，用少量蒸馏水溶解后，移入 1000mL 容量瓶中，然后用蒸馏水稀释至 1000mL，充分混匀。4℃冰箱中保存备用。

取上述 A 液 27.12mL、B 液 22.88mL，充分混匀后移入 100mL 容量瓶中用蒸馏水稀释至 100mL，充分混匀，即为 0.05mol/L pH4.5 的柠檬酸缓冲液。4℃冰箱中保存备用。

④ 0.05mol/L pH 5.0 的柠檬酸缓冲液：取上述 A 液 20.5mL，B 液 29.5mL，充分混匀后移入 100mL 容量瓶中用蒸馏水稀释至 100mL，充分混匀，即为 0.05mol/L pH5.0 的柠檬酸缓冲液。4℃冰箱中保存备用。

⑤ 0.51% 羧甲基纤维素钠（CMC）溶液：称取 0.510g CMC 于 100mL 小烧杯中，加入适量 0.05mol/L pH5.0 的柠檬酸缓冲液，加热溶解后移入 100mL 容量瓶中，用 0.05mol/L pH5.0 的柠檬酸缓冲液稀释至刻度，用前充分摇匀。4℃冰箱中保存备用。

⑥ 0.5% 水杨酸苷溶液：称取 0.500g 水杨酸苷于 100mL 烧杯中，用少量 0.05mol/L pH4.5 的柠檬酸缓冲液溶解后，移入 100mL 容量瓶中并用 0.05mol/L pH4.5 的柠檬酸缓冲液稀释至刻度，充分混匀。4℃冰箱中保存备用。

⑦ 5mg/mL 纤维素酶液：准确称取纤维素酶制剂 500mg 于 100mL 烧杯中，用少量蒸馏水溶解后，移入 100mL 容量瓶中，用蒸馏水稀释至刻度。4℃冰箱中保存备用。

⑧ 定量滤纸。

⑨ 脱脂棉。

四、操作步骤

1. 葡萄糖标准曲线的制作

取 8 支 20mL 具塞刻度试管，编号后按表 7-4 加入标准葡萄糖溶液和蒸馏水，配制成一系列不同浓度的葡萄糖溶液。充分摇匀后，向各试管中加入 1.5mL DNS 溶液，摇匀后置于沸水浴 5min，取出冷却后用蒸馏水稀释至 20mL，充分混匀。在 540nm 波长下，以 1 号试管溶液作为空白对照，测定各管溶液的吸光度值。以葡萄糖含量为横坐标，以对应的吸光度值为纵坐标，绘制葡萄糖标准曲线或计算回归方程。

表 7-4　葡萄糖标准曲线制作

试剂	管号							
	1	2	3	4	5	6	7	8
葡萄糖标液/ mL	0	0.2	0.4	0.6	0.8	1.0	1.2	1.4
蒸馏水/mL	2.0	1.8	1.6	1.4	1.2	1.0	0.8	0.6
葡萄糖含量/mL	0	0.2	0.4	0.6	0.8	1.0	1.2	1.4

2. 滤纸酶活力的测定

①取 4 支 20mL 具塞刻度试管，编号后各加入 0.5mL 酶液和 1.5mL 0.05mol/L pH4.5 的柠檬酸缓冲液，向 1 号试管中加入 1.5mL DNS 溶液以钝化酶活性，作为空白对照。

② 将 4 支试管同时在 50℃水浴中预热 5～10min，再各加入滤纸条 50mg（定量滤纸，约 1cm×6cm），50℃水浴中保温 1h 后取出，立即向 2、3、4 号试管中各加入 1.5mL DNS 溶液以终止酶反应，充分摇匀后置于沸水浴 5min，取出冷却后用蒸馏水稀释至 20mL，充分混匀。

③ 以 1 号试管溶液为空白对照，在 540nm 波长下测定 2、3、4 号试管液的吸光度值。

3. C_1 酶活力的测定

① 将 5mg/mL 的原酶液稀释 10～15 倍后用于测定 C_1 酶活力，以脱脂棉为底物。取 4 支洗净烘干的 20mL 具塞刻度试管，编号后各加入 50mg 脱脂棉，加入 1.5mL 0.05mol/L pH5.0 的柠檬酸缓冲液，并向 1 号试管中加入 1.5mL DNS 溶液以钝化酶活性，作为空白对照。

② 将 4 支试管同时在 45℃水浴中预热 5～10min，再各加入适当稀释后的酶液 0.5mL，45℃水浴中保温 24h。取出后立即向 2、3、4 号试管中各加 1.5mL DNS 溶液以终止酶反应，充分摇匀后置于沸水浴 5min，取出冷却后用蒸馏水稀释至 20mL，充分混匀。

③ 以 1 号试管溶液为空白对照，在 540nm 波长下测定 2、3、4 号试管液的吸光度值。

4. C_x 酶活力的测定

① 将 5mg/mL 的原酶液稀释 5 倍后用于测定 C_x 酶活力，以 CMC 为底物。取 4 支洗净烘干的 20mL 具塞刻度试管，编号后各加入 1.5mL 0.51% CMC 柠檬酸缓冲液，并向 1 号试管中加入 1.5mL DNS 溶液以钝化酶活性，作为空白对照。

② 将 4 支试管同时在 50℃水浴中预热 5～10min，再各加入稀释 5 倍后的酶液 0.5mL，50℃水浴中保温 30min 后取出，立即向 2、3、4 号试管中各加 1.5mL DNS 溶液以终止酶反应，充分摇匀后置于沸水浴 5min，取出冷却后用蒸馏水稀释至 20mL，充分混匀。

③ 以 1 号试管溶液为空白对照，在 540nm 波长下测定 2、3、4 号试管液的吸光度值。

5. β-葡萄糖苷酶活力的测定

① 取 4 支洗净烘干的 20mL 具塞刻度试管，编号后各加入 1.5mL 0.5％水杨酸苷柠檬酸缓冲液，并向 1 号试管中加入 1.5mL DNS 溶液以钝化酶活性，作为空白对照。

② 将 4 支试管同时在 50℃水浴中预热 5～10min，再各加入酶液 0.5mL，50℃水浴中保温 30min，取出后立即向 2、3、4 号试管中各加入 1.5mL DNS 溶液以终止酶反应，充分摇匀后置于沸水浴 5min，取出冷却后用蒸馏水稀释至 20mL，充分混匀。

③ 以 1 号试管溶液为空白对照调零，在 540nm 波长下测定 2、3、4 号试管液的吸光度值。

五、结果计算

根据吸光度值在标准曲线上查出对应的葡萄糖含量，按下式计算出各酶活力 (U/g)。在上述条件下，每小时（C_1 酶为 24h）由底物生成 $1\mu mol$ 葡萄糖所需的酶量定义为一个酶活力单位（U）。

$$滤纸酶活力 = \frac{c \times 100 \times 5.56}{0.5 \times 0.5} \tag{7-11}$$

$$C_1 酶活力 = \frac{c \times N \times 100 \times 5.56}{0.5 \times 0.5} \tag{7-12}$$

$$C_x 酶活力 = \frac{c \times 100 \times 5 \times 5.56}{0.5 \times 0.5 \times 0.5} \tag{7-13}$$

$$β- 葡萄糖苷酶活力 = \frac{c \times 100 \times 5.56}{0.5 \times 0.5 \times 0.5} \tag{7-14}$$

式中：c——标准曲线上查得的葡萄糖含量，mg；

　　　N——酶液稀释倍数；

　　　5.56——1mg 葡萄糖的摩尔数，μmol。

六、注意事项

① DNS 溶液配制时，将含 DNS 的 NaOH 溶液加到含酒石酸钾钠的热水溶液中时，应徐徐倒入，边倒边搅拌，以防烫伤。

② 纤维素酶液的浓度可根据不同酶制剂的活力而相应调整。如果酶活力高，酶浓度可小些；反之，酶活力低时，酶浓度则大些。

③ 测定酶活时，滤纸条和脱脂棉等底物一定要充分浸入反应液中。

第七节　超氧化物歧化酶活性的测定（四氮唑蓝光化还原法）

一、原理

超氧自由基（O_2^-）是生物细胞某些生理生化反应常见的中间产物。自由基是活性氧的一种，化学性质非常活泼。如果细胞中缺乏清除自由基的酶时，机体就会受到各种损伤。超氧化物歧化酶（superoxide dismutase，SOD）能通过歧化反应清除生物细胞中的超氧自由基（O_2^-），生成 H_2O_2 和 O_2。H_2O_2 由过氧化氢酶（CAT）催化生成 H_2O 和 O_2，从而减少自由基对有机体的毒害。SOD 是含金属辅基的酶，高等植物有两种类型的 SOD，即 Mn-SOD 和 Cu，Zn-SOD。

核黄素在有氧条件下能产生超氧自由基负离子 O_2^-，当加入氯化硝基四氮唑蓝（NBT）后，在光照条件下，与超氧自由基反应生成蓝色物质，在 560nm 波长下有最大吸收。当加入 SOD 时，可以使超氧自由基与 H^+ 结合生成 H_2O_2 和 O_2，从而抑制了 NBT 光还原的进行，使蓝色物质生成速度减慢。通过在反应液中加入不同量的 SOD 酶液，光照一定时间后测定 560nm 波长下光吸收值，抑制 NBT 光还原相对百分率与酶活性在一定范围内呈正比，根据 SOD NBT 光还原相对百分率计算酶活性，抑制 NBT 光还原相对百分率为 50％时的酶量作为一个酶活力单位（U）。

二、仪器与设备

① 感量 0.001g 电子天平。
② 可见分光光度计。
③ 高速冷冻离心机。
④ 光照培养箱（光强 4500lx）。
⑤ 带盖瓷盘。
⑥ 研钵。
⑦ 离心管：10mL。
⑧ 试管：10～15mL。

三、试剂

① 0.1mol/L 磷酸缓冲液（pH7.8）。A 液（0.1mol/L 磷酸氢二钠溶液）：称取 3.5814g 磷酸氢二钠（$Na_2HPO_4 \cdot 12H_2O$）于 100mL 小烧杯中，用少量蒸馏水溶解后，移入 100mL 容量瓶中用蒸馏水稀释至刻度，充分混匀。4℃冰箱中保存备用。B 液（0.1mol/L 磷酸二氢钠溶液）：准确称取 0.7800g 磷酸二氢钠（$NaH_2PO_4 \cdot 2H_2O$）于 50mL 小烧杯中，用少量蒸馏水溶解后，移入 50mL 容量瓶中用蒸馏水稀释至刻度，充分混匀，4℃冰箱中保存备用。取前述 A 液 183mL 与 B 液 17mL 充分混匀后即为 0.1mol/L pH7.8 的磷酸钠缓冲液。4℃冰箱中保存备用。

② 0.026mol/L 蛋氨酸—磷酸钠缓冲液：准确称取 0.3879g L-蛋氨酸（$C_5H_{11}NO_2S$）于 100mL 小烧杯中，用少量 0.1mol/L pH7.8 的磷酸缓冲液溶移入 100mL 容量瓶中并用 0.1mol/L pH7.8 的磷酸缓冲液稀释至刻度，充分混匀。4℃冰箱中保存可用 1～2d。

③ 7.5×10^{-4} mol/L 氯化硝基四氮唑蓝（NBT）溶液：准确称取 0.1533g 氯化硝基四氮唑蓝（$C_4OH_3OCl_2N_{10}O_6$）于 100mL 小烧杯中，用少量蒸馏水溶解后，移入 250mL 容量瓶中用蒸馏水稀释至刻度，充分混匀。4℃冰箱中保存可用 2～3d。

④ 含 $1.0\mu mol/L$ EDTA 的 $2\times10^{-5}mol/L$ 核黄素溶液：A 液：称取 0.0029g EDTA 于 50mL 小烧杯中，加少量蒸馏水溶解。B 液：称取 0.0753g 核黄素于 50mL 小烧杯中，加少量蒸馏水溶解。C 液：合并 A 液和 B 液，移入 100mL 容量瓶中，用蒸馏水稀释至刻度，此溶液为含 0.1mmol/L EDTA 的 2mmol/L 核黄素溶液。4℃冰箱中保存可用 8～10d。置于 4℃冰箱中避光保存，用时将 C 液稀释 100 倍。

⑤ 0.05mol/L pH7.8 磷酸钠缓冲液：取 0.1mol/L pH7.8 的磷酸钠缓冲液 50mL，移入 100mL 容量瓶中用蒸馏水稀释至刻度，充分混匀。4℃冰箱中保存备用。

⑥ 石英砂。

四、操作步骤

1. 酶液制备

按每克鲜叶加入 3mL 0.05mol/L pH7.8 磷酸钠缓冲液，加入少量石英砂，于冰浴中的研钵内研磨成匀浆，稀释到 5mL 刻度离心管中，于 4℃条件下 8500r/min 离心 20min，上清液即为 SOD 粗提液。

2. 酶反应体系制备

每个处理取 8 支洗净干燥好的试管编号，按表 7-5 加入各试剂及酶液，反应系统总体积为 3mL。其中 4～8 号管中磷酸钠缓冲液量和酶液量可根据试验材料中酶液浓度及酶活力进行调整（如酶液浓度大、活性强时，酶用量适当减少）。

表 7-5　反应系统中各试剂及酶液的加入量

试管	pH7.8 磷酸钠缓冲溶液/mL	蛋氨酸磷酸钠缓冲液/mL	四氮唑蓝溶液/mL	核黄素溶液/mL	酶液/mL
1	0.9	1.5	0.3	0.3	0
2	0.9	1.5	0.3	0.3	0
3	0.9	1.5	0.3	0.3	0
4	0.85	1.5	0.3	0.3	0.05
5	0.80	1.5	0.3	0.3	0.10
6	0.75	1.5	0.3	0.3	0.15
7	0.70	1.5	0.3	0.3	0.20
8	0.65	1.5	0.3	0.3	0.25

3. 酶活力测足

各试剂全部加入后，充分混匀，取 1 号试管置于暗处，作为空白对照，比色时调零用。其余 7 个试管均放在温度为 25℃、光强为 4500lx 的光照箱内（安装有 3 根 20W 的日光灯管）光照 15min，然后立即遮光终止反应。在 560nm 波长下以 1 号管液调零，测定各管液光密度并记录结果，以未加酶液的反应体系作对照。

五、结果计算

$$SOD\,酶活力 = \frac{V \times 1000 \times 60}{B \times W \times T} \tag{7-15}$$

式中：V——酶提取液总体积，mL；

B——一个酶活力单位的酶液量，μL；

W——样品鲜重，g；

T——反应时间，min；

1000——mL 与 μL 的换算系数；

60——h 与 min 的换算系数。

六、注意事项

① 富含酚类物质的样品在匀浆时产生大量的多酚类物质，会引起酶蛋白的不可逆沉淀，使酶失去活性，因此在提取此类样品 SOD 酶时，应在提取液中加 1%～4% 的聚乙烯吡咯烷酮（PVP），将多酚类物质除去，避免酶蛋白变性失活。

② 测定时的温度和光化反应时间必须严格控制一致。进行光照操作时，应注意所用试管的直径与管壁厚度均匀一致。为保证各试管所受光强一致，所有试管应排列在与日光灯管平行的直线上。

思 考 题

1. 酶活力测定有哪几种常见方法？
2. 什么是底物？α-淀粉酶的底物溶液如何校准？
3. 什么叫降落值？
4. 过氧化氢酶的提取方法是什么？
5. 过氧化氢酶活力测定中需要注意哪些问题？
6. 脂肪酶如何影响粮油的储存品质？
7. 定氮法测定蛋白酶活力的原理是什么？
8. 脲酶的活性定义是什么？

参 考 文 献

白栋强，王若兰. 2003. 脂肪氧化酶在稻米储藏和加工中的应用. 粮食科技与经济，4：44～45.

蔡青和，孙桂芬，付瑞强. 2003. 饲料酶应用及其酶活测定方法. 饲料工业，24（1）：14～15.

杜克生. 2002. 食品生物化学. 北京：化学工业出版社.

冯涛. 2003. 酶活力测定方法及其影响因素. 中国饲料，18：32～33.

卢利军，牟峻. 2010. 粮油及其制品质量与检验. 北京：化学工业出版社.

马涛. 2009. 粮油食品检验. 北京：化学工业出版社.

马莺，孙淑华，翟爱华等. 2001. 粮油检验与储藏（上册）. 哈尔滨：黑龙江科学技术出版社.

彭志英. 2002. 食品酶学导论. 北京：中国轻工业出版社.

佘纲哲. 1987. 粮食生物化学. 北京：中国商业出版社.

宋松泉，程红焱，龙春林等. 2005. 种子生物学研究指南. 北京：科学出版社.

宋玉卿，王立琦. 2008. 粮油检验与分析. 北京：中国轻工业出版社.

田纪春. 2006. 谷物品质测试理论与方法. 北京：科学出版社.

钟立人. 1999. 食品科学与工艺原理. 北京：中国轻工业出版社.

附录一 粉筛孔和筛号对照表

筛孔直径/mm	筛号	网目/mm	筛孔直径/mm	筛号	网目/mm
8.00	2.5	2.6	0.25	60	61.7
4.00	5	5.0	0.21	70	72.5
2.00	10	9.2	0.177	80	85.5
1.00	18	17.2	0.149	100	101
0.84	20	20.2	0.125	120	120
0.71	25	23.6	0.105	140	143
0.59	30	27.5	0.074	200	200
0.50	35	32.3	0.053	270	270
0.42	40	37.9	0.05	300	300
0.30	50	52.4	0.044	325	323

注：①筛孔直径是以方孔计算的；

②粉筛有时编号为 CB10，CQ50 等，CB 代表蚕丝半角质，CQ 代表蚕丝全角质；

③筛孔直径与筛号可按下式粗略换算：

筛孔直径（mm）＝16/筛号，式中，16 为每英寸（in）长度内筛孔所占的毫米约数（其余约 9.4mm 为筛线所占）。

附录二 谷物品质及食品品质描述用语中英文对照

中文	英文	中文	英文
千粒重	TKW	吸水率	water absorption
容重	test weight	形成时间	developing time
硬度	hardness	稳定时间	stability
灰分	ash content	软化度	softening
出粉率	milling yield	评价值	evaluating value
蛋白质含量	protein content	粉质质量值	valorimeter value
湿面筋含量	wet gluten content	拉伸长度	extensibility
沉淀值	sedimentation value	拉伸阻力（R_5）	resistance
降落值	falling number	最大拉伸阻力	maximum resistance
总脂肪	total fat	拉伸能量	tensile energy
总碳水化合物	total carbohydrate	糊化温度	pasting temperature
可溶性纤维	soluble fiber	峰值时间	peak time
膳食纤维	dietary fiber	峰值黏度	peak viscosity
不溶性纤维	insoluble fiber	糊化黏度衰减度	breakdown
饱和脂肪	saturated fat	保持强度	trough
单不饱和脂肪	monounsaturated fat	最终黏度	final viscosity
多不饱和脂肪	polyunsaturated fat	回生值	setback
①面包品质性状		②馒头品质性状	
体积	volume	体积	volume
质量	weight	质量	weight
比容	specific volume	比容	specific volume
表皮色泽	surface color	外观形状	appearance
包心色泽	pulp color	色泽	color
包心平滑度	pulp smooth	内部结构	inner structure
纹理结构	veins structure	总评分	total score
弹柔性	elasticity		
口感	mouth feel		
总评分	total score		
③面条品质性状		④质构仪测试的食品品质性状	
色泽	color	硬度	hardness
表观性状	surface condition	黏着性（黏附性）	adhesiveness
适口性	taste agreeability	弹性	springiness
韧性	toughness	黏聚性（黏结性）	cohesiveness
黏性	stickiness	胶着性（黏合性）	gumminess
光滑性	smooth	咀嚼度	chewiness
总评分	total score	回复性	resilience
		断裂力	1st fracture load drop off
		断裂长度	1st fracture deformation
		断裂变形程度	1st fracture% deformation
		断裂能量	1st work done